快速念咒
MySQL
入门指南与进阶实战

彭宇奇 著　　施雯 绘

电子工业出版社
Publishing House of Electronics Industry
北京·BEIJING

内 容 简 介

在当今社会，高效管理数据是一种思维方式，也是一种能力。越来越多的公司和岗位看重这一点。本书的核心理念是基于MySQL将学习数据管理的过程自然融入日常生活，使学习变得轻松，而不再是一项艰巨的任务。

本书采用引入故事场景的方式来呈现SQL语句的适用情景，并以此来解释其使用原理，帮助读者更好地理解SQL语言的本质。本书不仅是一本技术入门指南，也是一次走进SQL世界的探索之旅，旨在为初学者提供全面、易于理解、实用的学习体验。

图书在版编目（CIP）数据

快速念咒：MySQL入门指南与进阶实战 / 彭宇奇著；施雯绘. —北京：电子工业出版社，2024.4

ISBN 978-7-121-47633-4

Ⅰ. ①快… Ⅱ. ①彭… ②施… Ⅲ. ①SQL语言—数据库管理系统 Ⅳ. ①TP311.132.3

中国国家版本馆CIP数据核字（2024）第068513号

责任编辑：孙奇俏

印　　刷：天津千鹤文化传播有限公司
装　　订：天津千鹤文化传播有限公司
出版发行：电子工业出版社
　　　　　北京市海淀区万寿路173信箱　　　　　邮编：100036
开　　本：720×1000　　1/16　　印张：25.25　　字数：545.4千字
版　　次：2024年4月第1版
印　　次：2024年4月第1次印刷
定　　价：150.00元

凡所购买电子工业出版社图书有缺损问题，请向购买书店调换。若书店售缺，请与本社发行部联系，联系及邮购电话：（010）88254888，88258888。

质量投诉请发邮件至zlts@phei.com.cn，盗版侵权举报请发邮件至dbqq@phei.com.cn。

本书咨询联系方式：faq@phei.com.cn。

你有因数据管理方法蹩脚而吃力不讨好的经历吗？你难道不想试着学几条简单的SQL"咒语"，成为掌控数据的"魔法师"吗？你是否还在为没有找到一种有效的SQL学习方法而发愁呢？

别急，这些问题都将被解决！

《快速念咒：MySQL入门指南与进阶实战》是一本循序渐进、注重实操，并且活泼有趣的技术书，相信你将从中获益匪浅！

在系统编写本书之前，我曾试着在网上以课程的形式讲解MySQL，并将其命名为"快速念咒"。因为我希望大家可以充分理解SQL语言的本质，让SQL语句像一条条咒语一样，在实际使用中快速显现神奇的效果。在这个过程中，我也收获了一些网友的反馈。

一位上了年纪的仓库管理员在我们的留言板中这样写道："我以前总习惯用本子来记录货物信息，可上面涂得乱七八糟的，就像一团乱麻。主管曾不止一次地暗示，我可能会被裁掉。但自从学会了用SQL来管理货物信息，我的工作效率提升了好几倍，同事们都对我变戏法般的操作刮目相看！这让我在主管面前尽显从容！"

一位网名叫"对不起，青春！"的应届毕业生这样说："我很庆幸自己利用在校时间掌握了SQL，虽然它和我的本专业格格不入，可我还是抱着试一试的心态开始了学习。你知道的，这可以给简历上增添一些亮点。事实证明，掌握SQL确实对求职有很大帮助。因为我学会的不仅仅是操作，还是一种与数据打交道的思路。这一点在当今社会非常关键！"

还有一位不愿透露姓名的职场白领，坚持要我们这样传播他的学习经验："其实我一直都对SQL挺好奇的，所以想要了解这种神奇的沟通方式。可每当我向公司的IT人员询问这些操作究竟是怎么一回事时，他们都会露出一副'反正说了你也听不懂'的表情。后来学习了'快速念咒'，我才发现，原来SQL根本就没那么深奥，它真的很简单！"

没错，即便你目前对SQL语言没有任何了解也不用担心，因为SQL语句很容易掌握，它非常贴近生活。相信你一定会有以下某种（某几种）类似的生活经历——

1. 当你手忙脚乱地在储藏室里寻找某样东西时，心里想着，要是能念一个"飞来咒"让苦苦寻找的东西一下子蹦到自己眼前就好了。（SELECT语句）

2. 临近午夜，而你还躺在床上辗转反侧，心里想着，要是能把头脑中的烦恼全部删掉就好了，这会令你的思想重新获得解放。（DELETE语句）

3. 当你苦苦追求心爱的姑娘，可她却对你不理不睬时，你会想着，要是能修改她对你的印象就好了。（UPDATE语句）

4. 当你想买一辆摩托车渴望做追风少年，却得不到父母的支持时，你会想着，要是能给他们植入"骑摩托车有助于身心健康"的观念就好了。（INSERT语句）

5. 当你觉得生活无聊乏味，想要来点儿新花样时，你可能会尝试着去搞点儿创作，这也许会实现你的人生价值。（CREATE语句）

要我说，学习SQL语言只要有这些类似的生活经验就足够了，它们对应的正是其主要功能——查找数据、删除数据、修改数据、插入数据、创建内容，甚至可以实现部分自动操作。而我们的这本书，也是围绕这些内容展开的。

本书内容

本书主要介绍SQL语言的基础知识、语法逻辑和使用原理。如果要用一句话来概括本书内容，那就是——从操作单张表到操作多张关联表；从使用表到创建表；从手动操作到自动操作。

第1章至第5章，主要为大家做铺垫性的讲解。

第1章将介绍SQL究竟是什么，数据库是怎么一回事，MySQL和SQL有什么关系，并引入"表"这一重要概念。

从第2章至第5章，我们会为大家介绍非常实用的常规操作。概括来讲，这些操作普遍都是围绕"数据整理"和"数据变换"展开的，包括简单检索、数据过滤、模糊查询、显示栏、CASE表达式、常用函数、聚集函数、窗口函数、数据分组等。

现在请你将自己想象成一位园艺师，此时你正面对着一座大花园。春天来了，花园里鸟语花香，景色迷人，你准备好好收拾一下花园，因为明天会有朋友来这里做客。毫无疑问，其实你要做的工作无非就是对花草进行挑选，然后根据种类、高矮、颜色等进行排序和摆放，最后给它们加上一些可爱的小装饰。这个过程基本符合第2章至第5章的内容演进逻辑。

进入第6章，我们就会开始接触关联表与复合查询。这与操作单张表最直观的区别就是，使用一条SQL语句将会对多张表进行操作。事实上，这很容易理解。如果一座花园的占地面积非常大，那么管理者就可能对它进行分割，将其分割成几座不同的小花园便于管理。但这些小花园都共用一处水源，所以它们之间存在关联关系。

在第7章中，我们会学习如何创建表。讲到这里，可能会有读者好奇："为什么不先学习表的创建，再学习如何操作表中的数据呢？"事实上，创建表的SQL语句很容易模仿，几乎没有什么技巧性可言，也不涉及重要的语法知识。比起创建表，设计表才是真正的重点。如果在此之前没有接触过关联表，那就没有办法感受关联表的设计思路。这就是我们将创建表后置的原因。除此以外，我们还将学习如何更新表中的数据（数据的插入、数据的删除和数据的替换），以及事务处理的相关内容。

第8章将介绍两种可以实现自动操作的小工具——触发器和存储过程。结合具体的使用场景，它们将帮你提高工作效率。

第9章将整本书的核心知识点进行提炼，融入生动的应用场景，让大家能够在一个又一个有趣的案例中温习前面所学，查缺补漏。

第10章为思考与练习，我们为大家精心挑选了15个练习，帮助大家进一步对SQL语言的相关知识点融会贯通。

以上就是本书的主要内容。事实上，我们将全程站在"翻译"的角度为大家进行讲解，因为学习SQL其实就是在学习如何使用SQL这门语言来翻译我们的需求并进行表达，而SQL语法则可以视为一系列的"翻译技巧"或者"表达技巧"。

最后，亲爱的各位读者，请一定要跟着本书的例句进行练习。我们要想避免"书都看懂了，但是不会用"的尴尬局面，最好的办法就是及时跟练，这样会带来以下好处。

1. 动手练习后，你将更容易理解我们对例句原理的解释，而且你很有可能拥有自己的理解。

2. 动手练习后，你可能会提出一些问题。其实这些问题对你来讲可能比我们安排的例句更加重要，因为无论学习什么知识，独立思考都很重要。

3. 动手练习后，你的学习效率会更高。你可以在阅读过程中通过练习掌握重要的知识点，而不需要再专门花时间进行练习。

对于一项以实用性为主的技能来讲，最好的学习方式就是忘记我们正在学习它，而将它完全融入实践。

致谢

感谢土豆哥哥——杨禹恒，我从学生时期至今的好友。他是本书的第一位读者，读得非常细致，细心地提供了很多宝贵意见，并且在沟通的过程中给予了我很多灵感。为了打印本书的初稿，他毫不吝啬地耗尽了自家打印机的墨水。

感谢浩儿郎和唐克，我的两位挚友。从得知我要写书到看着我坚持写作，他们的惊叹"你是怎么想到的？"及对我的肯定"我从你的眼中看到了坚毅。"让我备受鼓舞，也让我感觉到自己正在做正确的事。

感谢插画师花花子——施雯。她为本书创作的一众角色十分形象生动，为本书增添了许多阅读乐趣。相信各位读者一定会喜欢这些活泼可爱的小伙伴。

非常感谢本书的编辑——孙奇俏老师。可以说，她是我的伯乐，见证了本书从构思到成书的整个过程。孙奇俏老师不仅从专业角度对本书内容提出了许多优秀建议，还非常耐心和细致地指导我，让我涌现出更多的创作思路。

尽管我对书稿进行了反复审阅和修改，但仍有可能存在疏漏和不足之处，敬请广大读者朋友批评指正。

目录
CONTENTS

第9章　不断翻新的数据集　/　304

第10章　思考与练习　/　354

第1章
七嘴八舌聊SQL

大家好！欢迎开启《快速念咒：MySQL入门指南与进阶实战》的学习之旅！就像本书前言中说到的那样，学习SQL不仅要注重操作本身，各项操作、语法及各类名词解释的背后含义也值得花时间思考，没准这些思考会给我们生活中的其他领域带来启发。因此，在系统学习SQL的各项操作之前，我们首先通过第1章内容为各位读者做一些铺垫性的介绍。

归纳来看，铺垫性的介绍将围绕两个重要话题展开。

- 如何理解SQL？
- 如何理解数据库？

相信在故事的原点，它们是初学者最为关注的两个话题。

为了增加阅读乐趣，保证更好的学习效果，我们特地安排了一场热烈的交流访谈！事实上，在接下来的开放性讨论过程中，我们还将对一些分支问题进行解答，例如：

- MySQL和SQL是同一性质的名词吗？
- RDBMS是什么？
- 如何理解数据库中的表？

好了，话不多说，现在就有请主持人詹姆士和3位嘉宾学员闪亮登场吧！

1.1　什么是SQL

大家好！欢迎你们参加《快速念咒：MySQL入门指南与进阶实践》读者见面会——"七嘴八舌聊SQL"！我是主持人詹姆士！在这样一个信息化的时代，我们每个人都会和数据打交道。事实上，管理和分析数据是一种能力，这种能力就好比莎翁驾驭文字或万磁王掌控金属。而我相信通过对SQL的学习，大家对数据的管理和分析能力将更上一"栋"楼。没错，这种感觉就像坐上观光电梯，眼前的风景不断地快速变换着。瞧啊，今天到场的3位嘉宾学员，他们名字的首字母刚好组成了"SQL"，既然这样，就请3位嘉宾先来聊聊他们各自对SQL的理解吧。因为这一概念对于很多初学者来讲都还是天空中一团模糊的云朵，而我们需要将它揉捏成大家所熟悉和喜欢的形状。瑟琳娜，由你先开始可以吗？

非常乐意！大家都知道，弹钢琴时需要按照乐谱的指示来进行演奏。那么类似地，数据库也会根据我们输入的SQL语句执行相应的操作。所以单从这个角度来看，大家不妨将一段SQL语句视为一段乐谱，因为它们的本质作用都是表达。只不过SQL难以表达情感，因为SQL语句的阅读对象是数据库，且它传递的信息是我们对数据的操作指令。因此，我对SQL的理解就是——SQL是一门用来与数据库沟通的计算机语言。

瑟琳娜，想必你一定很爱好音乐吧。希望你能再用音乐类比为我们讲解一下SQL的主要功能。

我想我可以借用一句歌词：I wish I can select my name from your heart。没错，这句歌词的字面含义是，我希望能在你的心中找到我的名字。暂且抛开其中的浪漫情愫，相信大家一定注意到了，这句歌词体现了一种查询行为。事实上，查询信息正是SQL的主要功能，大家可以透过SQL的全称看到这一点——Structured Query Language（结构化查询语言）。

非常巧妙的解释！根据歌词中的查询行为，我们可以抽象出一条这样的表达式：SELECT something FROM somewhere。事实上，这正是SQL的标志性语句。大家只要熟练运用好这条表达式，就足以从容应对SQL的大部分使用场景了！

真的是这样吗？看来SQL真是一项易于掌握的技能。说实在的，我原本一直以为SQL很难上手，抱歉，这也许是我对计算机语言的固有印象。不过，既然劳伦斯表示"SELECT something FROM somewhere"就是SQL的标志性语句，那我就放心多了。因为它的字面含义真是太容易理解了：从哪里去找什么东西。这种感觉就像背着铁锹去挖宝藏！相信每个男孩在成长的过程中都憧憬过这样一段经历。

没错，查询信息的过程就像在数据库中挖宝藏，这个比喻很棒！正如刚刚聊到的那样，"SELECT...FROM..."的字面含义是，从哪里去找什么东西，站在阅读者的角度来看就是这样的。而我们作为书写者，要做的就是对这条表达式填充"物名"和"地名"。例如，如果要表达去河边的大柳树下挖宝藏，那么对应的填充结果就是SELECT precious FROM river_willow。

事实上，使用SQL编写一条查询语句就像在宣读一份指使性的声明。因为我们不需要告诉计算机如何去做，只需要通过一段声明告知它我们想要的是什么信息。这种感觉就像当一位甩手掌柜，虽然你想要得到宝藏，但却无须亲自动手。因为你只需要将宝藏的埋藏地点和宝藏类型告知计算机即可，然后选择一个舒服的姿势躺在扶手椅里，一边喝着刚从冰箱里拿出来的橙味汽水，一边看着计算机在指定地点挥汗如雨。至于它挥舞的是铁锹还是锄头，以及采用何种方式挖掘都无关紧要。这些都用不着你来教它，过一阵子它自己就会捧着宝藏递到你的眼前。

啊哈，躺在舒服的扶手椅里，一边喝着饮料一边发表通告，当甩手掌柜，这正好符合SQL语言的特点和基本调性——声明性、指使性。再结合瑟琳娜之前的理解来看，她的定义还可以变得更加完整：SQL是一门用来与数据库沟通的声明性计算机语言。

请问一下，我们的读者后续会从"SELECT...FROM..."这条表达式入手学习SQL，是吗？说实在的，这条短小精悍的语句看起来真的很友好。

没错，它就类似于一句简单的"你好！"当我们开始学习一门新的外语时，往往都是从这样一句亲切的问候开始的。

确实如此，一句"你好！"不仅简单友善，还能拉近人与人之间的距离，它作为学习新外语的第一步再合适不过了。奎妮，你好像有话想说？

是的，詹姆士，我对将SQL定义为一门语言有不同的看法，这源于我生活中的一些感悟。去年冬天，我在滑雪俱乐部认识了两位新朋友，他们分别是来自西班牙的艾维利亚和来自意大利的安东尼奥。在日常生活中，无论我在见面时对艾维利亚说Hola，还是在碰到安东尼奥时打招呼说Ciao，他们都会热情地予以回应，因为他们都明白我是在使用语言进行问候。但是请大家细想一下，虽然SQL的交流对象是数据库，可是数据库并不像我们人类一样具有语言的概念。换句话来讲，虽然SQL语句会在我们和数据库之间传递信息，但是作为"语言"，它却是单向仅被我们所认可的。一条在我们看来字面含义非常直观的SQL语句，传递到数据库那边，就会变成一串与操作相对应的符号。因此，我并不认为SQL是一门语言，原因是对"语言"这一概念缺乏双向的统一认可。事实上，我对SQL的理解是，SQL是一套由基础英文单词和常用符号组成的书写系统。

哦？将SQL定义成一套书写系统，这我还是第一次听说。不过集思广益的讨论更能给读者们带来启发！

也许我再分享一篇新闻报道可以增加大家对这种理解方式的认同——某处的实验室里有一只聪明的黑猩猩，它能通过在机器屏幕上输入"我要一块苹果"，从而获得一块苹果作为奖励。

　　请大家思考一下，虽然从表面上看，这只聪明的黑猩猩是在使用我们人类的语言和机器进行沟通。但实际上，它也许并不像我们一样清楚这句话的真正含义，因为它在乎的只是这样操作以后能够得到奖励。要证明这一点并不困难，如果让黑猩猩把"我要一块苹果"换成"我不要吃苹果"，但结果同样是获得一块苹果作为奖励的话，那么很显然，黑猩猩只是将我们的人类语言当成了一种单方面索取奖励的工具而已。

　　事实上，这篇新闻报道的有趣事件对我们今天的讨论内容很有启发。既然SQL的主要功能是查询信息，那么我们其实与那只聪明的黑猩猩一样，都只是将"语言"当成了一种单方面的索取工具，只不过黑猩猩索取的是一块苹果，而我们索取的是有分析价值的信息数据。

奎妮的观点确实很有道理。同学们在日后的学习中就会发现，其实大多数SQL语句都是由一些描述性很强的基础英文单词（关键词）组成的，例如刚刚聊到的SELECT和FROM。虽然这些关键词会引导计算机执行操作，但我认为它们更重要的作用是引导我们形成书写思路。而且在很多情况下，关键词的书写顺序与它的执行顺序并不一致，大家以后就会感受到SQL的这一特点。

不过话说回来，如果只是把语言当作一个单方面的索取工具，那么就会缺少很多互动。说到这里，我有些好奇，劳伦斯，请问你有尝试过使用SQL语言和别人交流吗？

哈哈，我没有。但我想，如果有人这样做了，那他一定是达到了某种"业精于勤，而更精于嬉"的新境界！说实在的，在听了瑟琳娜和奎妮的理解之后，我认为SQL就只是一个工具而已，只不过它具备一定的语言性质。因此描述得更准确一点就是，SQL是一个用来与数据库沟通，且披着语言外衣的工具。请想象一下，如果在某天晚上，就在你准备进入梦乡的时候，突然有一位身穿白色大褂的老人，哆哆嗦嗦地降临在了你的床边。他一边用慈祥的目光注视着你，一边却用庄重的口吻向你表示："亲爱的年轻人，你是被上天选中的孩子，因此我有义务开小灶将你培养成一名先知。如果你能学会使用SQL来查阅'命运'这个数据库，那么你将预见未来生活中的种种际遇……"

天啊！如果这种事情真的发生在我身上，我想我查询信息的欲望会在一瞬间爆发：癌症被攻克的关键性技术是什么？什么时候开始星际旅行？高智能机器人是否真的会出现？当然，顺便了解一下最有潜力的股票也无妨。说实在的，在这种情况下，SQL可能就真的只是一个工具而已。就像那只聪明的黑猩猩，只要能获得一块苹果作为奖励，它并不在乎输入的是"今晚月色真美！"还是"你们快点放我出去！"

没错，每个人可能都对SQL有不同的理解：一门语言、一套书写系统，抑或只是一个单纯的索取工具。因为不同的理解取决于大家使用SQL的普遍场景及思考问题的角度，所以没有必要对SQL做统一且绝对的定义。希望各位同学在日后的学习中可以收获属于自己的理解！

1.2　什么是数据库

在1.1节中，瑟琳娜、奎妮和劳伦斯为大家介绍了3种关于SQL的理解，希望他们每个人的阐述都能为你提供多样化的启发。然而不得不说，SQL的主流定义依然是：一门用来与关系数据库沟通的计算机语言。正因如此，另一些具有讨论价值的问题也随之而来：究竟该如何理解数据库呢？除此以外，本书将着重介绍的MySQL扮演的又是什么角色呢？

对于如何理解数据库，在讨论这个问题之前，你们联想到了哪些关键词呢？

我能想到的关键词是"关系数据库"和"表"。

我联想到的关键词是"太平洋"、"捕捞"和"网"。

哦?"太平洋"、"捕捞"和"网"?这听起来可真是有趣!说实在的,数据库给我的印象就是一位头发稀少的中年男子,他不苟言笑,做事一板一眼,缺少幽默感,日常穿着除了这一件就是另一件……

哦,拜托,请大家千万不要把数据库的肖像想象成某位数学教师,我们可能都不太擅长和数学打交道,毕竟那些晦涩的计算规则会令人感到头大。可是你要知道,数据库存储的信息并不仅是用于加减乘除的数字。顾名思义,数据库(Database,DB)就是存储信息数据的集合。所以,从广义上讲,我认为只要符合该描述的都可以被视作一个数据库。

没错,比如一支清凉可口的炫彩冰激凌,它就可以被视为一个广义上的数据库。因为你送进嘴里的每一口都含有各种可食用成分,例如蜂蜜、奶油、果酱等。再比如一辆由各个零部件组成的小汽车,它为什么不可以被视为一个数据库呢?从最初的工业设计到装配流程和焊接工艺,再到耐久性测试,可以说它浑身上下都沾满了信息数据,只不过我们站在消费者的角度察觉不到罢了。

那么按照这种思路来看,我想广义上的数据库在我们的日常生活中随处可见:一只整装待发的行李箱、一份糟糕透顶的成绩单,以及一锅乱炖的黑暗料理。

没错，就连一根头发丝里都含有数不清的信息数据，我相信这正是劳伦斯的看法！不过话说回来，存在于生活中的广义数据库与大家将要接触到的关系数据库（Relational Database，RDB）之间的区别在哪里呢？我们不可能拿着鼠标和键盘对着一根头发丝进行操作吧？

当然不会。首先，关系数据库中含有的信息全部源于我们的生活，这就像餐桌上的饭菜全都源于大自然一样。然而没有人胃口好到可以咽下大自然的一切产物，比如火山灰和花岗岩。同样的道理，广义上的数据库含有的信息过于丰富，以至于超出了我们的需要。那么在这种情况下，我们就只会从中挑选有记录价值的信息。举例来讲，如果一家货运公司想要了解送货员的配送效率，那么时间和路线的选择才是关键。至于送货员在送货途中打了多少个喷嚏，发了几句牢骚，以及踩了多少脚油门和刹车，这些都是无关紧要的次要信息。这就好比渔民们只会在太平洋捕捞有经济价值的沙丁鱼和红鲷鱼一样。

除了选择性记录，记录形式也是关系数据库的一大特点。事实上，我们会对采集到的目标信息数据进行整理和分类，然后将它们"塞"进表（Table）中。没错，从这个角度来看，在关系数据库中，表才是信息数据最直接的载体。也就是说，关系数据库是通过表来间接存储信息数据的。

不好意思，我有一个疑问。有那么多种记录信息的方式可以选择，比如文本、图片、视频，甚至录音，为什么关系数据库偏偏要选用表来装载信息呢？

对于这个问题，只要你从侧面了解了表记录信息的优点，自然就会清楚其中的原因。现在请大家来观察这样一张简易表。

学 号	姓 名	班 级	性 别
101	杨曼桢	A班	女
102	何世钧	B班	男
103	陈叔惠	C班	男
104	唐翠芝	D班	女

这张表看起来就像一张结构化的清单，它的显示布局就如同一张网：垂直分布的是列，水平分布的是行。

描述得非常贴切！用"表"这张网来捕捞数据的过程就是对广义数据库中的目标信息做表格化处理的过程。正如大家所见，列在纵向体现一组数据的分类归属，行在横向呈现一组数据的对应关系。事实上，正是由于具有分门别类记录信息的特点和优点，表才成了关系数据库中信息载体的不二选择。

正是这样。一方面，表可以让我们获得整洁的显示效果，另一方面，因为表的结构固定且单一，所以它为后续的数据调用和信息维护都提供了很大的便利。现在我们只需将这张表引入一个直角坐标系，大家就能清楚地感受到这一点。

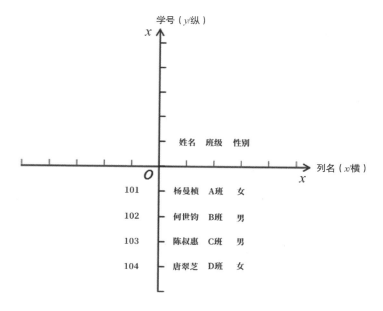

这样一来，表中的每一项数据（单元格）都能通过横、纵坐标信息进行定位。例如"杨曼桢"就是(姓名,101)，"C班"就是(班级,103)。事实上，大家在日后的实际操作中，无论是想要调取表中的数据，还是准备对表中的数据进行修改或者删除，都能通过类似的方式实现，也就是将目标数据对应的横、纵坐标当作查询条件，并将其嵌入固定的SQL语句。不妨举几个简单的小例子进行说明。

1. 如果想要查看学生表中所有学生的姓名信息，那么对应的SQL语句为：

```
SELECT 姓名 FROM 学生表;
```

2. 如果想要查看学号为102的、名叫何世钧的学生对应的一整行信息，对应的SQL语句可以是：

```
SELECT * FROM 学生表 WHERE 姓名 = '何世钧';
```

也可以是：

```
SELECT * FROM 学生表 WHERE 学号 = '102';
```

3. 如果想要单独查看何世钧对应的班级，那么班级就将成为一项追加条件被嵌入上述语句：

```
SELECT 班级 FROM 学生表 WHERE 姓名 = '何世钧';
SELECT 班级 FROM 学生表 WHERE 学号 = '102';
```

啊，原来就是这么简单的事呀！将已知信息变成查询条件，并将其嵌入SQL语句告知数据库，我们就能得到想要的结果了。

对比来看，如果记录信息的载体换成图片或者文本，那么当我们准备从中调取数据时，相应的指令可能就不太容易用简单且固定的语句进行描述了。我发现了，表的结构真的让它很适合担当此位！不过话说回来，既然表是信息数据最直接的载体，各类信息数据都是存储在表中的，那么为什么不直接称"表"为"数据库"呢？

这是一个好问题！我也有一个类似的问题要请教你。请问，詹姆士，既然地球才是我们人类赖以生存的家园，那为什么不说我们处在地球系，而要说我们处在太阳系呢？

哦？这是因为地球是属于太阳系的呀！除了地球，太阳系中还有其他7大行星在围绕太阳运转：水星、金星、火星、木星、土星、天王星和海王星，而冥王星在2006年被重新划为矮行星，我想我应该没有记错……

当然正确！我们都知道，包括地球在内的8大行星都拥有属于自己的运行轨道，这一方面是因为它们各自都与太阳之间存在万有引力（主要原因，太阳质量占整个太阳系总质量的98%），而另一方面也与它们彼此之间存在万有引力有关。同样的情况也适用于此。在日常操作中，为了用表来完整地记录某一事件产生的信息数据，我们可能要创建多张表才能满足记录需要。也就是说，如果我们将某一事件视为太阳，那么围绕这个中心主题而运转的表往往不唯一。另一方面，也正是因为各张表在合力记录这一事件产生的信息数据，所以它们彼此之间存在关联，这就好比8大行星之间也存在万有引力一样。

我想我明白了，这是因为各张表也需要一个共同的载体，这个载体就是关系数据库。不过抱歉，我还想知道为什么劳伦斯表示，往往要创建多张表才能满足记录需要？难道这是因为单张表的存储空间不够吗？

同样地，要想回答这个问题，我们还是先请大家来观察一张表。

学 号	姓 名	学 科	成 绩	班 级	性 别
101	杨曼桢	算术	93	A班	女
101	杨曼桢	体育	89	A班	女
101	杨曼桢	绘画	86	A班	女
102	何世钧	算术	81	B班	男
102	何世钧	体育	96	B班	男
102	何世钧	绘画	65	B班	男
103	陈叔惠	算术	96	C班	男
103	陈叔惠	体育	82	C班	男
103	陈叔惠	绘画	70	C班	男
104	唐翠芝	算术	68	D班	女
104	唐翠芝	体育	80	D班	女
104	唐翠芝	绘画	97	D班	女

我们对学生表中的数据进行了扩充，进而让它显示出了每位学生对应的学科和成绩。大家可以看到，由于每一位学生要学习的科目都不止一个，所以就出现了一对多的情况，以至于表中出现了大量的重复数据。

大家可以看到，如果将某一事件产生的所有信息数据都硬塞进一张表中，那么这张表在体积和呈现效果上都不会太理想。事实上，在日常操作中，如果我们想全面地记录某一事件产生的信息数据，往往需要创建多张表。原因是单张表一般难以处理好大量数据间的对应关系，以至于影响我们的使用和查看。因此，我们就需要对数据进行合理的拆分，将它们填充到不同的表中，就像这样——

学 号	学 科	成 绩
101	算术	93
101	体育	89
101	绘画	86
102	算术	81
102	体育	96
102	绘画	65
103	算术	96
103	体育	82
103	绘画	70
104	算术	68
104	体育	80
104	绘画	97

学 号	姓 名	班 级	性 别
101	杨曼桢	A班	女
102	何世钧	B班	男
103	陈叔惠	C班	男
104	唐翠芝	D班	女

啊，我瞧见了。这里又单独创建了一张表，它专门用来容纳学生们的考试成绩。我想我可以理解其中的奥妙——不要把所有的鸡蛋都放进同一个篮子。

因为数据的记录往往会随着事件的发展而不断增加，这不仅包括对已有信息的扩充，还包括增加新的信息类别。想象一下，学校的急性子校监在一开始认为学生表中只需要体现姓名、性别及班级等基础信息就可以，然而当他将学生表制作完成以后，校长却表示还要额外记录学生们的学习科目和考试成绩。没错，在这种情况下，如果校监想将这些信息填充进原有的学生表中，那么他的工作量将会很大，因为整张表的结构会发生变化，而且他还得将新信息一一录入其中，并附带着让旧信息重复出现。可如果他另起一张表来单独记录学科和成绩的话，那就是另外一回事了。毫无疑问，由于原学生表的结构和数据不会发生变化，所以校监的工作量也会大大降低。在实际操作中，我们也会遇到类似的情况。

正是如此，理解得非常到位。要知道，学习与实际运用是两码事。在学习阶段，由于大家操作的对象都是编排完善的表，而且这些表中的数据是为了掌握技能而设计的，因此同学们会认为这一切都是理所当然的。然而，在实际操作中并非如此，因为表和数据要客观体现事件的真实发展与变化，所以对表的设计及对数据的编排要尽可能地方便日常使用和维护。

通过以上的讨论，相信大家就会知道：在有些情况下，会创建多张表来共同记录数据信息，它们各司其职但又彼此关联，因此它们又被称为关联表。如果我们把

一个数据库比作一家公司，那么关联表就是这家公司的各个部门。虽然具体分工不同，但它们都是为了公司的发展和壮大而存在的。

事实上，理解关系数据库的重点在于理解"关系"一词。这种关系主要是指对应关系。例如，狮子属于猫科，斑马属于马科，而海豚属于海豚科，但它们都属于哺乳纲。如果我们要把这些信息用表记录下来，那么在横向（行）上就需要对应准确。

编码	名称	科	纲
101	狮子	猫科	哺乳纲
102	斑马	马科	哺乳纲
103	海豚	海豚科	哺乳纲

除此以外，如果动物考察专家准备另起一张表，用来单独记录这3种动物的饮食习惯。毫无疑问，两张表含有的数据之间同样要遵循准确的对应关系。

编码	食物
101	瞪羚
102	青草
103	沙丁鱼

不错，否则就可能出现张冠李戴的情况——狮子莫名其妙地在用锋利的牙齿啃食青草；斑马憋足了气潜入水中围捕沙丁鱼；而海豚却奔向草原追着瞪羚到处乱窜。

其实关系数据库就类似于一个社交平台，如果A表和B表是在合力记录同一个事件，且它们彼此关联，那么A、B两张表就能实现数据共享，从而提高信息的访问效率。事实上，大家在日后的学习中会逐渐发现，虽然表面上我们是在对表进行操作，但归根结底，我们操作的是表中的数据。

正是这样！表中的数据信息就像我们手中的面团，它们可以被任意揉捏并进行组合、拆分及变换，前提是遵循准确的对应关系。

编码	名称	科	纲	食物
101	狮子	猫科	哺乳纲	瞪羚
102	斑马	马科	哺乳纲	青草
103	海豚	海豚科	哺乳纲	沙丁鱼

猎手	猎物	吃饱了吗？
狮子	瞪羚	吃饱了，但还可以再吃点
海豚	沙丁鱼	没有，麻烦再添点

猎手	瞪羚	青草	沙丁鱼
狮子	✔	✘	✘
斑马	✘	✔	✘
海豚	✘	✘	✔

这其实正是学习SQL的乐趣所在！因为我们可以根据实际需要，对表（一张或多张）中的数据进行重新编排，并组合出新的数据集。如果我们把一张表视为一幅画卷，那么我们不仅可以将这幅画卷分割，只展现出它的局部画面，还可以将这幅画卷与其他景色相宜的画卷合并。没错，关联表就是多张景色相宜的画卷，因为它们是在合力描绘一幅美景。

除了用表记录信息数据这一大特点，关系数据库还有另一个特点，那就是记录的内容大多为结构化数据，例如时间、姓名、地点等。而非结构化数据就类似于一篇文章、一段录音，或者一段影像。

糟糕！聊到这里我才意识到，我们之前的讨论可能会给读者们造成一种错觉，让他们误以为SQL是直接与数据库进行交流的。关于这个问题，我们请MagicSQL来解释一下吧！

MagicSQL：当然不是这样，亲爱的一年级新生。简单来讲，其实在你们和数据库之间，还存在一个类似于数据库管理员的角色，这个角色就是关系数据库管理系统，简称RDBMS（Relational Database Management System）。RDBMS会接收并阅读你们输入的SQL语句，然后负责对数据库执行相应的操作。

常用的RDBMS包括MySQL、SQL Server和Oracle Database等。不过在本书中，大家将要学习的是MySQL。它是一种开源的数据库管理系统，不仅易于安装和使用，而且免费。MySQL的Logo是一只可爱的蓝色海豚，相信它会隔着太平洋给我们带来好心情！

MagicSQL：没错，而我很高兴在本书中扮演MySQL的角色来对你们这群一年级新生"指指点点"！

到目前为止，相信同学们对相关术语已经有了一定的了解。概括来讲，SQL是一门用来与RDB（关系数据库）沟通的计算机语言，或者说是一个工具、一套书写系统。可是SQL并不直接与RDB取得联系，而是间接地通过RDBMS来完成访问。

RDBMS是关系数据库管理系统，它就像数据库的小管家，会根据我们输入的SQL语句对数据库进行相应的操作，MySQL就是主流RDBMS中的一个。除此以外，由于RDB是通过装载表来间接容纳数据的，因此表才是数据最直接的载体，也是我们使用SQL的主要操作对象。

在本章中，我们感谢詹姆士、瑟琳娜、奎妮和劳伦斯的陪伴，他们将在后续的学习中一直陪伴在我们左右，为同学们解答疑惑和剖析原理。除此以外，可爱的汤姆和贝基也会加入这一队伍。

汤姆

贝基

当然，还有其他将会出现在故事情节里的伙伴们正等待着和大家见面。相信大家都能通过本书有所收获，下面就让我们开启一段精彩纷呈的数据库之旅吧！

第2章
简单检索

　　从第2章开始，我们将正式学习SQL这门简单又实用的语言！相信大家都还记得，SQL语句的主要功能是从表中抓取信息数据。没错，所以由关键词"SELECT"引导的检索型语句"SELECT...FROM..."就是我们首先要掌握的基础操作。我们会从检索整张表和检索特定列开始学起，它们对应的需求分别是查看整张表中含有的全部信息，以及查看特定列中含有的信息数据。

　　事实上，关键词"SELECT"就像一只看不见的手，它随时听候我们的调遣，预备从指定地点抓取我们渴望的信息数据。在基础的检索语句中，关键词FROM后一般跟表名，而SELECT后一般跟列名，言下之意就是告诉这只手要从某张表中抓取某列信息数据。顺带地，我们还会为大家介绍如何理解表中的列与行，并讲解SQL语句的书写规范。

　　不过仅掌握这些操作还不够，请大家发挥一下想象力：魔法师杰夫被守财奴夏洛克邀请到家中，夏洛克希望杰夫能帮助自己找到散落在昏暗地下室里的金粒。然而就在杰夫念完咒语SELECT gold_grains FROM Basement并将金粒全部找出来以后，吝啬的夏洛克却表示杰夫只能拿走最上面的一颗金粒作为报酬。那么毫无疑问，杰夫一定会希望最大的那颗金粒堆在最上面。所以他还要想办法将一颗颗金粒从大到小排列。同样的道理，当我们把信息数据从表中检索出来以后，它们可能乱糟糟的。在这种情况下，我们还要对检索结果做进一步的调整。这涉及的主要操作有：对结果进行排序、去掉重复返回的行，以及限制结果的输出行数。

　　好了，以上就是本章的内容导读，下面就让我们跟随李乔丹的择偶之旅开启正式的学习吧！

2.1　基础查询：姻缘介绍所的联络清单

欢迎大家正式开启SQL学习之旅，相信大部分读者都是散落在各个校园和不同工作岗位上的年轻人。在年轻人的生活中，有一个人们津津乐道的话题，没错，这个话题就是"脱单"。事实上，适当地与你的同学或同事"八卦"一下感情生活，不仅能增加彼此的信任，还能在一定程度上满足自己的好奇心，并时不时发出一两句感慨："哦？原来他/她喜欢那一款？真是看不出来。"然而在实际生活中，并非每个人的情感之路都会一帆风顺，我们本章的主人公李乔丹就是一个例子。

大家好，我是李乔丹，很高兴认识你！我在《胶囊时报》担任记者，每天都要东奔西跑地与各行各业的人打交道：采访、拍照、写文章。这种生活虽然有些劳累但是很充实，事实上，我喜欢过好每一天，活在当下，相信你也一样。当然，如果能顺便享受一下随风般的自由生活就更好了，所以上周我购买了自己心心念念的胜利牌摩托车，我相信这是一辆能载着我行驶在人生上坡路的好车。没错，骑摩托车能带来最接近飞行的感觉！真棒，伙计！

骑摩托车的感觉确实很不错，不过一个人的旅途未免有些孤单，所以李乔丹在朋友的推荐下，成了"爱拼才会赢"姻缘介绍所的一名会员。很快，介绍所就发来了一份联络清单，清单中塞满了漂亮单身女士们的个人信息。明天就是周末了，主管菲利克斯先生在下班前送给李乔丹两张电影票。他对这个诚实勤奋的小伙子总会给些额外的照顾。

《欢喜冤家》这部电影简直棒极了！我特别喜欢男女主人公关于杜松子酒的那段对话，再配上恰到好处的背景音乐，真是浪漫！别忘了带一位姑娘与你同去，她一定会夸奖你的品位，相信我，祝周末愉快！

2.1.1　检索整张表（通配符"*"）

其实用不着好心的菲利克斯先生提醒，李乔丹凭借本能就会想到邀请一位联络清单上的女孩一起去看电影，毕竟极乐鸟的鲜艳羽毛已经长出有一段时间了。不过由于李乔丹目前还不知道联络清单这张表中具体含有哪些信息，所以他得抓紧时间了，不然漂亮姑娘就都被别人邀请走了！

在这种情况下，我们要帮李乔丹做的第一件事就是检索整张联络清单表，这样就可以查看整张表中含有的全部信息。这个需求对应的SQL语句是：

```
（1）SELECT * FROM Contact;
```

事实上，检索整张表对应的操作就是检索一张表中含有的所有列。这并不难理解，因为表是由列组成的。瞧，我们将使用"*"来统一代指表中的所有列，它是一个通配符，也是SQL语句中最闪亮的那颗星。

正是如此，其实例句（1）就是一条最基础的检索语句，它也是对表达式"SELECT ... FROM..."最基本的运用。那么除了被标记为红色的通配符，同学们一定还注意到了被标记为蓝色的"Contact"。没错，"Contact"正是联络清单表的表名。事实上，在基础的检索语句中，表名往往会直接出现在关键词FROM之后。

好了，现在就请大家自己动手执行一遍例句（1）并观察返回的结果。这里需要事先提醒大家：SQL语句的书写要在英文输入法下进行，否则可能会报错。

2.1.2　检索整张表的限制

通过执行例句（1），相信大家可以感受到，使用通配符"*"是返回整张表数据的关键。事实上，"*"的使用非常普遍，因为它能让我们迅速了解一张表的大致结构和主要内容。

以表中的第一行数据为例，我们可以清楚地看到各列分别记录的信息。

- 序列编号——girl_id。
- 姓名——name。
- 加入姻缘介绍所的时间——join_date。
- 年龄——age。
- 居住地——location。
- 爱好——hobby。
- 择偶要求——remark。
- 电子邮箱——email。

girl_id	name	join_date	age	location	hobby	remark	email
101	Jenny	2020-05-17	28	爱丁堡	滑滑板 游泳	我想找个能帮我在水下拍照的灵魂伴侣。	Jenny_ca@puppy.com

虽然"*"使用起来很方便，但它返回的结果却存在两个限制。

- **限制一**：我们无法调整列的显示顺序，比如我们想把"居住地"信息放到显示结果的最前面，这是不行的。事实上，这种操作会按照制表时的编排顺序返回各列信息。
- **限制二**：如果一张表中含有的信息量很大，这会增加我们寻找目标信息的难度。这就好比在杂乱的储藏室里寻找一辆你儿时的玩具车，虽然所有东西都在你的眼皮底下，但你无法在第一时间注意到它。

因此，使用"*"检索整张表往往是初阶的。当我们对表中信息有了大概的了解以后，就会将注意力集中在某些特定列上。所以接下来，我们要缩小检索的范围，学习如何检索特定列中含有的信息。

2.1.3　检索特定列

我认为两个人聊得来比什么都重要，如果有相同的兴趣爱好那就再好不过了。因此，我想重点看看这些迷人的姑娘们都来自哪里，以及她们都有着怎样的兴趣爱好。

瞧，李乔丹提出了新的查看需求，这将匹配一条新的查询语句：

（2）`SELECT location, hobby, name FROM Contact;`

相信细心的你已经发现，其实例句（2）和例句（1）相比，就只是将"*"换成了3个相对应的列名，且列名之间要用","隔开。这些都是不容忽略的细节。

MagicSQL的讲解非常到位。虽然例句（1）和例句（2）之间的过渡很简单，但相信大家可以感受到：其实学习SQL，就是学着用SQL来表达我们的想法，或者说是用SQL这门语言来翻译我们的需求，仅此而已。你掌握的翻译技巧越多，你就越有可能表达出更复杂的需求，并行之有效。从这个角度来看，学习SQL其实与学习外语的道理相同。

不过话说回来，例句（1）的一个限制是无法调整列的显示顺序。但是当我们检索特定列的时候，就可以对列的显示顺序做任意调整了。例如，如果李乔丹想让姓名信息显示在结果中的第一列，那么在书写SQL语句的时候，只需把name列写在最前面即可：

（3）`SELECT name, location, hobby FROM Contact;`

其实在大部分情况下，我都是有求必应的，不过我并不喜欢多管闲事。除非我在你的语句中能读到明确的指令，否则别指望我来替你思考。好了，别发呆了，一年级新生，赶紧动手验证一下例句（2）和例句（3）吧！我从没见过哪个不爱动手的家伙可以真正掌握SQL，尽管它并不晦涩难懂。

2.1.4　理解表中的"列"与"行"

通过以上内容，想必大家都很清楚：所谓的检索整张表，其实就是检索一张表中含有的所有列。当我们对表中信息有了大致了解以后，就可以将注意力集中在某些特定列上。不过话说回来，究竟要怎样理解表中的"列"才最贴切呢？

一张表中往往含有多个列，它们代表一组数据的分类和归属，所以我们可以将"列"视为比表更小一级的存储单位。也正因如此，大家不妨这样理解：当我们从表中检索信息的时候，其实是在检索列中含有的信息。

不错！但是大家还要知道：由于各个列记录的信息种类不尽相同，所以它们对应的数据类型可能也会存在差异。例如，"name""age""join_date"这3列对应的数据类型就各不相同，这是因为它们预备接收的信息种类存在区别，分别为字符串、数值和时间。

其实当我们创建联络清单表时，就会对各个列指定数据类型，这将保证只有数据类型相符的信息才会被允许录入，否则就会录入失败，例如将人名"Jenny"录入"join_date"列就会报错。

事实上，字符串、数值和时间就是3种主要的数据类型，不过它们都还有各自的分支。关于数据类型，大家现阶段稍做了解就可以了。

好了，当同学们对表中的列有了更进一步的理解之后，接下来，我们将要一起讨论如何理解表中的行，举个例子来看。

我是Jenny（珍妮），今年28岁，现居爱丁堡。希望你活泼风趣，能给我带来数不尽的快乐！

name	join_date	age	location
Jenny	2020-05-17	28	爱丁堡

瞧，行就是各个列值的组合，它们会在横向体现一组数据的对应关系。例如该行信息就表示：这位女孩名叫Jenny，今年28岁，她于2020年5月17日鼓起勇气加入姻缘介绍所，现居地是爱丁堡。然而同学们都知道，列值的组合方式并非一成不变的，它们会在数量、种类和顺序上发生变化。

1. 检索不同的列，将得到不同的横向输出。例如检索所有列，那么输出行中含有的信息就会非常全面：

```
SELECT * FROM Contact;
```

girl_id	name	join_date	age	location	hobby	remark	email
101	Jenny	2020-05-17	28	爱丁堡	滑滑板 游泳	我想找个能帮我在水下拍照的灵魂伴侣。	Jenny_ca@puppy.com

而如果只检索name列，那么整行内容就会只剩下姓名信息：

```
SELECT name FROM Contact;
```

name
Jenny

再比如，我们要同时检索name列和age列，那么一行中含有的内容又会发生变化：

```
SELECT name, age FROM Contact;
```

name	age
Jenny	28

2. 检索相同的列，但书写顺序不同，我们也将得到不同的横向输出。

例如，同样是检索name和age两列信息，"SELECT name, age"和"SELECT age, name"得到的输出行并不一样：

```
SELECT name, age FROM Contact;
```

name	age
Jenny	28

```
SELECT age, name FROM Contact;
```

age	name
28	Jenny

正因为行是列值的组合，所以行是表中数据的动态输出形式。输出行之所以是动态的，是因为它们会随着检索语句的变化而变化。也就是说，通过执行一条检索语句，表中的信息会以行的形式返回并呈现。再结合此前对列的描述，我们就可以做出如下概括。

列是比表更小一级的存储单位，它在纵向体现一组数据的分类和归属；而行则是各个列值的组合，它们也是表中数据的动态输出形式。虽然输出行会随着检索语句的变化而变化，但它们始终都在横向体现一组数据的对应关系。除此以外，大家甚至可以这样理解：虽然我们在检索语句中输入的是列（名），但实际得到（输出）的却是行。

2.1.5　关于SQL语句的书写规范

前面我们接触到的SQL语句都非常简单，但是在书写规范上，依然有这样几点值得大家注意。

1. 关于SQL语句的大小写

首先大家要知道，SQL语句不区分大小写，对于关键词、列（名）和表（名）来说都是这样的。所以在书写正确的前提下，我们可以按照个人习惯来选择大写或小写。

但是对于初学者来讲，建议大家在书写SQL语句时，能够适当地切换大小写，用以区分关键词、列名和表名。这样做不仅便于分析语句的构成，还方便后续的阅读和检查，而且适当地在大小写间进行切换还有助于思路的引导。

正是出于这样的目的，我们的例句对关键词均使用大写，列名使用小写，表名仅首字母大写。

2. 关于SQL语句中的空格

其实当我们在书写SQL语句时，只需保证各个关键词、列名、表名之间存在一个基本单位的空格就可以了。不过使用多个空格并不影响语句的执行。举例来讲，我们对例句（3）的书写原本是这样的：

```
（3）SELECT name, age, location FROM Contact;
```

但这并非MySQL接受的唯一书写格式，还可以在其中插入更多的空格，甚至换行也不影响执行结果：

```
（3）SELECT  name, age,  location FROM    Contact;
（3）SELECT name , age, location
    FROM Contact;
```

因此，与使用大小写一样，我们可以本着方便阅读和书写的原则，按照个人习惯和审美使用空格。

3. 关于SQL语句的结尾方式

我们都对"但故事的最后，你好像还是说了拜拜"这样一句歌词感到有些伤感，然而这样的画面在使用SQL时并不会出现。正如大家所见，在上述例句中，我们都使用了";"作为结尾，不过如果每次执行的只有单条SQL语句，那么分号是可以省略的，就像这样：

```
SELECT * FROM Contact
```

可如果要一次性执行多条SQL语句，那么语句之间就必须使用分号隔开，例如：

```
SELECT * FROM Contact;
SELECT name, age, location FROM Contact
```

这是因为分号的实际含义是分隔符，它会将一众语句分割成独立的执行单位，以供MySQL识别。这类似于在检索语句中，我们会使用逗号将各个列名隔开一样。事实上，当大家向样例表中插入数据时，正是在批量执行SQL语句（由INSERT引导的SQL语句），例如：

```
INSERT INTO Dessert(id, shop, cate, rate)
VALUES('101','杜梦咖啡馆','拿破仑蛋糕', '70');

INSERT INTO Dessert(id, shop, cate, rate)
VALUES('102','蜂蜜公爵','拿破仑蛋糕', '100');

INSERT INTO Dessert(id, shop, cate, rate)
VALUES('103','霜糖铺子','macaron%', '90');

INSERT INTO Dessert(id, shop, cate, rate)
VALUES('104','伏都美滋滋','甜甜圈', '100');

INSERT INTO Dessert(id, shop, cate, rate)
VALUES('105','卡洛斯烘焙','拿破仑蛋糕', '80');

INSERT INTO Dessert(id, shop, cate, rate)
VALUES('106','聚果堂','egg cake pie', '50');

INSERT INTO Dessert(id, shop, cate, rate)
VALUES('107','Spot Dessert','泡芙', '100');
```

大家可以看到，我们在每条SQL语句的末尾都使用了分号（最后一条可以不用），这是因为插入一行数据要使用一条INSERT语句，而一条INSERT语句也是一个独立的执行单位。

如果我们不使用分号进行分隔，那么MySQL将无法识别单个执行单位，批量的执行操作也将无法展开，就像这样：

```
INSERT INTO Dessert(id, shop, cate, rate)
VALUES('101','杜梦咖啡馆','拿破仑蛋糕', '70')

INSERT INTO Dessert(id, shop, cate, rate)
VALUES('102','蜂蜜公爵','拿破仑蛋糕', '100');

INSERT INTO Dessert(id, shop, cate, rate)
VALUES('103','霜糖铺子','macaron%', '90');

INSERT INTO Dessert(id, shop, cate, rate)
VALUES('104','伏都美滋滋','甜甜圈', '100')

INSERT INTO Dessert(id, shop, cate, rate)
VALUES('105','卡洛斯烘焙','拿破仑蛋糕', '80');

INSERT INTO Dessert(id, shop, cate, rate)
VALUES('106','聚果堂','egg cake pie', '50')

INSERT INTO Dessert(id, shop, cate, rate)
VALUES('107','Spot Dessert','泡芙', '100');
```

这就像在朗读一篇文章，当遇到逗号或者句号的时候，我们总要停顿一下表示断句。可如果通篇文章都没有标点符号，那么就很难朗读。

 需要补充说明的是：批量执行并不是指所有语句同时执行，而是指分步执行每一条语句。当然，MySQL也将分步反馈执行结果——执行成功显示为绿色，执行失败显示为红色。

以上就是本节的全部内容，在此我们不妨做一番总结。

1. 如果要查看整张表中含有的信息，就使用"*"，它是一个通配符，代指所有列。

2. 如果想查看特定列中含有的信息，需要将"*"换成目标列的列名。不仅如此，还可以调整列在结果中的显示顺序。

3. 列是比表更小一级的存储单位，在纵向体现一组数据的分类和归属。

4. 行是表中信息的动态输出形式，在横向体现一组数据的对应关系。

5. SQL语句不区分大小写，且语句中各成分之间的最小间距是一个空格。

6. 若想批量执行多条SQL语句，那么语句间的分号必不可少。分号可以体现SQL语句的完整性，所以即便是书写单条语句，也建议加上它。

7. SQL语句的书写要在英文格式下进行，否则可能会报错。

8. 正如本章导读中所提到的：关键词SELECT就像一只看不见的手，它随时听候我们的调遣，预备抓取信息。没错，但是想必同学们都很清楚，抓取这一行为的前提是告知从何处抓取，也就是事先告知这只手该伸向哪里。举例来讲，如果李乔丹想查看姑娘们的姓名信息，那么毫无疑问，Contact表中的name列就是被抓取的对象，而Contact表本身则是伸手操作的目标：

```
SELECT name FROM Contact;
```

从这一点我们就可以推断出，MySQL执行关键词FROM一定先于执行关键词SELECT。事实上，虽然在检索语句中，由关键词SELECT引导的部分（被蓝色标注的部分）处在排头兵的位置，但是它的执行顺序其实相当靠后。而被关键词FROM引导的部分（被红色标注的部分），在一般的检索语句中几乎是首批被执行的对象。这其实也是SQL语言的一个特点：关键词的执行顺序与书写顺序不一致。后续我们还将为大家介绍其他关键词的执行顺序。

2.2　对查询结果排序：鱼儿的大小和颜色

在2.1节中，我们学习了检索整张表和检索特定列，然而这只是简单地从表中调取出了信息。在有些情况下，我们可能还会对返回的显示结果做进一步的调整。所以在接下来的几节中，我们将向大家介绍3种调整显示结果的操作。

1. 使用ORDER BY 对结果进行排序。
2. 使用LIMIT 限制结果的输出行数。
3. 使用DISTINCT去掉重复的输出行。

这些操作将提高检索结果的质量，更加方便大家观察信息。我们首先将要学习如何使用ORDER BY对查询结果排序。不过在具体操作之前，让我们先继续前面内容的故事场景往下看。

2.2.1 根据单列内容排序

大家好，我是李乔丹，今年25岁。我已毕业4年了，现在想找一位年龄相仿的姑娘，然后和她手拉手一起去"流浪"地球。

瞧，李乔丹表示他想找一位和自己年龄相仿的姑娘。这样一来，联络清单表中的年龄信息将成为一项重要的参考依据。根据前面内容所学，我们很有可能会先使用一条这样的SQL语句，并得到下表结果：

（1）SELECT name, age, location FROM Contact;

name	age	location
Jenny	28	爱丁堡
Amelie	27	洛杉矶
Diana	27	旧金山
Candice	27	费城
Sarah	25	芝加哥
Lily	26	休斯敦
Bella	27	底特律
Catherine	28	波士顿
grace	28	旧金山
Zoe	24	旧金山
Cristina	29	芝加哥
Giulia	33	洛杉矶
Libera	30	芝加哥
GRACE	28	旧金山
Olivia	32	旧金山

唔……虽然你想要的信息都包含在结果中，但是仔细瞧瞧就会发现，它并没有根据李乔丹的意愿突出重点。因为这个结果在顺序上没有任何规律。事实上，在你不发出排序指令的情况下，我通常只会按照最初往表中插入数据时的顺序返回。所以这可不能赖我，我只是在按照指令办事罢了。

瞧，MagicSQL又在好心地提醒我们，它只会按照SQL语句中对应的指令开展行动。那么什么样的指令才能突出李乔丹的查询重点呢？很简单，其实我们只需要根据年龄大小，也就是以age列含有的内容为依据，对例句（1）返回的结果进行排序就可以了。对应的SQL语句为：

（2）SELECT name, age, location FROM Contact ORDER BY age;

看来你很了解我的行为动机！没错，让我对结果进行排序的指令很简单，其中的奥秘就隐藏在ORDER BY从句中，例如，例句（2）中的ORDER BY age。由于你需要让我按照年龄大小排序，所以就需要通过ORDER BY将age列指定为排序的依据，那么此处的age列就是一个排序键。好了，只是睁大眼睛可体会不到妙处，一年级新生，赶紧动手练习吧！

2.2.2　升序和降序

通过动手练习，相信同学们会发现，例句（2）的返回结果是按照年龄从小到大进行排列的。有从小到大，就有从大到小。因此，ORDER BY会对应两种排序效果——升序和降序。

升序对应的关键词是ASC。它取自含义相关的英文单词Ascending（上升）。值得大家注意的是，由于升序是ORDER BY的默认排序方式，所以我们经常会将关键词ASC省略。也就是说，例句（2）的完整书写格式应该为：

（3）SELECT name, age, location FROM Contact ORDER BY age ASC;

没错，毕竟在日常操作中，升序的使用可能会更加频繁一些。下面让我们来看看降序的例子。

降序对应的关键词是 DESC，它也取自一个含义相关的英文单词 Descending（下降）。如果我们用 DESC 来替换例句（3）中的 ASC，将实现相反的排序效果，输出行将按照年龄从大到小的顺序返回并显示：

（4）`SELECT name, age, location FROM Contact ORDER BY age DESC;`

此处需要提醒大家，由于单个 ASC 和 DESC 只负责指定单个排序键的升序和降序，所以当我们准备以多列内容为依据进行排序时，可能要分别使用 ASC 和 DESC。同学们将在后面看到这种用法。

2.2.3　排序的必要性和原理

其实在我们的实际操作中，ORDER BY 的使用频率相当高。因为就像前面所说的那样，如果在检索时不使用 ORDER BY 进行排序，那么返回的输出行一般将按照最初往表中插入数据时的顺序呈现。而这很可能不是我们想要的呈现效果，因为它没有突出重点。

除此以外，相信大家动手练习后，观察结果会发现，其实使用 ORDER BY 并不会让结果在本质上发生变化。也就是说，结果含有的原本内容不会改变，信息之间的对应关系也不会改变（例如 Jenny—28—爱丁堡）。这是因为 ORDER BY 调整的只是输出行的前后位置，也就是说，ORDER BY 是以整行数据为单位进行调整的。所以排序的原理就是：以列中的内容作为参考来调整输出行的前后位置。

读到这里大家就会清楚，ORDER BY 是以行为单位开展操作的。即 ORDER BY 的调整对象是行，而不是列。排序不会影响也不能影响数据间的对应关系，因此，列中的信息只提供排序的依据。

2.2.4　根据多列内容排序

以上我们为大家介绍了如何根据单列内容排序。事实上，ORDER BY 还可以同时指定多列内容作为排序的依据，而且对应不同的呈现效果。例如，如果排序依据为 A、B 两列含有的内容，那么对应的表达式就会有两种：

`1. ORDER BY A, B`　　　　`2. ORDER BY B, A`

这两种表达式会对应不同的排序效果。为了向大家讲清楚其中的原理，在具体操作之前，请大家先考虑以下场景。

劳伦斯在生活中是一位观赏鱼爱好者，他一共养了 3 条蓝鱼和 3 条红鱼。只要肯花时间，人和动物之间的感情可以变得很深厚，相信家有宠物的读者对此深有体会。虽然劳伦斯养的只是几条非常普通的观赏

　　鱼，但是在他的细心照顾下，这6条鱼竟能听懂他的指令，按照颜色和大小来排序。

　　事实上，这里的"颜色"和"大小"就是两个排序依据。如果劳伦斯要使用ORDER BY来发出指令，那么对应的指令表达就会有两种：

1. ORDER BY 颜色, 大小　　　2. ORDER BY 大小, 颜色

　　现在请将这些鱼儿想象成数据，然后我们会模拟MySQL的操作思路，为大家介绍这两种表达式对应的不同结果。首先来看第一种排序效果：

ORDER BY 颜色, 大小

在电影院排队入场要讲究"先来后到"，在这里也是一样的。瞧，由于在ORDER BY从句中，"颜色"排在了"大小"的前面，所以我会先根据"颜色"对鱼儿们排序，也就是把蓝鱼放在一起，把红鱼放在一起。

当这一步完成以后，我才会再根据"大小"来调整顺序。也就是以相同颜色为单位来比较大小。这样一来，蓝鱼就只能和蓝鱼比大小，而红鱼也就只能和红鱼比大小。

　　概括来讲，"ORDER BY 颜色, 大小"对应的操作是，首先忽略大小并根据鱼儿们的颜色进行分类，然后以相同颜色为单位做大小比较。接着我们再来看第二种表达式对应的结果：

ORDER BY 大小, 颜色

还是同样的道理。你瞧，由于这一次"大小"在ORDER BY从句中排在了"颜色"的前面，所以我会先忽略颜色差异，将鱼儿们从小到大排列。当这一步完成以后，我再回过头来根据"颜色"排序，此时我就只能以相同大小为单位来调整顺序了。

　　也就是说，只有那些大小相同但颜色不同的鱼，才会被进一步根据"颜色"排序。概括来讲，"ORDER BY 大小, 颜色"对应的操作是：首先忽略颜色，让鱼儿们按照大小排序，然后以相同大小为单位来调整颜色顺序。好了，当大家掌握了以上知识以后，我们就开始实际操作吧。

如果李乔丹想让姑娘们根据"年龄"和"姓名"排序，就需要写两条SQL语句：

```
（5）SELECT name, age FROM Contact ORDER BY age, name;
（6）SELECT name, age FROM Contact ORDER BY name, age;
```

我们先来看例句（5）返回的结果。

name	age
Zoe	24
Sarah	25
Lily	26
Amelie	27
Bella	27
Candice	27
Diana	27
Catherine	28
grace	28
GRACE	28
Jenny	28
Cristina	29
Libera	30
Olivia	32
Giulia	33

由于在例句（5）中，"年龄"是首要排序依据，而"姓名"是次要排序依据，所以MySQL会先根据年龄从小到大对输出行排列。当这一步完成以后，MySQL才会再以同一年龄为单位，根据姓名首字母进行调整。

这引发的结果就是：从整体上看，输出行是按照年龄从小到大排列的；从局部上看，年龄相同的姑娘们会按照姓名首字母从A到Z排列。

接着，我们再来看例句（6）返回的结果。

name	age
Amelie	27
Bella	27
Candice	27
Catherine	28
Cristina	29
Diana	27
Giulia	33
grace	28
GRACE	28
Jenny	28
Libera	30
Lily	26
Olivia	32
Sarah	25
Zoe	24

　　同样的原理，在例句（6）中，"姓名"成了优先考虑的排序依据，而"年龄"则退居二线。所以MySQL会先根据姓名首字母排序，然后以相同首字母为单位按照年龄大小做顺序调整。

　　对应的显示结果为：从整体上看，输出行是按照姓名首字母从A到Z的顺序显示的；从局部上看，姓名首字母相同的姑娘们会再按照年龄从小到大排列。

　　除此以外，相信同学们都注意到了，例句（5）和例句（6）都默认将name和age两个排序键指定为升序（省略了关键词ASC）。事实上，我们完全可以分别将它们指定为升序或者降序：

```
SELECT name, age FROM Contact ORDER BY age ASC, name DESC;
SELECT name, age FROM Contact ORDER BY age DESC, name ASC;
SELECT name, age FROM Contact ORDER BY name ASC, age DESC;
SELECT name, age FROM Contact ORDER BY name DESC, age ASC;
```

　　排序键书写顺位的不同，以及搭配使用不同的升降序关键词，可能会实现不同的排序效果。下面我们再提出一种思考方式，帮助大家理解根据多列内容进行排序的原理。先来看下面这张表。

水果	售价
apple	5
banana	3
orange	5
apple	6
banana	4
orange	8
apple	7
banana	5
orange	9

　　瞧，这张简易表中存在两列信息：水果和售价。由于品质不同，所以相同水果的售价会存在差异。那么现在就让我们先来看一看"ORDER BY 水果, 售价"会产生什么样的排序效果。

水果	售价
apple	5
apple	6
apple	7
banana	3
banana	4
banana	5
orange	5
orange	8
orange	9

由于排序键"水果"排在了"售价"的前面，所以MySQL会先根据"水果"列信息的英文首字母排序。事实上，从显示结果来看，与其说是按照英文首字母排序的，不如说是按照水果种类进行分组的。当分组完成以后，MySQL就会对同组水果进行售价比较了。

接着，我们再来瞧一瞧"ORDER BY 售价, 水果"对应的排序结果。

售价	水果
3	banana
4	banana
5	apple
5	banana
5	orange
6	apple
7	apple
8	orange
9	orange

我们同样可以从数据分组的角度来理解排序效果。大家可以看到，由于这一次是排序键"售价"排在了"水果"的前面，所以当MySQL首先根据售价排序时，它也根据不同售价规划出了7个小组。只不过在这7个小组中，只有"5"组含有多条信息，其余小组的信息都是单一的。因此，当MySQL再根据"水果"排序时，它就只能对"5"组含有的水果种类进行调整。

总而言之，这种方式就是从数据分组的角度进行分析：首先根据首要排序键进行分组，然后根据次要排序键进行同组比较并排序。

事实上，数据分组的思想与对应操作在SQL中的运用非常普遍，因为这会将具有同一标签的信息进行打包。虽然一些资料和图书都普遍将"数据分组"与GROUP BY画上等号，但是我希望大家可以将"数据分组"视为一个泛词，因为数据分组的方式并不单一，而且在同种分组情况下的运用也不尽相同。其实ORDER BY、GROUP BY和PARTITION BY都有数据分组的作用，大家将在后续章节中体会到这一点。

好了，那么现在就请同学们动手执行一遍上述例句吧，别忘了一边观察结果，一边细细揣摩其中的原理。

2.2.5　使用列别名排序

接下来，我们要向大家介绍两个关于ORDER BY的特殊用法。第一个特殊用法是使用列别名排序。在介绍这个操作之前，我们先来了解什么是列别名。

同学们都知道，在Contact表中，name列包含的是姓名信息，而age列包含的则是年龄信息。没错，"name"和"age"是我们在创建表之初指定的列名。

不过话说回来，其实这两列内容在检索结果中并非一定要被冠以"name"和"age"的头衔。现在请大家看以下例句和它对应的结果：

（7）SELECT name AS 姓名, age AS 年龄 FROM Contact;

姓名	年龄
Jenny	28
Amelie	27
Diana	27
Candice	27
Sarah	25
Lily	26
Bella	27
Catherine	28
grace	28
Zoe	24
Cristina	29
Giulia	33
Libera	30
GRACE	28
Olivia	32

瞧，我们在检索name和age两列信息时，又追加使用了关键词AS。AS在此处的作用是对两个固有列名进行重命名，也就是指定两个列别名：姓名和年龄。大家可以看到，检索结果中的列名也相应地发生了改变。

事实上，关键词AS在SQL语句中的使用频率很高，因为通过它指定别名后，我们可以获得更加直观的显示效果。除此以外，AS不仅可以对列进行重命名，还可以对表和显示栏进行重命名，同学们将在后续的学习中看到这些用法。

当我们分别对name和age两列指定了列别名之后，就可以在ORDER BY从句中使用它们了，例如，例句（5）可以被替换为：

（8）SELECT name AS 姓名, age AS 年龄 FROM Contact ORDER BY 年龄, 姓名;

当然，这并不代表一定要在ORDER BY从句中使用列别名。即使在有列别名的情况下，我们依然可以引用原有的列名作为排序键。

2.2.6 使用列编号排序

现在让我们再来瞧瞧ORDER BY的第二个特殊用法：使用列编号排序。同样地，在介绍具体操作之前，同学们需要先了解什么是列编号，举个例子：

（9）SELECT name, age FROM Contact;

当我们准备从Contact表中检索出姓名和年龄信息时，就会在SELECT后输入对应的列名。事实上，列名的书写顺位就是列编号。因此，在例句（9）中，name列的列编号就是1，而age列的列编号就是2。没错，如果SELECT后还存在更多的列，那么列编号依次顺延即可。

事实上，在这种情况下，我们完全可以在ORDER BY从句中直接使用列编号。例如，以下两条例句将实现相同的排序效果：

```
（5）SELECT name, age FROM Contact ORDER BY age, name;
（10）SELECT name, age FROM Contact ORDER BY 2, 1;
```

不过话说回来，虽然使用列编号在书写上会更加简单，但是在阅读上却不太直观，很有可能需要我们进行二次确认，在SELECT后寻找排序的依据。所以这个用法大家在实际操作中要酌情选用。

2.2.7　ORDER BY的其他使用事项

在本节的最后，我们要再介绍3个关于ORDER BY的使用事项。

第一个使用事项是，排序键不一定非得是检索的对象。举例来讲，如果我们想让结果按照年龄排序，那么相应的表述就是ORDER BY age，也就是将age列指定为排序键（排序的依据）。事实上，age列并非一定要被检索出来：

```
（11）SELECT name FROM Contact ORDER BY age;
```

换句话来讲，虽然例句（11）的检索对象只有姓名信息，而没有年龄信息，但是姓名信息依然会按照年龄从小到大的顺序返回并显示。

虽然这只是一个很简单的操作介绍，但希望能引起大家的关注。因为对于很多初学者来讲，我们往往会有一种默认判断：SQL语句的操作对象只能是那些被检索出来且被我们看见的信息。然而实际情况并不是这样的。请同学们记住，我们的操作对象自始至终都是表含有的数据。也就是说，一张表中的所有数据都处于可操作范围，即使它们有些没有被检索出来。

当然了，由于大家目前接触到的检索语句还不多，所以对这句话可能没有太深的理解。没有关系，我们将在后续的学习中借助实际案例为大家详细解释。

第二个使用事项是ORDER BY对于空值的处理。

请想象一下，如果现在有一位名叫Hellen的姑娘刚刚加入姻缘介绍所，不过她认为自己的年龄信息属于个人隐私，不愿公开，那么这就会导致在age列中存在空值——NULL。

name	age
Hellen	NULL

至于空值究竟该如何理解，我们将在后续章节中为大家详细介绍。在此处，同学们就将其理解为"年龄信息未填写"即可。

话说回来，如果在age列存在空值的情况下，我们还需要按照年龄排序（ORDER BY age），那么这位名叫Hellen的女孩将出现在结果的开头或者结尾。

name	age
Hellen	NULL
Zoe	24
Sarah	25
Lily	26

name	age
Libera	30
Olivia	32
Giulia	33
Hellen	NULL

也就是说，如果排序键中存在空值，那么空值的对应行一般将出现在结果的开头或者结尾，这与我们指定升序还是降序有关。

第三个使用事项是ORDER BY的排序依据并不一定是表中的固有信息。举例来讲，如果一张表中只含有商品、单价和购买量这3项信息：

商 品	单 价	购买量
草莓	8	2
香蕉	5	2
苹果	6	2

而我们后续又通过算术运算得到了一个付款金额，那么ORDER BY同样可以根据付款金额对结果排序：

```
SELECT 商品，单价，购买量，单价*购买量 AS 付款金额 FROM 一张表 ORDER BY 付款金额;
```

商 品	单 价	购买量	付款金额
香蕉	5	2	10
苹果	6	2	12
草莓	8	2	16

我们将在后续章节为大家正式介绍算术运算符的使用，这里提到只是帮助大家事先了解ORDER BY的更多功能和用法。

以上就是本节的全部内容。我们不妨总结一下目前已掌握的各个关键词的书写顺位和执行顺位。

- 书写顺位：SELECT → FROM → ORDER BY。
- 执行顺位：FROM → SELECT → ORDER BY。

事实上，不是所有ORDER BY的执行顺位都在SELECT之后，ORDER BY有一个特殊用法，即出现在SELECT语句中，等大家学到窗口函数时自然就会明白。

2.3 LIMIT分页语句：跳跃的青蛙

亲爱的同学们，我们在2.2节学习了如何使用ORDER BY对检索结果排序，下面我们将学习如何使用LIMIT分页语句来限制结果的输出行数。这个操作会对检索结果进行精简，下面就让我们开始学习吧！

2.3.1 限制结果的输出行数

根据前面所学，我们知道，如果李乔丹想让检索结果按照年龄从小到大排列，那么对应的SQL语句和大致的结果呈现就会是这样的：

（1）SELECT name, age, location, email FROM Contact ORDER BY age;

name	age	location	email
Zoe	24	旧金山	Zoe@tooth.com
Sarah	25	芝加哥	Sarah@lonely.com
Lily	26	休斯敦	Lily_smile@kitty.com
Amelie	27	洛杉矶	Amelie@buzzy.com
Diana	27	旧金山	Dianababy@kwikspell.com
Candice	27	费城	Candice_TVy@showtime.com
Bella	27	底特律	Bella_fun@buzzy.com
Jenny	28	爱丁堡	Jenny_ca@puppy.com

排在前面的3位姑娘就很好！没准她们中有一位会是我的意中人。

瞧，李乔丹锁定了排在前面的3位姑娘，那么其余信息此时在他眼中可能就是不必要的剩余信息。为此我们可以对例句（1）的返回结果做限制性处理，指定只返回前3行信息：

（2）SELECT name, age, location, email FROM Contact ORDER BY age LIMIT 3;

name	age	location	email
Zoe	24	旧金山	Zoe@tooth.com
Sarah	25	芝加哥	Sarah@lonely.com
Lily	26	休斯敦	Lily_smile@kitty.com

大家可以看到，这个操作一点也不复杂。我们只需要在ORDER BY的后面增加一条LIMIT语句即可——LIMIT 3。这截"小尾巴"就能满足李乔丹的需求。类似地，如果李乔丹想分别返回例句（1）的前4行或前5行信息，那么他只需要相应地更换参数即可：使用LIMIT 4或LIMIT 5。

事实上，LIMIT是MySQL的独有操作。也就是说，只有MySQL才支持使用LIMIT，并且对它的主流描述是分页查询。但是想必同学们可以感受到，其实在这个案例中，LIMIT更直观的功能是限制结果的输出行数。

2.3.2　LIMIT的用法分析

诸如"LIMIT 3"和"LIMIT 4"这样的操作都只是LIMIT的基础用法。我们想要单独查看的行并不总是在结果的最上面，它们还有可能排在中间。例如，如果李乔丹想指定返回例句（1）结果中的第4、5、6、7、8行信息，那么该怎么办呢？

为了帮助同学们更进一步地对LIMIT的语法及SQL语句的调性进行理解，我们先假设存在这样一个关键词——FROG，它的用法如下：

```
SELECT name, age, location, email FROM Contact
ORDER BY age FROG 4,5,6,7,8;
```

这可不是我能接受的SQL语句，不过我还是勉为其难地读一下好了。看样子这是一种"直译"需求的表达方式，因为它直接引出了你们所指定的行。看来如果"FROG"真实存在，那么这个问题也就迎刃而解了。不错，优秀的一年级新生，你们已经开始创造自己的语法了！这是一件值得鼓励的事，因为这证明你们在仔细思考！

不过话说回来，这也许并不是一种有效率的表达方式，因为这只"青蛙"显然不懂得跳跃。请想象一下，如果你要查看的是第4~80行的信息，那么逐一写下所有行号岂不是很费时费力吗？而且人们阅读起来也会觉得冗长。要知道，大家都喜欢阅读言简意赅的SQL语句。

MagicSQL说得非常在理。事实上，理解语法可不能靠死记硬背，而是要用心体会语法背后的表达思路。下面就让我们来调整一下表达思路：

"返回第4、5、6、7、8行信息"

↓

"返回第3行之后的5行信息"

其实这两句话表达的含义相同，但是后者更加言简意赅，所以它将对应更加简单的语句表达：

```
（3）SELECT name, age, location, email FROM Contact ORDER BY age LIMIT 3, 5;
（4）SELECT name, age, location, email FROM Contact ORDER BY age LIMIT 5 OFFSET 3;
```

name	age	location	email
Amelie	27	洛杉矶	Amelie@buzzy.com
Diana	27	旧金山	Dianababy@kwikspell.com
Candice	27	费城	Candice_TVy@showtime.com
Bella	27	底特律	Bella_fun@buzzy.com
Jenny	28	爱丁堡	Jenny_ca@puppy.com

大家可以看到，虽然我们使用了两条不同的SQL语句，但它们却能实现相同的查询效果。原因是"LIMIT x, y"和"LIMIT y OFFSET x"表达的含义相同：请返回第x行之后的y行信息。因此，当我们执行LIMIT语句之后，结果中的第1行信息原本对应的应该是第"x+1"行。

事实上，我们在例句（2）中使用的"LIMIT 3"，它其实是"LIMIT 0, 3"和"LIMIT 3 OFFSET 0"的简写，表示返回第0行之后的3行信息，言下之意就是返回前3行信息。

读到这里，我们不妨再梳理一下LIMIT的用法：LIMIT接收一个或两个数值作为参数，且指定的参数必须为整数。如果我们需要指定两个参数，那么就有两种书写方式可供选择："LIMIT x, y"和"LIMIT y OFFSET x"。参数x用来指定输出行的偏移量，参数y则用来指定输出的行数。

除此以外，还有一点值得同学们注意：由于参数x用来指定输出行的偏移量，所以如果表中的数据量很大，且我们指定的偏移量也很大，那么MySQL的执行速度就会变慢。

2.3.3　浅谈SQL语法

前面我们先是假设了一个关键词——FROG，然后通过它与LIMIT的对比，我们感受到了LIMIT语法背后的表达思路。借此机会，我们不妨先放慢学习的脚步，一起聊聊如何理解SQL语言中的语法。

"语法"这个词相信同学们并不陌生。在英语课堂上，老师会通过例句来为我们解释各类英语语法。毫无疑问，这些语法是基于英语使用习惯而总结出来的一套表达规律。然而，在英语考试中，这些语法又会化身为"非黑即白"的选项，如果选择错误，我们将不会得分。所以我们大多数人都会将英语语法视为一种使用规范。

不错，这其实对于我们理解SQL语法也很有启发。不难发现，SQL语法同样是一种使用规范。因为如果我们写下的SQL语句过于天马行空，超出了RDBMS的理解能力，系统就会报错。例如，SELECT all_money FROM Bank to my bank_account;。

然而仅把SQL语法视为一种"刚性"的使用规范还不够，因为这忽略了计算机语言的技巧性。事实上，书写一些SQL语句是需要技巧的。准确来讲，这是一种与RDBMS沟通的规范性技巧。那么这里的"规范"和"技巧"要怎样结合起来理解呢？这两个词看起来似乎存在矛盾。

 我认为这要从语言的交流对象谈起。在日常生活中，我们人类之间的沟通方式不仅有书面表达，还有咿咿呀呀的口语交流和心有灵犀的眼神交流。然而SQL的交流对象是一个我们看不见的小家伙，它躲在电脑里，只允许我们通过它认可的书面表达与它取得联系，而所谓的"它认可的书面表达"就是SQL的语法"规范"。

正是如此，这就好比是给远方一位有些呆板的友人写信，我们只能按照他的阅读习惯来表达思想。如果还想从他那里获得帮助，那么这封信就要写得尽可能具体且没有疏漏。简单来讲，就是要在信件中将我们的想法表达得非常清楚。

不过话虽这样说，表达清楚可不是一两句话就能办到的。想想偶像剧里的情节吧，男女主人公经常要在泪水和下雨天的鼓励下，发表真爱彼此的长篇大论以后才能"把话说清楚"。但无论怎样，我们总希望可以用简单的语句来表达复杂的需求。因此SQL语法必须解决这样一个问题：如何在把话说得尽可能具体和没有疏漏的同时，还能使表达尽可能简单？

事实上，这就涉及"技巧"了。通过学习LIMIT语法，大家会感受到，虽然每个人都有自己的表达方式，但其实有些表达方式对应的是同一需求，例如"返回第4、5、6、7、8行信息"和"返回第3行之后的5行信息"。在这种情况下，我们就要统一表达思路，并指定关键词的用法为"LIMIT 3, 5"和"LIMIT 5 OFFSET 3"，而不是"LIMIT 4,5,6,7,8"。

因此，SQL语法中所谓的"技巧"，指的就是深刻理解语法背后的表达思路。而所谓的"规范"，指的就是"强迫"我们按照统一的表达思路来书写SQL语句。

以上讨论只是《快速念咒》的一家之言，我们只是希望可以为各位读者提供一些思考问题的方式，并希望大家能收获属于自己的见解和感悟。事实上，学习操作固然重要，但这不应该成为我们学习的唯一目的。相比之下，感悟某个学科领域的思维方式更加重要，因为它对我们的启发往往不受学科之间的限制。

2.3.4　搭配LIMIT进行数据更新

在这里，还有一点值得向大家指出：在日常操作中，除了可以在检索语句中使用LIMIT，在更新表中的数据时同样可以搭配使用LIMIT。虽然以下操作会涉及后续章节的内容，但并不妨碍同学们事先对其进行了解。

举例来讲，如果来自底特律的Bella已经通过姻缘介绍所找到了自己心仪的交往对象，那么Bella的个人信息就要尽快从Contact表中删掉，以免不必要的打扰。在这种情况下，我们就需要对Contact表执行一条DELETE语句：

```
（5）DELETE FROM Contact WHERE name = 'Bella';
```

相信同学们可以通过字面含义理解这句话表达的内容。事实上，由于在Contact表中只有一位名叫Bella的女孩（删除目标是唯一的），所以如果想提高删除操作的效率，那么我们可以在例句（5）的末尾追加使用LIMIT：

```
（6）DELETE FROM Contact WHERE name = 'Bella' LIMIT 1;
```

其中的原理不难理解。请同学们思考一下，"爱拼才会赢"姻缘介绍所的生意越做越红火，使得Contact表一共含有10万名"万人迷"的个人信息。然而表中却依然只有一位名叫Bella的女孩，且她的个人信息需要被删掉。例句（5）的执行过程是，删除目标信息之后依然继续扫描全表。而例句（6）的执行过程则是，删除目标信息之后就直接返回。所以相较之下，例句（6）的执行效率可能会更高。如果碰巧Bella在表中的顺位很靠前，那么删除目标信息之后直接返回的效率肯定优于继续扫描全表，毕竟表中只有一位Bella，所以继续扫描全表没有必要。

由于例句（5）和例句（6）涉及的操作大家还不曾接触，所以这里稍做了解就可以了。

2.4　去掉重复的输出行：唯一的组合值

本节我们将学习最后一个调整检索结果的操作，即使用DISTINCT进行去重。除此以外，借助DISTINCT的去重原理，我们还将顺带为大家介绍关于主键的相关内容。

2.4.1　使用DISTINCT

相信同学们都注意到了，在联络清单的location列里存在一些重复值。没错，这是因为有些女孩来自同一座城市。事实上，由于相较于其他数据而言，空值和重复值都算得上是表中的特殊数据，所以在有些情况下，我们需要对它们进行额外的处理。

举例来讲，如果李乔丹想要查看Contact表中的姑娘们都来自哪些不同的城市，那么在这种情况下，我们就需要使用关键词DISTINCT，对location列中的数据进行去重。对应的SQL语句为：

```
（1）SELECT DISTINCT location AS 城市 FROM Contact;
```

城 市
爱丁堡
洛杉矶
旧金山
费城
芝加哥
休斯敦
底特律
波士顿

瞧，结果显示表中的姑娘们一共来自8个不同的城市。除此以外，通过例句（1）我们还会发现，其实DISTINCT的用法非常简单，只需紧跟在SELECT后面使用就可以了。也就是说，关键词DISTINCT一般只能出现在第一个列名之前。

为了让同学们更加清楚DISTINCT的去重原理，现在我们将age列也加入检索队伍，然后观察结果：

（2）`SELECT DISTINCT age, location FROM Contact;`

age	location
28	爱丁堡
27	洛杉矶
27	旧金山
27	费城
25	芝加哥
26	休斯敦
27	底特律
28	波士顿
28	旧金山
24	旧金山
29	芝加哥
33	洛杉矶
30	芝加哥
32	旧金山

虽然age和location两列都含有重复的值，但它们却都被保留了下来，这是为什么呢？**原因其实很简单，因为DISTINCT的去重目标是重复的输出行，而不是重复的列值。**

没错，不妨这样理解，例句（2）中DISTINCT的去重目标是"age+location"的组合值。虽然age和location两列中都单独含有重复的值，但它们的组合值却是不重复的，所以DISTINCT在此处没有发挥自身作用的余地。

事实上，输出行必须在横向保证数据间原本的对应关系。请大家想象一下，如果DISTINCT只顾单独去掉age和location两列中含有的重复值，那么去重后两列数据间的对应关系很可能会出现张冠李戴的效果。这当然不是我们想要的。

正是这样！由于使用DISTINCT不能破坏数据间原本的对应关系，所以它的去重对象就是输出行，也就是所有检索对象的组合值。由于例句（1）的检索对象只有location一列，所以我们可能会误以为DISTINCT的去重对象是列。

讲到这里大家就会明白，不同的检索操作可能会对应不同的去重效果。这是因为执行不同的检索语句，我们得到的输出行（列值的组合）也不尽相同。除此以外，值得同学们注意的是，DISTINCT与我们前两节学习的ORDER BY和LIMIT一样，它们的操作对象都是行，也就是以行为单位在进行调整。如果它们同时出现在一条检索语句中，例如：

```
SELECT DISTINCT age FROM Contact ORDER BY age LIMIT 3;
```

那么相应的执行顺序是，当MySQL从Contact表中抓取出age列含有的信息之后，会先去掉重复行，然后根据年龄排序，最后限制结果的输出行数。因此，各个关键词对应的执行顺序为：

```
FROM → SELECT → DISTINCT → ORDER BY → LIMIT
```

2.4.2　对整张表去重没有意义：初识主键

借此机会，我们要向大家引入一个极其重要的概念——主键（Primary key）。事实上，在一般情况下，我们对整张表去重是没有效果的，就像这样：

```
（3）SELECT DISTINCT * FROM Contact;
```

虽然例句（3）可以被顺利执行，但我只会原封不动地返回整张表给你。换句话说，DISTINCT不会发挥去重效果，这正是因为主键的存在。

MagicSQL说得对，简单来讲，主键就是一张表中的特殊列，它含有的列值被称为主键值。由于表中的每一行数据都会对应不同的主键值，所以主键可以被视为一组标识，它就像"指纹"一样用来区别行与行，使得每一行都成为表中唯一的存在。其实在联络清单中，girl_id正是该表的主键。

大家可以仔细观察一下，girl_id列中不含有重复的数据，这是因为主键值不允许重复，所以只要涉及主键列的去重操作都没有效果。其实关于主键还有另一种理解方式。大家都知道列名不能重复，这是因为各个列装载的是不同类别的信息。主键也有类似的作用，下面我们将对一张简易表A进行变换。

编 码	名 称	科	纲
101	狮子	猫科	哺乳纲
102	斑马	马科	哺乳纲
103	海豚	海豚科	哺乳纲

编 码	101	102	103
名 称	狮子	斑马	海豚
科	猫科	马科	海豚科
纲	哺乳纲	哺乳纲	哺乳纲

大家可以看到，A表的主键就是编码列，其中的主键值不重复：101、102和103。当我们对行与列进行翻转之后，同学们会发现，主键值变成了不重复的列名，而原本的列名又具有了类似于主键的标识作用。因此我们不妨这样理解，列名在纵向区别各类信息的所属，而主键值则在横向区别不同的信息单位。

在日常操作中，我们创建的每一张表中都应当含有主键。虽然表也可以在没有主键的情况下创建成功，但主键不只是简单被用作标识的。

事实上，主键的运用非常巧妙。我们甚至可以这样说，主键就是连接关联表的核心，是我们创建关联表的主要工具，也是我们梳理关联表层级关系的线索。那么，什么是所谓的关联表呢？

简单来讲，关联表就是几张各司其职，但存在内部联系的表。关联表之所以存在内部联系，正是因为它们在合力记录一件事所产生的数据。

如果我们把一个数据库看作一家欣欣向荣的公司，那么该数据库存储的关联表就好比这家公司设立的各个部门。虽然每个部门负责的具体事务不同，但它们都是为了公司的发展而存在的，而且为了让各部门之间存在有效的沟通，相互的联系往来一定必不可少。

2.4.3　另一种去重的办法：使用GROUP BY

接下来，我们要为大家介绍另一种去掉重复值的操作，就是使用GROUP BY。事实上，相较于DISTINCT的专职去重而言，去重只能算是GROUP BY的"副业"而已。因为GROUP BY更为广泛的操作描述是数据分组，同学们将在第5章详细了解它的运用。

简单来讲,数据分组就是对具有同一标签的信息做打包处理。不过话说回来,GROUP BY又是怎样根据这一特性进行去重的呢?举个例子,何世钧、杨曼桢、陈叔惠和唐翠芝,4人一行在饭后前往水果摊买水果,相关信息如下表所示。

姓 名	性 别	水 果
何世钧	男	梨
杨曼桢	女	苹果
陈叔惠	男	橙子
唐翠芝	女	苹果

相信同学们可以理解,虽然性别列含有4项信息,但它实际上只包含两类不同的数据——男和女。同样的道理,虽然水果列也含有4项信息,但它其实只包含3类不同的数据——梨、苹果和橙子。

回归到实际运用中,如果李乔丹想要查看Contact表中的姑娘们都来自哪些不同的城市,那么我们只需使用GROUP BY对location列中的不同信息进行分组即可:

（4）SELECT location AS 城市 FROM Contact GROUP BY location;

城 市
休斯敦
底特律
旧金山
波士顿
洛杉矶
爱丁堡
芝加哥
费城

瞧,GROUP BY实现了与DISTINCT一样的去重效果。这是因为,使用GROUP BY是对具有同一标签的信息做打包处理,同时顺带(间接地)实现了数据的去重。

2.4.4 MySQL中列别名的特殊用法

通过对比例句(4)和例句(1)的结果,大家会发现,其实输出行只是在返回顺序上有所差异而已。当然,我们可以追加使用ORDER BY对其进行调整:

（5）SELECT location AS 城市 FROM Contact GROUP BY 城市 ORDER BY 城市 DESC;

城 市
费城
芝加哥
爱丁堡
洛杉矶
波士顿
旧金山
底特律
休斯敦

请同学们注意，我们在例句（5）的GROUP BY和ORDER BY后面均使用了列别名城市。没错，这个操作我们在学习排序时介绍过。那么在此处，有一个重点内容值得大家注意，各个关键词对应的执行顺序为：

```
FROM → GROUP BY → SELECT → DISTINCT → ORDER BY → LIMIT
```

在ORDER BY后使用列别名几乎是各个RDBMS所通用的，因为SELECT的执行顺位先于ORDER BY。细致来讲，由于AS将location重命名为"城市"是发生在MySQL执行SELECT的阶段，且这一阶段先于ORDER BY。所以等到MySQL准备排序时，它已经知道了列别名的存在（列别名已生效）。

不过根据以上顺序，GROUP BY的执行顺位却是先于SELECT的。看到这里，同学们可能会问，为什么在GROUP BY中依然能使用列别名呢？按照执行顺序来讲，MySQL在进行数据分组时，列别名还未被定义（列别名未生效），所以MySQL此时不应该知道列别名的存在呀！

没错，确实如此。事实上，在GROUP BY中使用列别名是MySQL的一个特点。这是因为MySQL针对这一用法做了相关调整。所以无论怎样，请同学们记住：GROUP BY的执行顺位依然是先于SELECT的。

2.4.5　如何在SQL语句中添加注释

在这里，我们要向同学们介绍如何在SQL语句中添加注释。虽然SQL语句的目标阅读对象是RDBMS，但是在书写有些SQL语句，尤其是复杂的语句时，我们也要考虑他人的阅读感受。事实上，揣测一条SQL语句就像在做阅读理解，而注释可以更快地帮助他人理解。

下面我们将为大家介绍两种添加注释的方式。第一种是使用"--"做单行注解：

```
-- 检索出age列的信息，并进行去重和排序
SELECT DISTINCT age FROM Contact ORDER BY age;
```

瞧，注释在编辑窗口中会被自动标记为浅灰色。事实上，浅灰色的注释一点都

不会影响原本SQL语句的执行。也就是说，MySQL将忽略这部分内容，因为这是写给人们看的。

不过话说回来，使用"--"只能将全部注释集中写在一行内容中，所以如果注释内容较多，单行注释就不太方便。接下来，我们再瞧瞧如何使用"/*"添加多行注释：

```
/*
从Contact表中检索出age列含有的信息，
然后DISTINCT会去掉重复值，
最后经ORDER BY按照年龄从小到大排列后返回结果。
*/
SELECT DISTINCT age FROM Contact ORDER BY age;
```

瞧，两个"/*"就像一组括号，注释可以在它们之间随意换行。同样地，被标记为浅灰色的多行注释也不会影响原本SQL语句的执行。除了可以在SQL语句的顶端添加注释，我们还可以在SQL语句的字里行间添加注释：

```
SELECT DISTINCT age
-- 检索信息并去重
FROM Contact
ORDER BY age;
-- 排序结果并返回


SELECT DISTINCT age
/*从Contact表中检索出age列含有的信息，
然后DISTINCT会去掉重复值，
最后经ORDER BY按照年龄从小到大排列后返回结果。*/
FROM Contact ORDER BY age;
```

以上就是本节的全部内容。就在我们一起学习的时候，李乔丹已经找到了他想要邀请的姑娘。

她叫Zoe。没错，她正是按照年龄从小到大排列，出现在第1行的那位姑娘。我想这一定是上天的安排！我已经找到了Zoe的电子邮箱。不多说了伙计，我这就去给她发邀请邮件！祝我好运！

第3章
数据过滤与模糊查询

通过第2章的学习，大家掌握了基础的检索语句。概括来讲，我们学会了如何检索出整张表及特定列含有的信息内容，并且学会了如何对检索结果进行调整。虽然这些操作比较简单，但它们构筑起了系统学习的基石。

事实上，在SQL语言中存在这样一个操作，它的使用频率几乎仅次于关键词"SELECT"和"FROM"。我们甚至可以说，十有八九的检索语句中都会使用到它。没错，这个操作就是数据的过滤。

如果我们把一张表想象成一个水果店，那么数据的过滤就像在挑选水果，因为我们不可能把水果店里的所有水果全部买下。这样一来，相信同学们就会感受到，其实数据的过滤就是在解决一个简单的问题，即如何挑选。

在一开始的学习内容中，我们只会引入单个过滤条件。这就好比选择购买香蕉还是选择购买苹果。当这一步完成以后，我们的需求可能会更多。例如，如果我们选择购买苹果的话，接下来就会思考要购买什么样的苹果，是购买更甜、更大，还是色彩更加鲜艳的苹果？这些选择条件之间的关系是同时满足还是分别满足？在这种情况下，我们就需要逻辑操作符的帮助了，这正是本章的知识点之一。除此以外，如果我们走在大街上，看到某人在啃食一个好像很好吃的果子，但不知道这种水果叫什么名字，该如何向水果店店员表达我们的需求呢？这是本章介绍的模糊查询的适用场景。在有些情况下，我们知道的信息有限，因此只能提供一些碎片化的查询条件，而我们希望MySQL可以心有灵犀地返回目标信息。

好了，以上就是本章的内容导读，下面让我们再次跟随李乔丹的脚步，开启学习之旅吧！

3.1　基础的数据过滤：酷似"苏菲·玛索"的女孩

Hello，大家好！本节将要介绍一个非常重要的操作，就是使用WHERE过滤表中的数据。不过在具体介绍操作之前，我们先来"八卦"一下李乔丹的约会之旅。

3.1.1　初识WHERE从句

今天是如约而至的星期六，李乔丹一大早就从床上跳了起来。对于满怀期待的人来讲，做到这一点可不需要闹钟的帮助，而李乔丹的期待就装在他的电子邮箱中。

不过这位年轻人还不知道，此时有一个坏消息和两个好消息在等着他。第一个好消息是，那位名叫Zoe的女孩回复他了，而坏消息和另一个好消息都在Zoe回复的邮件里。下面，就让我们看看Zoe在邮件中都说了些什么。

瞧，Zoe表示她没法和李乔丹一起去看电影了，因为她要去参加一个海滩派对。不过李乔丹的运气也不算太差，因为另一位名叫"Grace"的女孩正满怀期待地等待着他的邀请。而且据说她酷似苏菲·玛索，这让李乔丹神往不已！没错，这就是敢于尝试的收获！

可是现在有一个问题摆在李乔丹的面前，他要怎样做才能准确找到这位Grace的联系方式呢？要知道，这可是浪漫约会的起点啊！

没办法，我貌似只能逐条寻找。不过好在表中的数据并不是太多。我想这一定是爱情对我的考验，伙计，你说呢？

要我说，这可不是什么好方法。请大家想象一下，如果联络清单中有成千上万行数据，那么逐一查看未免显得有些笨拙。这就好比不使用目录去查阅字典。也许等李乔丹找到Grace的联系方式以后，她已经被别人"捷足先登"了，毕竟酷似苏菲·玛索的女孩可不会缺少约会对象。

在这种情况下，为了抓紧时间，我们就需要对表中的数据进行过滤。事实上，在SQL语句的日常使用中，数据过滤的使用频率几乎仅次于信息检索。在大部分检索语句中，我们都会事先对表中的数据进行过滤。话说回来，数据过滤究竟是怎么一回事呢？

事实上，如果我们把拍摄一张照片理解为按下相机快门去捕捉光影，那么数据过滤就是事先对符合条件的目标行进行捕捉。下面我们来看看李乔丹的问题该如何解决。前面提过，MySQL并不区分大小写，所以这里我们先以名字"Grace"为条件进行过滤。至于如何能按照大小写精准过滤，我们先留个悬念。

（1）`SELECT * FROM Contact WHERE name = 'Grace';`

瞧好了，一年级新生，数据过滤的指令一般通过关键词WHERE发出——WHERE name = 'Grace'。它就像一张网，能够迅速完成对目标行的捕捉！事实上，例句（1）传递给我的指令是，在name列中，找到限定词Grace，然后返回它所在的整行信息。

girl_id	name	join_date	age	location	hobby	remark	email
109	grace	2020-08-22	28	旧金山	做饭 晒太阳	如果你没有见过巴塞罗那的晚霞，就不要轻易说爱我。	grace@kwikspell.com
114	GRACE	2020-09-25	28	旧金山	吃饭 赏月亮	如果你爱我，就请带我去巴塞罗那看晚霞！	GRACE@spellkwik.com

通过MagicSQL的讲解，相信同学们可以感受到，虽然从表面上看，WHERE从句WHERE name='Grace'的捕捉对象是'Grace'这样一个字段，但它的实际捕捉对象是字段所在的整行信息。也就是说，'Grace'只是一个用来定位的标记。

没错，这也是我们在SELECT后使用通配符"*"的原因，就是为了让同学们可以看到完整的过滤结果：MySQL将Contact表中不符合条件的行过滤掉了，符合条件的行自然就留在了"网"中。所以，这是一种通过过滤实现的筛选操作。

那么读到这里，同学们就会知道，其实所谓的数据过滤，就是一个赶在检索之前对整张表进行信息筛选的操作。而且它的操作对象同样是行，这与第2章学习的ORDER BY、LIMIT和DISTINCT类似。但是请大家注意，ORDER BY、LIMIT和DISTINCT，它们的操作对象是输出行，因为它们的执行顺位均在SELECT之后。然而，WHERE的操作对象一般是表中的完整行，因为WHERE的执行顺位先于SELECT。准确来讲，MySQL执行WHERE从句的时机，是在FROM之后、SELECT之前。因此，目前已知关键词的执行顺序为：

```
FROM → WHERE → SELECT → DISTINCT → ORDER BY → LIMIT
```

至于WHERE从句本身，它只是我们用来传达过滤要求的载体而已，也就是一条传递过滤要求的指令，或者说是一个条件表达式：

```
WHERE name = 'Grace'
```

细致来看，过滤要求一般由过滤条件、列名和比较运算符组成，它们三者都非常重要，只有同时书写无误才能实现准确筛选。

在这个案例中，"Grace"就是过滤条件。事实上，一个过滤条件就是一个限定词，或者说是一个定位标记。如果我们错误地写成WHERE name = 'Garce'，那就可能返回其他女孩的个人信息（碰巧有人叫这个名字），或者不返回信息（这个名字无人认领）。

接着，"name"是过滤条件所属列的列名，如果我们进行了错误的归类，例如WHERE age = 'Grace'，那么将不会有信息返回，因为age列记录的是年龄，其中不含有"Grace"这类姓名信息。

而"="则是一个比较运算符，它的匹配逻辑是"符合"。事实上，"="几乎是使用最为频繁的比较运算符。如果我们把过滤条件和列名的作用定义为"找什么"及"在哪里找"，那么比较运算符的作用就是定义"通过何种方式来找"，即定义过滤的方式。

好了，现在就请大家自己动手执行例句（1）。当然，你也可以变换花样来寻找你心仪的女孩。

3.1.2　比较运算符

我们在上面提到，比较运算符的作用是定义过滤的方式。事实上，虽然比较运算符其貌不扬，但"要与不要"的选择权都掌控在它的手中。现在请大家考虑以下场景。

乔治是李乔丹的好朋友，他们两人有许多相似之处。

我手上也有两张电影票，老兄！快请你帮帮我，我可不想一个人去看家庭喜剧片！

瞧，又来了一位手握两张电影票的男孩。看在朋友的份上，这个忙李乔丹可不能拒绝。不过现在对于乔治来讲，他只能邀请除Grace以外的其他女孩，原因想必大家都很清楚。

在这种情况下，我们的过滤要求就发生了反转，要将符合条件的行给过滤掉，从而保留不符合条件的行：

```
（2）SELECT * FROM Contact WHERE name != 'Grace';
（3）SELECT * FROM Contact WHERE name <> 'Grace';
```

瞧，相同的过滤条件搭配不同的比较运算符，有时会实现不同的过滤效果。我们在此处调整了比较运算符，将"="换成了"!="和"<>"。这是因为"="的匹配逻辑是"符合"，而"!="和"<>"的匹配逻辑是"不符合"。除此以外，其实"<"和">"也是两个比较运算符，只不过在日常操作中，它们一般对应的过滤信息是数值和日期时间。例如，如果要求返回年龄大于或等于28岁的女孩信息，那么对应的SQL语句不妨这样写：

```
（4）SELECT name, location, hobby FROM Contact WHERE age >= 28;
```

name	location	hobby
Jenny	爱丁堡	滑滑板 游泳
Catherine	波士顿	骑摩托车
grace	旧金山	做饭 晒太阳
Cristina	芝加哥	看书 写小说
Giulia	洛杉矶	跳HipHop
Libera	芝加哥	跳水 开车旅行
GRACE	旧金山	吃饭 赏月亮
Olivia	旧金山	养小动物

请同学们注意，在书写含有等号的比较运算符时，一定要将等号写在右边，例如!=、<=、>=。接着，如果我们想筛选出2020年8月1日以后加入Contact表的女孩信息，对应的SQL语句可以这样写：

```
（5）SELECT name, location, hobby FROM Contact WHERE join_date > '2020-8-1';
```

name	location	hobby
Catherine	波士顿	骑摩托车
grace	旧金山	做饭 晒太阳
Zoe	旧金山	看电影 和朋友聊天
Cristina	芝加哥	看书 写小说
Giulia	洛杉矶	跳HipHop
Libera	芝加哥	跳水 开车旅行
GRACE	旧金山	吃饭 赏月亮
Olivia	旧金山	养小动物

大家可以自己执行上述两条SQL语句，查看并对比返回结果。

值得注意的是，虽然例句（4）和例句（5）中的age和join_date都不是检索的对象，但这并不影响MySQL根据它们含有的内容进行过滤。这一点与ORDER BY的使用很类似。没错，可供我们操作的是表中含有的全部数据，而不只是被检索出来的部分数据。

关于比较运算符的使用，这里还有最后一个操作要向大家介绍，那就是使用算术表达式进行过滤。举个例子，玩具商吉姆最近进了一批货，但是很不凑巧，由于现在的孩子们都专注于从手机网络上获得快乐，所以有些商品只能以低于进价的价格卖出，信息如下：

商品名	进价	卖价
哈士奇布偶	50	45
遥控飞机	100	120
城堡积木	30	20
皮球	40	40
悠悠球	60	70

如果现在吉姆想要知道哪些商品让他赔了钱，那么对应的SQL语句应该这样写：

```
SELECT * FROM 玩具表 WHERE 卖价 - 进价 < 0;
```

商品名	进价	卖价
哈士奇布偶	50	45
城堡积木	30	20

大家可以看到，解决方法非常简单，如果某个商品的卖价低于进价，那就是赔钱的买卖。因此，我们会使用"WHERE 卖价−进价<0"进行表述。当然，使用"WHERE 进价−卖价>0"同样可行。事实上，此处的"−"是一个算术运算符，常用的算术运算符还包括＋、*和/，也就是四则运算中的加减乘除。同学们将在后续章节中遇到它们。

接着，如果吉姆想要知道哪些商品不亏不赚，那么对应的SQL语句可以这样写：

```
SELECT * FROM 玩具表 WHERE 卖价 = 进价;
```

商品名	进价	卖价
皮球	40	40

其实很多SQL语句的书写是非常灵活的，而且很直观，因为这很贴近我们的日常表述习惯。以下我们列举了一些常用的比较运算符，供大家参考使用：

```
= 等于
```

```
<> 不等于
< 小于
> 大于
<= 小于或等于
>= 大于或等于
BETWEEN...AND... 在指定的两个值之间（闭区间）
```

除此以外，还有一点值得向大家说明：我们在将Grace当作过滤条件的时候使用了单引号，而在将28当作过滤条件时却没有加单引号。其实在很多情况下，引用数值无须使用单引号，当然加上也无妨，但引用字符串必须使用单引号。

好了，现在请大家自己动手执行一下例句（2）到例句（5）吧。请一边理解过滤要求，一边观察结果。

3.1.3　理解空值

相信同学们已经注意到，在我们的联络清单表中存在着这样一种特殊的数据：NULL。没错，它就是空值。

空值就好比自然数中的0，它的存在方式和存在意义都很特殊。不过空值并不等同于0，也不等同于空字符串和空格。事实上，我们可以将空值视为一个被保留的特殊数据，也可以把它看作数据的一种特别存在方式。因为一方面，空值的含义是无值、不含有值；而另一方面，空值的含义是信息未知且待定。

当我们创建一张表时，会指定哪些列可以存在空值，哪些列不能存在空值。对于允许存在空值的列来讲，它们类似于调查问卷中的选填项。被调查者可以填写，也可以不填写。如果没有填写，该选填项依然被保留，那么这就是空值。相对地，不允许存在空值的列就是必填项。因此，当我们往表中插入数据时，必须为这些列提供相应的信息，否则相应的更新操作就会失败。当然，一般情况下，并不允许一张表中的所有列都存在空值，例如主键列就不行。具体操作我们会在后续章节中详谈。

其实被标记为"NULL"的单元格就像一张被戈多预定的餐桌。戈多可能会来，也可能不会来。而且戈多并不特指某一位顾客，只要满足条件的人都可以前来就餐，即符合该列数据类型的信息都会被接受。但无论怎样，被指定允许存在空值的列，它们记录的信息往往不是特别重要，所以空着也无妨，有了则更好。

3.1.4　利用空值进行过滤

当大家对空值都有了更进一步的理解之后，我们就要做空值检测了。空值检测就是查看某一列中含有NULL的情况。同学们不妨将其理解为将空值当作过滤条件进行数据过滤。

举个例子，在联络清单表中，有些姑娘没有填写自我介绍（remark）。如果我们想查看哪些姑娘在这件事情上偷了懒，那么对应的SQL语句就是这样的：

（6）SELECT name, remark FROM Contact WHERE remark IS NULL;

name	remark
Sarah	NULL
Libera	NULL

瞧，在检测空值时，我们不会使用常规意义上的比较运算符，而是使用"IS NULL"。接着，如果我们想对结果进行反选，那么只需要追加一个"NOT"：

（7）SELECT name, remark FROM Contact WHERE remark IS NOT NULL;

事实上，例句中的"NOT"是一个逻辑操作符，它的作用与逻辑运算符"！＝"和"＜＞"很接近。至于什么是逻辑操作符，我们后面会为大家详细说明。

3.1.5　使用BINARY区分过滤条件中的大小写

让我们再次回归主题，那就是帮李乔丹找到他心仪的约会对象。相信细心的你早就发现了，虽然在例句（1）中，我们将"Grace"当成了过滤条件，但实际却返回了两位女孩的信息：

girl_id	name	join_date	age	location	hobby	remark	email
109	grace	2020-08-22	28	旧金山	做饭 晒太阳	如果你没有见过巴塞罗那的晚霞，就不要轻易说爱我。	grace@kwikspell.com
114	GRACE	2020-09-25	28	旧金山	吃饭 赏月亮	如果你爱我，就请带我去巴塞罗那看晚霞！	GRACE@spellkwik.com

这可不能怨我哦，要知道在一般情况下，我并不会帮你区分过滤条件的大小写，字母的大小写在我眼里一视同仁。无论你使用的是"GraCe"、"GRACE"还是"grace"来充当过滤条件，都将实现同例句（1）一样的过滤效果。除非你事先明确告知，让我可以在语句中找到对应的指令。

看来我们的MagicSQL并不喜欢多管闲事。可是李乔丹的问题又要解决，因为在两位名叫Grace的女孩当中，只有一位是他迫切想要见到的"苏菲·玛索"。那么，这该怎么办呢？没关系，Zoe已经给了他提示。她在邮件中提过，只有大写的GRACE才酷似苏菲·玛索！

> 既然如此，那你最好在语句中加入一个关键词——BINARY，这样我就会单独返回你要的约会对象信息了。事实上，BINARY就是严格按照字母大小写来过滤的指令。

（8）SELECT * FROM Contact WHERE BINARY name = 'GRACE';

girl_id	name	join_date	age	location	hobby	remark	email
114	GRACE	2020-09-25	28	旧金山	吃饭 赏月亮	如果你爱我，就请带我去巴塞罗那看晚霞！	GRACE@spellkwik.com

是的，没错！此时在MySQL眼中，小写的"grace"也将成为被过滤掉的对象，因为它与"GRACE"在字母大小写上不相同。BINARY会让MySQL更加严格地执行过滤操作，这就好比从四舍五入变成了说一不二，从一视同仁变成了严格区分。

好了，主要内容介绍完毕。不过在结束之前，我们还有一些内容需要向同学们事先说明。在前面的内容中，我们接触的大部分检索语句都属于类型一：

SELECT * FROM Contact;（类型一）

大家可以看到，由于这条检索语句并不涉及数据的过滤，所以它的直接操作对象是整张Contact表。但如果我们使用了WHERE从句，例如：

SELECT * FROM Contact WHERE name = 'Grace';（类型二）

那么这条检索语句的直接操作对象就不再是整张Contact表了，而是过滤后的保留行。原因想必大家都很清楚，因为MySQL执行WHERE会先于执行SELECT。事实上，MySQL会根据这些保留行生成一张虚拟表，然后将它作为检索语句的直接操作对象。

其实能够像WHERE这样产生虚拟表的操作还有很多，大家将在以后的学习中陆续遇到。借此机会，我们向大家抛出对检索语句的理解。

1. 虽然在有些情况下，一条检索语句的直接操作对象是一张完整的表，但是在更多时候，检索语句的直接操作对象是一张经整理和编排的虚拟表。因此，简单地将表视为检索语句的操作对象还不够，更加准确和深刻的理解是，我们的操作对象是表中的数据。

2. SQL是一种建立在"眼见为实"基础上的操作，因此事先了解操作对象非常重要（查看它）。举例来讲，"SELECT age FROM Contact WHERE name = 'Grace';"这条语句表示检索出age列含有的信息，但它并非表示检索出age列含有的全部信息。因为关键词SELECT的直接操作对象不再是整张Contact表，而是经过滤筛选后生成的一张虚拟表。

3. 大部分检索语句的主要框架都是基础的"SELECT...FROM..."。所以当我们在分析某条语句的结构时，就可以事先对它进行简化。例如，"SELECT * FROM Contact WHERE name = 'Grace'"可以被简化为"SELECT * FROM 过滤后的虚拟表"。

由于大家目前接触到的SQL语句还比较基础，所以可能对以上理解感触不深。这当然没有关系，因为我们会在后续的学习中对这些内容进行反复论证。事实上，这些内容对我们解读需求和分析陌生语句都很有帮助。学习知识点和操作方法固然重要，但思考问题的方式同样重要。

3.2　使用逻辑操作符：挑选优质的巴尔干甜豆

在3.1节中，我们学习了数据的过滤。事实上，这个操作的使用频率相当高。归根结底，这是因为很多需求在表述时会附加一些限定词。例如，李乔丹在挑选约会对象时可能会说："我想找一位家住洛杉矶的女孩，这样距离就不是问题。"再比如，他还可能会说："我要找一位喜欢冒险的姑娘陪我一起去乘风破浪！"

可是话说回来，前面只介绍了基础的数据过滤内容，因为它们只能解决基本的过滤需求。在实际操作中，我们的过滤需求会更加多样化，其中不乏复合需求，例如"我想找一位家住洛杉矶且喜欢冒险的女孩，这样我们每天都可以一起乘风破浪！"所以在本节中，我们将学习4个逻辑操作符——AND、OR、IN、NOT，它们个个都是解决问题的好手。

逻辑操作符（Logical Operator）又叫逻辑运算符。至于它的作用是什么，大家等一会儿就知道了。现在请同学们考虑以下故事场景。

3.2.1　操作符AND和OR

今天是晴转雨的星期二，是阿拉丁豆子铺进货的日子。满满一箩筐豆子通过马车运送而来。按照常理来讲，一般只需要卸货、验货，然后安德鲁（Andrew）和奥兰多（Orlando）就可以早早下班了。不过今天可不行。

"山里雨下得太大，马车在约瑟夫种植园差点栽了跟头！幸亏老约瑟夫及时搁住了缰绳，不然货就全完了！"马车夫韦恩比先生一边擦拭身上的雨水，一边诉说当时的情况，"放心吧，小伙子们，豆子没有受损，只是箩筐里混进了一些弗士多订购的香料。"

"看来我们有活儿干了，老兄。"奥兰多仔细瞧了瞧箩筐里的货物，摊开手表示。

"是啊，明天一早蜂蜜公爵的伙计就会上门来取巴尔干甜豆，所以最好今天就把它们挑拣出来。"安德鲁顺手从箩筐里挑出一枚胡桃大小的豆子塞给奥兰多，"你瞧，优质的巴尔干甜豆必须同时满足两个条件：首先是颜色呈黑色，越深越好；其次是形态呈鸭嘴形。蜂蜜公爵只要这种上等的甜豆。"

"这我知道，安德鲁。黑色仅代表豆子处于成熟期，只有糖分积累到了一定程度，它们才会变成鸭嘴形。"奥兰多回答道。

"没错，但可别把罗蒙水产的甜豆拿给他们。那种水培的豆子只能晒干以后碾磨当染料。"安德鲁一边说，一边撸起袖子，看样子他很赶时间，"今晚的舞会我可不能迟到，丹妮尔会不高兴。所以最迟七点半，我就要到小广场和她碰面。"

"天啊！瞧瞧这一大箩筐豆子，要是我会魔法就好了。念一条咒语，再挥舞一下魔杖，豆子就齐刷刷地蹦出来！"奥兰多憧憬地望着地上掉落的几根扫帚枝说。

"是啊，它们最好还能跳着踢踏舞自己走进蜂蜜公爵家的大门。"安德鲁打趣地说。

"明天我去找彭派特打听一下'快速念咒'的函授课程，他们的广告看起来还挺像一回事的。"说完，奥兰多就把手伸进了箩筐……

相信很多人都有过类似的幻想，念一条不那么冗长的咒语，再优雅地挥舞一下魔杖，就能实现手起刀落、立竿见影的效果。事实上，这种操作方式并不只是幻想。只要大家有想象力就会发现，其实我们学习SQL就是在做这样的事情，不信就接着往下看。

现在我们已经把箩筐里的所有豆子信息，整理到了一张名叫"Spice"的表中。当然了，箩筐里还混入了少量香料。第一步，我们要检索出整张表中含有的全部信息：

```
（1）SELECT * FROM Spice;
```

No.	name	color	status	supplier
101	橙花	黄	风干	袋底洞家族
102	巴尔干甜豆	黑	干瘪	约瑟夫种植园
103	雪松木	黑	枝条	罗蒙水产
104	薄荷	绿	风干	袋底洞家族
105	巴尔干甜豆	灰	褶皱	罗蒙水产
106	柑橘	紫	圆球	约瑟夫种植园
107	巴尔干甜豆	黑	鸭嘴	约瑟夫种植园
108	铃兰	白	颗粒	袋底洞家族
109	香草荚	黑	枝条	罗蒙水产
110	鸭嘴豆	白	鸭嘴	袋底洞家族

大家可以看到，表中记录的主要信息包括序号（No.）、名称（name）、颜色（color）、形态（status）和供应商（supplier）。

想必同学们都还记得，安德鲁和奥兰多现在只准备挑选出优质的巴尔干甜豆，而优质的巴尔干甜豆必须同时满足两个条件：颜色为黑色，形态为鸭嘴形。所以，在书写WHERE从句时，它们会对应两个过滤要求：color='黑'、status ='鸭嘴'。

此时的WHERE从句还不完整，事实上，其中还缺少一个用来协调两个过滤要求的逻辑操作符。那么现在，我们将分别使用AND和OR，查看安德鲁和奥兰多各自的挑选结果：

（2）SELECT * FROM Spice WHERE color = '黑' AND status = '鸭嘴';

No.	name	color	status	supplier
107	巴尔干甜豆	黑	鸭嘴	约瑟夫种植园

（3）SELECT * FROM Spice WHERE color = '黑' OR status = '鸭嘴';

No.	name	color	status	supplier
102	巴尔干甜豆	黑	干瘪	约瑟夫种植园
103	雪松木	黑	枝条	罗蒙水产
107	巴尔干甜豆	黑	鸭嘴	约瑟夫种植园
109	香草荚	黑	枝条	罗蒙水产
110	鸭嘴豆	白	鸭嘴	袋底洞家族

瞧，只有安德鲁在按照要求挑选，而奥兰多似乎还沉浸在成为魔法师的幻想中。因为在同样的过滤要求下，奥兰多挑选出了更多的品类。

没错，其实单从这一点来看，我们就可以判断出：AND协调的过滤机制更加严格（返回的信息更少），而OR则较为宽松（返回的信息更多）。

正是如此！我们不妨在此先假设一个情景，简单地为大家讲解AND和OR之间的区别。

如果AND和OR两兄弟一起去大都汇服装店买衣服，且他们的挑选要求都为"蓝色"和"套头衫"。那么生性节俭的AND的挑选结果就只会是"蓝色的套头衫"，而OR可不会这样谨慎，因为他会更加招摇地挥舞着支票，一边把"蓝色"的衣服全都挑选出来，另一边把款式为"套头衫"的衣服照单全收。

3.2.2　AND和OR的执行原理

事实上，AND协调的过滤机制是同时满足。细致来讲，AND会将前后连接的过滤要求合并为一个整体，只有同时满足的行才会被返回并显示。

也就是说，当MySQL在执行"WHERE color='黑' AND status ='鸭嘴';"时，它会对整张Spice表中的数据进行两次过滤，并且对两次过滤效果进行叠加。第一次过滤是根据"color='黑'"进行的，将颜色为黑色的品类全部挑选出来。

No	name	color	status	supplier
102	巴尔干甜豆	黑	干瘪	约瑟夫种植园
103	雪松木	黑	枝条	罗蒙水产
107	巴尔干甜豆	黑	鸭嘴	约瑟夫种植园
109	香草荚	黑	枝条	罗蒙水产

而第二次过滤则是在第一次过滤的基础上，再根据"status ='鸭嘴'"进行的。所以最终锁定的结果就是颜色为黑色且形态呈鸭嘴形的优质巴尔干甜豆。

No	name	color	status	supplier
107	巴尔干甜豆	黑	鸭嘴	约瑟夫种植园

读到这里，同学们就会清楚：AND会在前一个过滤结果的基础上再进行后续的过滤操作。这也正是AND机制更加严格的原因。

至于OR，它实际上是将例句（3）拆分成了A、B两条检索语句。同学们可以看到，这两条检索语句都只含有一个过滤要求：

```
A句：SELECT * FROM Spice WHERE color = '黑';
B句：SELECT * FROM Spice WHERE status = '鸭嘴';
```

接着，MySQL会让A、B两句独立执行，再将两项过滤结果合并并返回。事实上，这正是例句（3）返回更多信息的原因所在：

No.	name	color	status	supplier
102	巴尔干甜豆	黑	干瘪	约瑟夫种植园
103	雪松木	黑	枝条	罗蒙水产
107	巴尔干甜豆	黑	鸭嘴	约瑟夫种植园
109	香草荚	黑	枝条	罗蒙水产

A句返回的结果

No.	name	color	status	supplier
107	巴尔干甜豆	黑	鸭嘴	约瑟夫种植园
110	鸭嘴豆	白	鸭嘴	袋底洞家族

B句返回的结果

No.	name	color	status	supplier
102	巴尔干甜豆	黑	干瘪	约瑟夫种植园
103	雪松木	黑	枝条	罗蒙水产
107	巴尔干甜豆	黑	鸭嘴	约瑟夫种植园
109	香草荚	黑	枝条	罗蒙水产
110	鸭嘴豆	白	鸭嘴	袋底洞家族

合并结果（去重后）

现在请同学们注意观察合并结果（例句（3）的返回结果）。事实上，A句的返回结果正是被标注为绿色的行，而B句的返回结果则是被标注为红色的行。大家可以看到，A句只管把颜色为黑色的品类给找出来，至于它们的形态是什么，它并不关心；而B句则刚好与A句相反，它在乎的只是形态，也就是说，B句只管找出鸭嘴形的品类，至于该品类是什么颜色的，它可不在乎。所以，读到这里，同学们就会清楚，AND协调的过滤机制是同时满足，而OR协调的过滤机制则是分别满足。

除此以外，相信同学们都注意到了，A句返回了4行信息，B句返回了2行信息，请注意观察返回信息对应的No.列主键位。而在合并结果中，却只有5行信息。没错，这是因为A、B两句的过滤结果都包含No.为107的这行信息，且这行信息同时满足A、B两句的过滤要求（使用AND返回的行）。所以，在合并结果中它仅需出现一次。也就是说，MySQL会在合并结果返回前，对同时满足过滤要求的重复行进行去重。这也是使用OR的一个特点。

3.2.3　组合查询：UNION ALL与UNION

事实上，如果我们要想得到完整的合并结果，就需要建立组合查询：

```
（4）SELECT * FROM Spice WHERE color = '黑'
    UNION ALL
    SELECT * FROM Spice WHERE status = '鸭嘴';
```

No.	name	color	status	supplier
102	巴尔干甜豆	黑	干瘪	约瑟夫种植园
103	雪松木	黑	枝条	罗蒙水产
107	巴尔干甜豆	黑	鸭嘴	约瑟夫种植园
109	香草荚	黑	枝条	罗蒙水产
107	巴尔干甜豆	黑	鸭嘴	约瑟夫种植园
110	鸭嘴豆	白	鸭嘴	袋底洞家族

组合查询结果

瞧，优质的巴尔干甜豆在结果中出现了两次，它们分别来自A、B两句的过滤结果。其实UNION ALL在此处的作用与OR类似，它也将汇总显示前后语句各自对应的结果，只是不去重而已。

除此以外，值得向大家指出的是，其实组合查询同样可以去掉重复的输出行，方法就是单独使用UNION：

```
SELECT * FROM Spice WHERE color = '黑'
UNION
SELECT * FROM Spice WHERE status = '鸭嘴';
```

No.	name	color	status	supplier
102	巴尔干甜豆	黑	干瘪	约瑟夫种植园
103	雪松木	黑	枝条	罗蒙水产
107	巴尔干甜豆	黑	鸭嘴	约瑟夫种植园
109	香草荚	黑	枝条	罗蒙水产
110	鸭嘴豆	白	鸭嘴	袋底洞家族

合并结果（去重后）

好了，动手时间到了，现在就请同学们自己执行一遍上述例句吧。当然，最好是一边动手操作，一边仔细揣测AND和OR的区别。

3.2.4　再次理解AND和OR

通过以上讲解和练习，相信大家会发现，在相同的条件下，如果使用AND有结果返回，那么这些结果总是使用OR返回结果的子集。也就是说，在OR的返回结果中，总是含有AND的返回结果。下面我们再通过几个场景帮助大家理解AND和OR。

首先站在AND和OR的角度来看，我们将AND和OR视为两个管道工人：

我是严格谨慎的AND！我的工作是在一根管道内安装双层过滤网。由于每层过滤网都会过滤掉相应的内容，所以我的过滤效果更加透彻！不过更加透彻也意味着产出会更少。

我是有求必应的OR！在相同情况下，我的产出总是多于AND。因为我会在两根管道内分别安装过滤网，然后让通过它们过滤后的水流进同一个水池。请允许我指出，过滤效果更加透彻并不意味着过滤效果更好。因为我和AND对应的是不同的过滤要求。

接着，我们再站在输出行的角度来理解。我们将每一个过滤要求看作一位老师，而表中的每一行数据是一位学生。

使用AND返回的行，就像那些自命不凡的优等生。因为他们要经过所有老师的认可，才能在人群中脱颖而出。

至于使用OR返回的行，他们就没什么值得骄傲的了。因为他们的考核机制会简单许多，只需要得到任意一位老师的青睐，他们就可以"抛头露面"。

好了，相信同学们通过以上场景会对AND和OR有更进一步的理解。那么现在，我们要出一道课间练习题来考考大家：请试着过滤出由罗蒙水产和约瑟夫种植园提供的巴尔干甜豆。

3.2.5　使用小括号改变连接对象

本节我们将一起解决前面留给大家的问题。

相信同学们还记得，前面说过，一个过滤条件其实就是一个限定词。题干中一共出现了3个限定词，分别是罗蒙水产、约瑟夫种植园和巴尔干甜豆。这样一来，我们就可以草拟出相对应的3个过滤要求：supplier ='罗蒙水产'、supplier ='约瑟夫种植园'和name='巴尔干甜豆'。

好了，现在摆在我们面前的问题其实很简单，那就是使用AND和OR来协调这3个过滤要求之间的逻辑关系。换句话来讲，我们需要将AND和OR插入它们中间，此处一共有4种不同的编排方式：

```
1. supplier = '罗蒙水产' AND supplier = '约瑟夫种植园' AND name = '巴尔干甜豆';
2. supplier = '罗蒙水产' OR supplier = '约瑟夫种植园' OR name = '巴尔干甜豆';
3. supplier = '罗蒙水产' AND supplier = '约瑟夫种植园' OR name = '巴尔干甜豆';
4. supplier = '罗蒙水产' OR supplier = '约瑟夫种植园' AND name = '巴尔干甜豆';
```

虽然编排方式不少，但我们其实可以快速地将1、3给排除掉。原因很简单，因为操作符AND协调的过滤机制是同时满足，所以supplier ='罗蒙水产' AND supplier = '约瑟夫种植园'表示要求MySQL从supplier列中找到名称既是"罗蒙水产"又是"约瑟夫种植园"的供应商。毫无疑问，这样一位供应商在Spice表中并不存在，所以1、3两种编排方式会被去掉。

接着，我们再来看看编排方式2。由于操作符OR协调的过滤机制是分别满足，所以MySQL会让这3个过滤要求独立开展：

```
SELECT * FROM Spice WHERE supplier = '罗蒙水产';
SELECT * FROM Spice WHERE supplier = '约瑟夫种植园';
SELECT * FROM Spice WHERE name = '巴尔干甜豆';
```

然后汇总显示它们的过滤结果。当然，MySQL会事先去掉重复行，因此最终结果含有的信息包括由罗蒙水产提供的所有品类、由约瑟夫种植园提供的所有品类，以及所有的巴尔干甜豆。这很明显与我们的需求不符，因此，我们就只剩最后一种编排方式了：

```
SELECT * FROM Spice WHERE
supplier = '罗蒙水产' OR supplier = '约瑟夫种植园' AND name = '巴尔干甜豆';
```

事实上，如果同学们的答案和这条SQL语句一样，那么你离成功其实就只差一步了。现在我们一起来看看这条语句执行后的返回结果：

No.	name	color	status	supplier
102	巴尔干甜豆	黑	干瘪	约瑟夫种植园
103	雪松木	黑	枝条	罗蒙水产
105	巴尔干甜豆	灰	褶皱	罗蒙水产
107	巴尔干甜豆	黑	鸭嘴	约瑟夫种植园
109	香草荚	黑	枝条	罗蒙水产

哦？第二行和第五行信息出了问题，因为我们的目标只有巴尔干甜豆，但这里却返回了雪松木和香草荚，看来MySQL并没有通过这条语句读懂我们的需求。不过我们已经没有其他选择了，那么问题到底出在哪里了呢？

我们此前说过这样一句话：其实学习SQL，就是学着用它来表达我们的需求。而这大致会产生以下3种情形。

- 如果使用了与需求相匹配的SQL语句，那么MySQL就会返回我们期待的结果。
- 如果写下的SQL语句存在语法或拼写错误，那么MySQL就不会执行，或者报错。这将不会有任何结果返回。
- 如果写下的SQL语句本身没有问题，但我们没有表述到位，那么即使语句被顺利执行，MySQL也不会给我们想要的结果。

事实上，我们此处遇到的情况就属于最后一种情形。筛选结果中出现了本不应该被返回的行，这就表明没有过滤透彻，所以问题很可能出在了WHERE从句上。下面我们单独把WHERE从句提取出来，然后给各个过滤要求加上编号：

```
WHERE supplier ='罗蒙水产'① OR supplier = '约瑟夫种植园'② AND name = '巴尔干甜豆'③
```

接着，我们再来听听MagicSQL是如何理解这句话的。

说实在的，一年级新生，你这么写我可看不太明白。你瞧，对于OR来讲，它连接的前段肯定是①，但是它连接的后段究竟是单独的②，还是②AND③？同样的道理，AND连接的后段肯定是③，可是看样子它的前段既可以是单独的②，也可以是整个①OR②。

看到了吗，正是因为我们表述不严谨，MySQL才产生了混淆。不过MySQL并没有因此报错，还是返回了一些信息。这又是为什么呢？

虽然我不爱多管闲事，但这句话却给了我发挥想象的空间。事实上，在这种指向不明的情况下，我会做出自己的选择：将"②AND③"合并为一个整体，然后将它们共同当作OR连接的后段。

```
WHERE supplier = '罗蒙水产'①
OR (supplier = '约瑟夫种植园'② AND name = '巴尔干甜豆'③)
```

没错，正是如此！AND具有优先选择权，也就是说，当AND和OR同时出现时，MySQL会先让AND 选择它连接的前后部分，再与OR进行合并。不过这样一来，MySQL就把我们的需求误读成了"找到由约瑟夫种植园提供的巴尔干甜豆，以及由罗蒙水产提供的所有品类"。这明显与我们的实际需求不符，所以我们要使用小括号来改变AND的连接对象，就像这样：

```
（5）SELECT * FROM Spice WHERE
    (supplier = '罗蒙水产' OR supplier = '约瑟夫种植园')
    AND name = '巴尔干甜豆';
```

瞧，小括号将"罗蒙水产"与"约瑟夫种植园"合并成了一个整体，然后将这个整体当作AND连接的前段。这条语句正好对应我们的需求——找到由"罗蒙水产"和"约瑟夫种植园"提供的"巴尔干甜豆"。

不过例句（5）并非唯一的解决方案。事实上，我们还可以对它进行改编。改编的思路源于一个看似毫不相干的定律，就是乘法分配律：

```
(a+b) *c = a*c+b*c
```

现在请大家将"+"视为"OR"，将"*"视为"AND"。那么例句（5）将进一步被展开为：

```
(6) SELECT * FROM Spice WHERE
    supplier = '罗蒙水产' AND name = '巴尔干甜豆'
    OR
    supplier = '约瑟夫种植园' AND name = '巴尔干甜豆';
```

大家可以试着解读，例句（6）对应的需求是：找到由"罗蒙水产"提供的"巴尔干甜豆"，以及由"约瑟夫种植园"提供的"巴尔干甜豆"。这其实与我们的目标相一致，只是换了一种表达方式而已！

好了，亲爱的同学们，想必大家一定很想知道李乔丹昨天的约会如何，其实我和你们一样好奇。

> 唉，我正想找你们聊聊呢。昨天在见到Grace以后，我想她可能只有戴上面具才像苏菲·玛索。不过我并不是"外貌协会"，这一点你们是知道的。但无论怎样，Grace并不是真正让我心动的女孩。

看来李乔丹的约会之路并不顺利，不过他用不着气馁，因为精彩的故事往往不会有一帆风顺的开头。要知道，生活一般不会立即给你迫切想要的结果，它会安静地躲在一旁考验你的耐心。只要你心存美好，不轻易放弃，生活就会以意想不到的方式给你惊喜。如果你要问我什么样的美好最值得珍藏，我的回答是，不期而遇的美好最值得珍藏！

> 听你这么一说，我感觉好多了！事实上，昨晚我认真考虑了一下，根据我的生活轨迹来看，我应该尝试多接触居住在洛杉矶和波士顿的女孩。当然，年龄相仿的会有更多的共同话题。

瞧，李乔丹提出了新的交友思路。现在就请大家帮帮他，试着用SQL语言来表达以下需求。

1. 请找到年龄在30岁以下，且来自洛杉矶的女孩。
2. 请分别找到来自洛杉矶和波士顿的女孩。
3. 请找到年龄在30岁以下，且分别居住在洛杉矶和波士顿的女孩。

先来看看需求1，"年龄在30岁以下"且"来自洛杉矶"对应两个过滤要求"age < 30"和"location ='洛杉矶'"。为了同时满足这两个过滤要求，我们就要使用AND来协调它们之间的逻辑关系：

```
SELECT * FROM Contact WHERE age < 30 AND location = '洛杉矶';
```

需求2要求分别找到来自"洛杉矶"和"波士顿"的女孩。那么毫无疑问，为了分别满足"来自洛杉矶"和"来自波士顿"这两个过滤要求，我们会使用OR来协调它们之间的逻辑关系：

```
SELECT * FROM Contact WHERE location = '洛杉矶' OR location = '波士顿';
```

需求3的要求稍微复杂一些，因为它涉及3个过滤要求"年龄在30岁以下"、"来自洛杉矶"和"来自波士顿"。为了准确无误地表达需求，我们将同时使用AND和OR，并搭配小括号：

```
SELECT * FROM Contact WHERE (location = '洛杉矶' OR location = '波士顿')
AND age < 30;
```

当然，别出心裁的改编形式总会受到欢迎：

```
SELECT * FROM Contact WHERE
location = '洛杉矶' AND age < 30
OR
location = '波士顿' AND age < 30;
```

3.2.6　操作符IN和NOT

事实上，IN的使用规则很容易理解，因为它协调的过滤机制几乎与OR一样，即分别满足。下面我们将前面需求2和需求3中的OR替换成IN：

```
（7）SELECT * FROM Contact WHERE location IN ('波士顿','洛杉矶');
（8）SELECT * FROM Contact WHERE location IN ('波士顿','洛杉矶') AND age < 30;
```

大家可以看到，IN可以将多个相同属性的过滤要求合并在一起，所以IN语句的书写更加简单。

我们再来看最后一个操作符——NOT。想必同学们都还记得，NOT与"<>"和"!="一样，使用它将通过否定进行反选，也就是匹配与过滤要求相矛盾的行。

如果我们要反选例句（7）的返回结果，那么对应的语句就是这样的：

```
（9）SELECT * FROM Contact WHERE location NOT IN ('波士顿','洛杉矶');
```

好了，现在我们要给大家留一道课后思考题。前面讲到，IN协调的过滤机制与OR一样，而且需求2和需求3中的例句证明了这一点。不过例句（9）中的IN却无法被OR替换，就像这样：

```
SELECT * FROM Contact WHERE
NOT location = '波士顿'
OR
NOT location = '洛杉矶';
```

为什么此处的IN无法被替换成OR？替换成OR以后，它对应的需求发生了什么样的变化？这是什么原因造成的？如果我们执意要将IN替换掉，是否可以考虑使用AND？

好了，以上就是本节的主要内容。为了让大家对4个逻辑操作符有更加深刻的理解，我们准备了一篇专栏采访。

3.2.7　课后阅读：《胶囊时报》专栏采访

詹姆士：大家好，我是主持人詹姆士，很高兴又和你们见面了！在本期节目中，我们有幸邀请到了韦尔集团（WHERE.Group）的4位过滤工程师！

AND/OR/IN/NOT：你好！主持人，很高兴见到你！

詹姆士：伙计们，欢迎你们！听说4位在数据过滤方面都有自己的特长，可以简单地和读者们聊聊吗？据我所知，《快速念咒》的专栏作家为了介绍你们可真是煞费苦心啊。

AND：这可真是辛苦彭派特了！说实在的，我很高兴他没有按照英文单词的字面含义，即按照"和""或"的定义来介绍我和OR。彭派特从操作出发，将我们的工作定义为了"同时满足"和"分别满足"。事实上，SQL语言中的"AND"和"OR"已经不再是大家熟悉的那两个英文单词了。

OR：确实如此，其实这里面隐藏着一个重要信息，那就是RDBMS眼中的SQL语句和我们眼中的SQL语句是不一样的。在我们看来，SQL语句不过由一些描述性很强的基础英文单词组成，以至于小学生也能轻松理解。但是RDBMS对单词没有概念，所以在它眼中，这些英文单词只是一串与操作相对应的符号而已。

詹姆士：我想我能听明白。那么如何把单词与符号联系在一起呢？

AND：举个例子吧。请大家想象一下，如果一家时装店剑走偏锋，改用七进制数来标注价格。那么十进制数标价为"998"的一件衣服就会变成"2624"。其实这里的"998"和"2624"都是一串符号，且它们都对应相同的实际金额——玖佰玖拾捌元。只不过由于我们的大脑过于习惯十进制，所以就会迅速在"998"与"玖佰玖拾捌元"的实际金额之间画上等号。其实"SELECT"和"FROM"这类关键词就好比"998"这类符号，仅凭字面含义，我们就可以准确地理解它们。

OR：没错，然而这种理解方式并不总是有效的。例如"AND""OR"就不能用"和""或"来理解。这类关键词就好比七进制数的"2624"，因为它们的实际含义与字面含义存在一定的出入。我这么说你可能听不太懂，但如果将"AND"换成"Andrew"，再把"OR"改为"Orlando"，你就会体会到实际含义与字面含义存在的出入了：

```
SELECT * FROM Spice WHERE color = '黑' Andrew status = '鸭嘴';
SELECT * FROM Spice WHERE color = '黑' Orlando status = '鸭嘴';
```

詹姆士：好吧，看来在理解某些关键词时，我们要在一定程度上抛弃它们的字面含义，然后从操作角度进行分析。现在让我们请IN聊聊他的工作内容。

IN：在很多情况下，我和OR协调的过滤机制都是"分别满足"。如果选择我，那么你写下的SQL语句会更加简单。不过我并非总是能替换OR，例如"SELECT * FROM Spice WHERE color='黑' OR status ='鸭嘴';"就不行，因为这两个过滤要求的所属列不一致。

OR：是啊，如果你总是能替换我，那我可就要失业了。

IN：其实我们每个人都有不可取代的用途。当大家接触子查询后就会知道，我还能引导其他SELECT语句建立复合检索，也就是建立查询中的查询。

詹姆士：看来读者以后还会再和你见面！那么你呢，Mr. NOT，你一言不发，很抱歉被我们冷落在了一边。

IN：他一直都是这样，沉默寡言。因为他只要一开口就会说"不"！

（NOT点了点头）

詹姆士：啊，真是言简意赅。

3.3　模糊查询：谓词LIKE和正则表达式REGEXP

亲爱的同学们，大家好！本节将要介绍一些应对模糊查询的相关操作。准确来讲，这些操作依然是过滤数据的延伸内容，它们非常实用，也非常容易上手。在开始学习之前，我们要先简单地为大家介绍一下模糊查询的适用场景。

3.3.1　模糊查询的适用场景

通过学习前面的内容，相信同学们会感受到：实现精确过滤的前提是提供一个准确的过滤条件。例如，如果我们想从Spice表中筛选出与香草荚有关的信息，那么对应的SQL语句就是这样的：

```
SELECT * FROM Spice WHERE name = '香草荚';
```

没错，过滤条件在我眼中就是一个标记，它会告诉我该匹配什么样的关键词，进而定位到它所在的行。可如果你无法给我一个准确的过滤条件，还想让我去表中翻箱倒柜找点东西出来的话，那么你就该学习一下模糊查询了，否则我可弄不明白你究竟在说些什么。事实上，通过以下3个场景，你就会知道这种情况并不在少数……

场景一

阿里巴巴在解决掉四十大盗以后，已经累得精疲力竭。然而和大部分普通人一样，这位瘦弱的阿拉伯少年在巨大财富的诱惑下被逼成了一个巨人。于是他走进马厩，唤醒了那头客居于此的驴子，连夜赶往隐匿在沙漠中的"中央银行"。没错，到时候他只需要说出口令（你我都知道的口令）就能肆意享受荣华富贵了。然而上天似乎存心要跟他开个玩笑，因为阿里巴巴突然忘记了完整的口令，他只依稀记得一句"芝……开门"。

瞧，其实阿里巴巴渴望回忆起的口令就好比一个过滤条件，而那扇等待有缘人开启的石门就好比MySQL。不过根据目前的情况来看，口令既可以是"芝麻开门"也可以是"芝士开门"。但无论怎样，阿里巴巴一定希望仅通过这句模棱两可的口令就博得石门的同情。

同样的道理，假如我们不记得"香草荚"的全名，而只记得其中含有的部分字段，比如"香草"或"荚"，我们也会希望MySQL通过这些字段就能返回相关信息。

场景二

伴随着温暖洋流的到来，大批沙丁鱼像往年一样再次涌入了东南海域。船长爱德华兹和其他的渔民一样，必须抓紧时间，争取在鱼汛期捕获更多的"银行卡余额"。然而爱德华兹驾驶的"沐光之城"号却给他下了绊子。事实上，这艘老式渔船看起来更像一台陈列在博物馆里的时光机。现在已经是上午十点了，"沐光之城"才磕磕绊绊地驶出昆卡港。此时爱德华兹望着平静的海面感慨道："我真希望就在这里把沙丁鱼一网打尽，而不用再跑到远处的角落去逐一撒网……"

无独有偶，有时我们的目标信息就像游离状态的沙丁鱼，它们躲藏在各个角落，等待着被一网打尽。举个例子来讲，'monkey'、'comonomer'和'almon'是3个独立的字符串，可以看到，它们含有共同字段'mon'。根据之前所学，大家会知道，如果我们要同时检索出这3个字符串对应的行，就要使用操作符OR：

```
'monkey' OR 'comonomer' OR 'almon'
```

也就是说，我们要把这3个字符串都当作过滤条件才能返回相应的信息。然而这样的查询方式很麻烦。在这种情况下，我们就可以使用模糊查询，且只需使用共同字段'mon'进行过滤即可。

场景三

今天是百无聊赖的星期六，理查德·布克抱着"看看也无妨"的心态去参观了一次年度车展。展厅里那些搭载V8和W12引擎的跑车让理查德感到头晕目眩，这也为他提供了做梦的素材："究竟哪一辆更适合我呢？"

我相信在理查德的内心深处，他一定拒绝做出选择，因为那会限制他的想象空间。同样的道理，其实在有些情况下，我们也许根本不希望指定过于明确的过滤条件，并执行严格的筛选操作。因为多一些返回信息，我们就会多一些选择和参考。也就是说，检索信息并不总是要以精确过滤（选择）为前提的。

通过以上3个场景，相信同学们可以感受到，若无法给MySQL一个准确的过滤条件，不管是出于无意还是有意，都与我们当时所处的情况及查询信息的目的有关。因此，掌握模糊查询就显得尤为重要。其实简单来讲，模糊查询就是利用"信息片段"进行过滤，也就是将"信息片段"加工成过滤条件来使用。

接下来，我们将为大家介绍两个用来引导模糊查询的关键词LIKE和REGEXP，以及它们的相关用法。

3.3.2　得心应手的百分号（%）

同学们都知道，LIKE在英语中作为介词的含义是"好比""如同""像……一样"。这与它在SQL语句中传达的指令有相似之处："请匹配与某一字段相近的信息"或者"请匹配含有某一字段的信息"。

不过LIKE在英语中用作动词的含义是"喜欢"，其实这个含义也能帮助我们理解LIKE的功能。

LIKE和我们一样，它喜欢有人陪伴的感觉。所以，LIKE有两个形影不离的好朋友：%和_。事实上，当我们使用LIKE进行模糊查询时，残缺的信息片段无法被直接当作过滤条件，因此需要事先使用%或_进行加工。

正是这样！有了以上内容作为铺垫，我们就可以准备上手了。不过由于模糊查询并不涉及晦涩难懂的语法知识，而且为了尽可能多地给大家介绍模糊查询的操作技巧，所以本节将采用"快进快出"的方式进行讲解，并配合使用一张新表Chaos。事实上，Chaos表含有的数据几乎没有实际意义，但是它能满足实践要求。现在就让我们直入主题吧，先来查看Chaos表中的信息：

（1）`SELECT * FROM Chaos;`

X	Y	Z
1100	deer toy pillow	milk%
2200	bear toy	tcarro
3300	toy.car	ycarrot
3350	BEAR TOY	ncarrott
5500	.wand	mcarrotot

如果我们要求返回所有Y列含有字段"toy"的信息，那么对应的SQL语句就可以这样写：

（2）`SELECT * FROM Chaos WHERE Y LIKE '%toy%';`

X	Y	Z
1100	deer toy pillow	milk%
2200	bear toy	tcarro
3300	toy.car	ycarrot
3350	BEAR TOY	ncarrott

可以看到，例句（2）在字段"toy"的前后都使用了"%"进行加工。大家不妨将"%"视为一串省略号，即"...toy..."，表示对字段"toy"的前后部分保留。无论"toy"前后有什么样的信息，无论"toy"前后有没有信息，只要字符串中含有字段"toy"，那么MySQL就会在Y列锁定它，并将它对应的行返回并呈现。当然，%也可以被放在字段中间：

（3）`SELECT * FROM Chaos WHERE Y LIKE 'deer%pillow';`

X	Y	Z
1100	deer toy pillow	milk%

这一次"%"出现在了字段"deer"和"pillow"中间。它传达给MySQL的指令就是，请在Y列中找到以"deer"开头和以"pillow"结尾的字符串，然后将其所在的整行信息返回并呈现。至于这两个字段中间含有怎样的信息，以及两个字段之间是否含有信息，都不是MySQL关心的事情。

通过以上讲解，相信同学们会发现，"%"可以匹配一个或多个字符。其实

"%"也可以匹配0个字符。下面我们将例句（3）返回的"deer toy pillow"当作片段进行加工：

（4）SELECT * FROM Chaos WHERE Y LIKE '%deer toy pillow%';

X	Y	Z
1100	deer toy pillow	milk%

　　瞧，例句（4）返回了同例句（3）一样的结果，原因正是"%"可以匹配0个字符。也就是说，即使我们使用了多余的"%"也没有关系，因为它可以不必匹配任何信息。好了，现在就请同学们自己执行以上例句吧。

3.3.3 专一的下画线（_）

　　事实上，LIKE在搭配"_"使用时，并不像搭配"%"那样得心应手，原因是下画线非常专一。1条下画线就只能匹配1个字符，但是1个百分号却可以匹配0个、1个或多个字符。

　　也就是说，有多少条下画线就只能匹配多少个字符，不能多也不能少。比如我使用了3条下画线，那它们就只能匹配3个字符，不能是0个、1个或2个。这种感觉就像莎翁喜剧《威尼斯商人》中的桥段：虽然法官将安东尼奥胸口处的一磅肉判给了夏洛克，但是夏洛克割下的肉不能比一磅轻或比一磅重，也不能流一滴血。

　　现在我们可以为此做验证，将例句（4）中的"%"换成"_"：

（5）SELECT * FROM Chaos WHERE Y LIKE '_deer toy pillow_';

X	Y	Z

　　空空如也！瞧，MySQL没有返回任何结果。这正是因为"_"不能匹配0个字符，所以一旦用到下画线，那它就必须匹配相应数量的字符才行。

　　亲爱的一年级新生，你不妨这样理解，"%toy%"表示匹配含有字段"toy"的字符串。由于%可以匹配0个、1个或多个字符，因此符合条件的字符串形式也多种多样，例如cat toy、toy dog、red toy dog，甚至只是

toy。然而"_"只能匹配1个字符，而且必须完全匹配，所以"_toy_"就只能匹配这种形式的字符串——?toy?。但是这样的字符串在Y列中并不存在，所以就没有返回任何结果。

3.3.4 让特殊符号回归符号本身（\\）

通过以上讲解，我们会知道，LIKE其实是通过"%"和"_"去匹配字段，从而实现模糊查询的。不过这样一来也会产生一个问题：假如"%"或"_"就是待匹配的字段该怎么办呢？例如，如果我们想匹配Z列中以"%"为结尾的信息：

（6）`SELECT * FROM Chaos WHERE Z LIKE '%\\%';`

在这种情况下，就要使用双反斜杠（\\）抹去"%"的匹配功能了。否则它们在我眼中都是特殊符号。事实上，在"%\\%"中只有前面的"%"是具有匹配功能的特殊符号，而后面的"%"就只是一个普通的百分号字符而已。

MagicSQL说得对，"\\"会让特殊符号回归符号本身。这种操作就好比把哆啦A梦的缩小灯当作普通的手电筒来使用。

以上就是使用LIKE进行模糊查询的主要内容，为此我们做一番简单的总结。

1. LIKE不喜欢独来独往，所以它时常会让"%"或"_"陪伴在自己的左右。当然，LIKE和"%"在一起的时间会更多，这是因为"%"使用起来更加得心应手。1个"%"可以匹配0个、1个或多个字符，而1个"_"就只能匹配1个字符。

2. 虽然LIKE不喜欢孤独，但它其实可以被单独拿来使用，毕竟谁都要学会独处。事实上，LIKE在单独使用时的作用类似于"="：

`SELECT * FROM Spice WHERE name LIKE '香草英';`

3. 除此以外，"%"和"_"可以同时使用，例如：

`SELECT * FROM Chaos WHERE Z LIKE '%milk_';`

接下来我们将学习使用正则表达式进行模糊查询的方法。

3.3.5 正则表达式的一般使用场景

在日常生活中，我们会适当地借助外语进行表达。同样地，在进行模糊查询时，SQL也会借助其他语言进行表达，而正则表达式（Regular Expression）就是这样一个例子。

简单来讲，正则表达式是一套被普遍运用的计算机文本模式，它广泛存在于操作系统、文本编辑器及计算机程序语言当中。匹配文本或字符串中的特定字段，就是正则表达式的主要用途之一。

也就是说，大家接下来将要学习的相关语法操作，并不单纯是SQL语言的语法操作，因为正则表达式也有它自己的语法，且需要我们遵守。所以准确来讲，这些语法是正则表达式介入SQL语言环境以后形成的操作规律。对于新手来讲，大家在实际操作中使用正则表达式的情况可能并不多，但我希望大家以后遇到问题时会多一些思路。因此，同学们对以下操作有一个印象就可以了，重点是感受它们的风格。

相信同学们还记得，如果我们要求返回所有Y列含有字段"toy"的信息，使用LIKE对应的SQL语句是这样的：

```
（2）SELECT * FROM Chaos WHERE Y LIKE '%toy%';
```

事实上，使用正则表达式书写会更加简单：

```
（7）SELECT * FROM Chaos WHERE Y REGEXP 'toy';
```

我们可以直接将字段当作过滤条件，关键词REGEXP就是正则表达式的英文简写。接着，我们再来瞧瞧正则表达式的其他语法。

3.3.6　正则表达式的更多使用场景

从开头处匹配：从Chaos表中的X列，匹配以字母"d"开头的信息：

```
（8）SELECT * FROM Chaos WHERE Y REGEXP '^d';
（9）SELECT * FROM Chaos WHERE Y LIKE 'd%';
```

X	Y	Z
1100	deer toy pillow	milk%

从末尾处匹配：从Chaos表中的X列，匹配以字母"r"结尾的信息：

```
（10）SELECT * FROM Chaos WHERE Y REGEXP 'r$';
（11）SELECT * FROM Chaos WHERE Y LIKE '%r';
```

X	Y	Z
3300	toy.car	ycarrot

请同学们注意观察不同匹配符号的位置差异。

匹配任意字符：从Chaos表中的Z列，匹配含有字段"carrot"的信息：

```
（12）SELECT Z FROM Chaos WHERE Z REGEXP 'carrot';
（13）SELECT Z FROM Chaos WHERE Z REGEXP 'carro.';
```

Z
ycarrot
ncarrott
mcarrotot

请同学们注意，如果例句（13）使用'carrot.'进行过滤，那么结果中的第一行信息将不会返回：

```
SELECT Z FROM Chaos WHERE Z REGEXP 'carrot.';
```

Z
ncarrott
mcarrotot

这是因为"."与"_"一样，它们都不能匹配0个字符。也就是说，一旦使用了"."，那么它就必须要匹配信息（至少是1个字符）。当然，由于"."具有特殊作用，所以如果要匹配以它开头的字段，那么就要使用"\\"：

```
（14）SELECT * FROM Chaos WHERE Y REGEXP '^\\.';
```

X	Y	Z
5500	.wand	mcarrotot

匹配0个或1个字符：从Chaos表中的Z列，匹配含有字段"carro"和"carrot"的信息：

```
（15）SELECT Z FROM Chaos WHERE Z REGEXP 'carrot?$';
（16）SELECT Z FROM Chaos WHERE Z REGEXP 'carrot{0,1}$';
```

Z
tcarro
ycarrot

因为要求同时匹配"carro"和"carrot"这两个字段，且两者的区别仅在末尾处的字符"t"，所以我们会使用"?"或"{0,1}"将字符"t"变成一个可选项，即可

有可无。除此以外，由于可选项"t"在字段的末尾，所以必须追加使用"$"。

匹配0个或多个字符：从Chaos表中的Z列，匹配含有字段"carro"、"carrot"和"carrott"的信息：

```
（17）SELECT Z FROM Chaos WHERE Z REGEXP 'carrot*$';
（18）SELECT Z FROM Chaos WHERE Z REGEXP 'carrot{0,}$';
```

Z
tcarro
ycarrot
ncarrott

同样的道理，3个待匹配字段的差异也集中在末尾处的字符"t"上，所以我们同样要将"t"指定为可选项。只不过此处的可选表示可有可无、可多可少。因此，我们会使用"*"或"{0,}"进行匹配。

匹配1个或多个字符：从Chaos表中的Z列，匹配含有字段"carrot"和"carrott"的信息：

```
（19）SELECT Z FROM Chaos WHERE Z REGEXP 'carrot+$';
（20）SELECT Z FROM Chaos WHERE Z REGEXP 'carrot{1,}$';
```

Z
ycarrot
ncarrott

与之前不同，这一次我们会使用"+"或"{1,}"将字符"t"指定为必选项，因为此处的匹配需求不是可有可无，而是可多可少。

合并匹配：从Chaos表中的Z列，匹配含有字段"carrot"和"carrotot"的信息：

```
（21）SELECT Z FROM Chaos WHERE Z REGEXP 'carr(ot)*$';
（22）SELECT Z FROM Chaos WHERE Z REGEXP 'carr(ot){1,}$';
```

Z
ycarrot
mcarrotot

由于这次造成差异的是一个字符组"ot"，所以我们要使用小括号将字符o与t合并为一个整体进行匹配。事实上，中括号也有类似的合并功能。例如，从Chaos表中的X列，匹配含有字段"100"和"200"的信息：

```
（23）SELECT X FROM Chaos WHERE X REGEXP '100|200';
（24）SELECT X FROM Chaos WHERE X REGEXP '[1|2]00';
（25）SELECT X FROM Chaos WHERE X REGEXP '[12]00';
```

X
1100
2200

划定匹配范围：从Chaos表中的X列，匹配含有字段"100"、"200"、"300"和"500"的信息：

```
（26）SELECT X FROM Chaos WHERE X REGEXP '[1235]00';
（27）SELECT X FROM Chaos WHERE X REGEXP '[1-5]00';
```

X
1100
2200
3300
5500

瞧，使用"-"划定匹配范围也算是一种书写上的简化。而且，划定匹配范围的对象并不仅限于数值，还可以是字符，就像这样——[c-v]、[a-z]。

表示否定：将上一结果中含有字段"300"的行过滤掉：

```
（28）SELECT X FROM Chaos WHERE X REGEXP '[1235]00'
     AND X NOT REGEXP '[3]00';
（29）SELECT X FROM Chaos WHERE X REGEXP '[1235]00'
     AND X REGEXP '[^3]00';
```

X
1100
2200
5500

大家可以看到，我们再一次使用了"^"。其实它只有在"[]"中才具有NOT的功能，而在别处则表示从开头处匹配。我们为大家归纳了一些正则表达式的常用符号及功能。

符 号	功 能
^	从开头处匹配
$	从末尾处匹配
.	匹配任意字符，但不包括0个字符
?	匹配0个或1个字符
*	匹配0个或多个字符
+	匹配1个或多个字符
a{m}	匹配m个a
a{m,}	匹配m个或更多个a
a{m,n}	匹配m到n个a
()	字段分组
|	实现与OR相同的逻辑指定
[ ]	实现与OR相同的逻辑指定
-	划定匹配范围

　　相信大家已经发现了，很多特殊符号的用途并不唯一，它们在不同的应用场景中会有不同的效果。因为我们使用SQL要解决的问题实在是太多了，而且被熟知的常用符号也较为固定，所以存在重复利用的情况。这就像用有限的喜怒哀乐去匹配人世间的复杂情感一样。笑中带泪究竟代表的是快乐还是忧伤，那得视具体情况而定。

第4章
显示栏、CASE表达式与常用函数

Hi，亲爱的同学们，大家好！通过前面的学习，我们掌握了基础的信息查询和数据过滤。毋庸置疑，它们都是实用性很强并且使用频率很高的操作。不过话说回来，这些操作都有一个共同的限制，那就是只能原封不动地返回表中的固有内容。更加形象的说法是，如果我们把表中的数据看作一样样各具特色的食材，那么基础的查询、过滤操作就只能让MySQL单纯地返回这些食材的原貌。

正因如此，在即将开启的新篇章里，我们将想方设法对表中的数据进行加工，也就是让食材搭配与组合，从而获得更加精彩的反馈效果。本章会在一定程度上突破表的限制，让MySQL不再单一地呈现出表本身的面貌。为了实现这一目的，我们即将学习的主要操作有算术运算符、CASE表达式及各类函数。

虽然本章介绍的内容比较多元化，但它们之间其实存在两点共性：其一，从书写层面上讲，这些内容涉及的操作普遍都会对列进行修饰；其二，从输出层面上看，这些内容涉及的操作都会创建对应的显示栏，用来呈现令人期待的修饰效果。也就是说，我们将通过修饰列来间接影响输出行的内容，从而获得动态的输出效果。

以上就是第4章的内容导读。接下来，就让我们一起前往码头吧，《胶囊时报》美食专栏的摄制组正在那里进行采访。

4.1　创建显示栏：卡路奇欧的"贪婪美德"

欢迎开启第4章的学习。本章将借助算术运算符及两个函数，为大家展示不同于以往的检索语句。同学们将初步感受到对列进行修饰是怎样一回事，并亲眼看到修饰操作对应的特殊效果。好了，话不多说，先请大家考虑以下故事场景……

4.1.1　使用算术运算符创建显示栏

今天是让很多人想要大快朵颐的星期五，贾斯汀和摄制组来到了码头上的Monkey-Honey餐厅，他们在为《胶囊时报》的"美食专栏"拍摄素材。精力旺盛的卡路奇欧大叔是这家餐厅的老板，他在镜头面前毫不掩饰自己的兴奋："贪婪在我们这里是值得赞颂的美德，贾斯汀！你瞧瞧顾客们点餐时的表情就会知道，我说这话可一点儿都不夸张！"

"哦，我注意到了，顾客脸上都呈现着要把菜单上的菜通吃一遍的表情。我想读者们会喜欢这则报道，你就做好准备迎接他们的光临吧！卡路奇欧大叔！"贾斯汀说道。

毫无疑问，正是座无虚席的火爆生意给了卡路奇欧大叔骄傲的资本。事实上，Monkey-Honey原本只是一家招待当地渔民的小餐馆，没想到最近却因"烤鲱鱼"这道菜而声名大噪。

"我们对鲱鱼的烘烤及配菜的选择都有非常独到的见解！相信你在任何美食杂志上都找不到相似的介绍。虽然烹饪手法并不特别，但配合使用的香料确实非常讲究！它们是让鲱鱼释放美味潜能的奥妙所在，没有人会想到我们会在鱼烤到五分熟的时候往里面加……对不起！这是我们不得外传的商业秘密……"

卡路奇欧大叔一边对着镜头接受采访，一边还不忘对着每一位进入餐厅的顾客点头微笑。现在是晚上七点钟，餐厅已经迎来了第二波入座高峰。此时前来就餐的主要是预备在晚上出海的水手们，虽然他们都蓄势待发，但出发前的一顿丰盛晚餐可不能耽误，毕竟和风浪搏斗会消耗很多体力。

根据以上场景，我们知道Monkey-Honey餐厅在当地码头很受顾客欢迎。不过跟随顾客们蜂拥而至的不仅仅有大把大把的钞票，还有大量各式各样的数据。事实上，卡路奇欧大叔也知道"好记性不如烂笔头"的道理，所以他会习惯性地将顾客们的点餐信息记录在表中。

不过仅使用一张表可不足以承载顾客们的用餐热情。所以我会使用两张表——Happyorder和Happydetail来记录。虽然这些都是商业机密，但为了你们的学习，我愿意分享这些数据。年轻人，你为什么还不瞧瞧其中含有的信息内容呢？要知道，我教我儿子马芯奥经营餐厅的第一要义就是：凡事不能怕麻烦，你越怕麻烦，麻烦就越喜欢来找你……

卡路奇欧大叔说得没错，当我们拿到一张陌生表时，首先要做的就是了解它的大致结构和主要内容。那么现在就请同学们先检索一下Happyorder和Happydetail这两张表吧！

我们一起来瞧瞧这两张表中都含有哪些内容，为了节约显示空间，我们只截取表中的前5行数据：

（1）SELECT * FROM Happyorder LIMIT 5;

menu_num	order_time	tab_num	per_num	new_client
1001	2005-09-01 17:30:00	1	4	NULL
1002	2005-09-01 18:31:41	2	2	Yes
1003	2005-09-01 18:35:51	3	3	NULL
1004	2005-09-01 18:40:51	5	8	Yes
1005	2005-09-01 18:48:51	7	1	NULL

大家可以看到，Happyorder表记录的是消费总览，它的主要内容包括：菜单号（menu_num）、下单时间（order_time）、顾客入座的餐桌号（tab_num），以及用餐人数（per_num）。除此以外，如果前来用餐的是新顾客，卡路奇欧还会做一个小标记，也就是在new_client列中标记为"Yes"。例如，第一行信息表示，1001号菜单的下单时间是2005年9月1日下午五点半，共4人在1号桌用餐，他们是老顾客。

我们再来瞧瞧Happydetail表中的主要内容（同样截取前5行数据）：

（2）SELECT * FROM Happydetail LIMIT 5;

menu_num	menu_item	dishes	quantity	price
1001	1	冰火菠萝油	2	11.50
1001	2	海鲜大什扒	5	50.00
1002	1	烤鲥鱼	5	20.00
1002	2	烧味八宝饭	2	42.00
1002	3	风暴雷霆烈酒	2	19.00

瞧，Happydetail表记录的是消费明细，其中包括：菜单号（menu_num）及其对应的菜品名称（dishes），菜单中的菜品次序（menu_item）、菜品数量（quantity）和菜品单价（price）。例如，1001号菜单单中一共有两种菜品，冰火菠萝油和海鲜大什扒，对应的数量分别是2份和5份，单价分别是11.5元和50元。

哦？两张表都用"Happy"作为前缀，看来卡路奇欧大叔对餐厅的经营一定很满意。如果说这世界上有什么东西能让人由衷地感到高兴，那么金钱一定"当仁不让"。所以咱们为什么不计算一下，这些美味佳肴一共给餐厅带来了多少收益呢？

这是一个练手的好建议，我想只要大家不到处声张，卡路奇欧大叔是不会介意的。其实这一点儿也不难，相信同学们都知道：收益等于菜品的数量乘以菜品的单价。在Happydetail表中，菜品数量对应的是quantity列，菜品单价对应的是price列。因此，想要得到收益，我们只需将这两列数据相乘即可。

（3）SELECT *, quantity*price FROM Happydetail LIMIT 5;

menu_num	menu_item	dishes	quantity	price	quantity*price
1001	1	冰火菠萝油	2	11.50	23.00
1001	2	海鲜大什扒	5	50.00	250.00
1002	1	烤鲱鱼	5	20.00	100.00
1002	2	烧味八宝饭	2	42.00	84.00
1002	3	风暴雷霆烈酒	2	19.00	38.00

可以看到，在例句（3）中，菜品数量乘以菜品单价对应的表达式为quantity*price，对应的计算结果就是被标记为绿色的列。没错，表达式的出现让例句（3）成了一条不同于以往的检索语句，这条表达式使用算术运算符"*"对列进行了修饰。

除此以外，虽然计算结果的输出格式与列很相似，都是纵向显示信息的。但我们此前对列的定义是，列是比表更小一级的存储单位，它会纵向体现一组数据的分类和归属。言下之意就是，列是表中的固有成分。从这个角度来看，计算结果并不是表中的固有成分。因此，一方面为了实现表述上的严谨，另一方面为了让同学们有更加直观的理解，我们会统一将这种由后期加工而得到的类似于"列"的输出单位称为"显示栏"或者"计算栏"。事实上，所谓的显示栏，就是对列中的已有信息进行加工修饰，而创建出的一个临时显示集合。

不过，虽然我们已经通过"quantity*price"得到了想要的计算结果，但是显示栏的名称却不太直观。在这种情况下，我们就可以追加使用关键词AS：

（4）SELECT *, quantity*price AS 收益 FROM Happydetail LIMIT 5;

menu_num	menu_item	dishes	quantity	price	收益
1001	1	冰火菠萝油	2	11.50	23.00
1001	2	海鲜大什扒	5	50.00	250.00
1002	1	烤鲱鱼	5	20.00	100.00
1002	2	烧味八宝饭	2	42.00	84.00
1002	3	风暴雷霆烈酒	2	19.00	38.00

瞧，这样的显示效果就更棒了！相信同学们都还记得，AS是SQL语句中引导重命名的关键词，我们此前曾使用它来创建列别名。事实上，关键词AS的运用非常普遍，因为它不仅能对创建的显示栏进行重命名（例如本案例），还能对列和表进行重命名，大家将在后面的学习中逐渐遇到AS的各种使用场景。不过，AS与ORDER BY和LIMIT这类操作有些类似，它们都只会改变结果的呈现效果，而不会影响结果的实际内容。

除此以外，这个案例中还有一点值得向大家指出，虽然AS的使用场景很多，但它可以被省略。也就是说，在重命名时，AS并非一定要"抛头露面"。例如，以下两条语句将返回与例句（4）相同的结果：

```
SELECT *, quantity*price '收益' FROM Happydetail LIMIT 5;
SELECT *, quantity*price 收益 FROM Happydetail LIMIT 5;
```

本章开头说过，对列进行修饰将间接影响输出行。通过quantity*price创建的显示栏让我们从表中发掘了更多信息，因为收益并不是表中的固有内容。事实上，我们也由此得到了动态的输出效果。

4.1.2 将MySQL当作计算器

创建显示栏的关键就是使用算术运算符。以上案例所使用的算术运算符是"*"。算术运算符就是四则运算所涉及的加减乘除：+、-、*、/。

讲到这里，我们需要向大家介绍MySQL的一项特殊用法。

在之前的大多数SQL语句中，SELECT和FROM就像哆啦A梦和野比大雄，两人总是如影随形。事实上，如果我们仅使用SELECT并搭配算术运算符，就可以将MySQL当作一个计算器。大家可以将下面的语句作为参考，自己动手操作一下。

输入	输出
SELECT 3-2 AS 结果;	1
SELECT 3+2 AS 结果;	5
SELECT 3*2 AS 结果;	6
SELECT 3/2 AS 结果;	1.5
SELECT 3*(3+2) AS 结果;	15
SELECT (3-2)/(3+2) AS 结果;	0.2

4.1.3　算术运算符与空值：COALESCE函数

　　瞧，将MySQL当作计算器来使用就是这么简单。那么，当算术运算符遇上空值会产生什么样的效果呢？我们此前曾说过，空值（NULL）的存在方式和存在意义都很特殊，一方面，空值的含义是无值、不含有值；另一方面，空值的含义是信息未知且待定。事实上，当算术运算符遇上空值也会生成特殊的结果。现在请同学们来看这样一张简易表，它的名称是Happy。

A	B
1	4
2	NULL
3	6

　　大家可以看到，Happy表中存在A、B两列信息，且这两列信息都是数字。然而很不凑巧，由于B列丢失了一项数据5，所以其中就含有一项不受欢迎的空值——NULL。为什么说空值在此处不受欢迎呢？

　　如果我们现在想让A、B两列的数字相加，就要使用相应的算术运算符来创建一个显示栏，对应的SQL语句如下：

```
SELECT *,  A+B AS D FROM Happy;
```

A	B	D
1	4	5
2	NULL	NULL
3	6	9

　　瞧，由于B列存在空值，导致计算结果D栏中也相应地出现了空值。我们不妨将MySQL当作计算器，独立测试一下这条语句：

```
SELECT 2+NULL AS 结果;
```

结果
NULL

事实上，4个算术运算符与空值相遇都将返回空值：

```
SELECT 2+NULL AS 结果1, 2-NULL AS 结果2, 2*NULL AS 结果3, 2/NULL AS 结果4;
```

结果1	结果2	结果3	结果4
NULL	NULL	NULL	NULL

　　那么问题来了，当我们明明知道缺失的数据是5，且一定要得到准确的A、B两列

数字之和时，该怎么办呢？其实很简单，使用COALESCE函数就能解决问题：

```
SELECT *, COALESCE(B, 5) AS C FROM Happy;
```

A	B	C
1	4	4
2	NULL	5
3	6	6

COALESCE函数的主要功能是对空值进行转换。同学们可以看到，由于NULL存在于B列中，且它原本应该是数字5，所以我们就需要将这两条信息以参数的形式告知COALESCE函数：COALESCE(B, 5)。大家不妨将这视为对列进行的修饰。

这样一来，其他的非空值数据将不受影响，COALESCE函数也会将输出结果以显示栏的形式返回，该栏被命名为C。其实只要实现了这一效果，后续的操作就好办了。我们只需要让A列与C栏中的数据相加即可：

```
SELECT *, COALESCE(B, 5) AS C, A + COALESCE(B, 5) AS D FROM Happy;
```

A	B	C	D
1	4	4	5
2	NULL	5	7
3	6	6	9

当然，C栏中的数据不必出现在结果中：

```
SELECT *, A + COALESCE(B, 5) AS D FROM Happy;
```

A	B	D
1	4	5
2	NULL	7
3	6	9

相信同学们可以从中感受到SQL语句的灵动之处。关于算术运算符的使用就讲到这里，下面我们一起来看看CONCAT函数的使用规范。

4.1.4 创建拼接栏："猫牌胶水"CONCAT函数

相信同学们还记得，在Happydetail表中，dishes和quantity两列的信息分别是菜品名称和菜品数量：

```
（5）SELECT dishes AS 菜品名称，quantity AS 菜品数量
    FROM Happydetail LIMIT 5;
```

菜品名称	菜品数量
冰火菠萝油	2
海鲜大什扒	5
烤鲱鱼	5
烧味八宝饭	2
风暴雷霆烈酒	2

现在我们要利用这两列信息创建一个显示栏，目的是同时容纳菜品名称和菜品数量，对应的SQL语句为：

```
（6）SELECT dishes, quantity, CONCAT(dishes, quantity) AS 名称数量
    FROM Happydetail LIMIT 5;
```

菜品名称	菜品数量	名称数量
冰火菠萝油	2	冰火菠萝油2
海鲜大什扒	5	海鲜大什扒5
烤鲱鱼	5	烤鲱鱼5
烧味八宝饭	2	烧味八宝饭2
风暴雷霆烈酒	2	风暴雷霆烈酒2

在MySQL中，CONCAT是实现信息拼接的函数。大家可以看到，它就像一瓶"猫牌胶水"，能够将不同列中的信息"粘"在一起，然后汇总输出到一个显示栏里。

其实例句（6）只是CONCAT函数的基础用法，而且它对应的显示效果也不是很直观。毕竟菜品名称和菜品数量是两种不同类型的数据，所以我们希望它们可以区别显示。事实上，CONCAT函数有多种修饰方式，且不同的修饰方式可以得到不同的修饰效果，下面就请大家自己动手完成一组练习，分别使用以下表达式替换例句（6）中的相应部分，然后观察结果的变化。

```
CONCAT(dishes, '——' , quantity)
CONCAT(dishes, '(',quantity,')')
CONCAT_WS('/', dishes, quantity, price)
```

没错，亲爱的一年级新生，对CONCAT函数运用不同的修饰，可以收获不同的显示效果。其实许多函数都是这样的，它们有自己擅长解决的问题，还能提供不同的解决方案。换句话来讲，各个函数都有自己对应的功能和使用规范。

事实上，SQL语言中的函数就像一个个预先设定好的小工具，它们正是你奉行"拿来主义"时使用的小扳手和小齿轮。不过对于函数功能的掌握，最好还是以实际需要为主，因为函数实在是太多了。除了我这个管理员，其他人不太可能记住每一个函数的每一种用法，而且也没有这个必要。

MagicSQL说得对，我们将在本章的最后一节集中火力为大家介绍各种形形色色的常用函数。

相信同学们会发现，在之前的例句中，SELECT与FROM之间的内容主要是列名，例如：

```
SELECT quantity, price FROM Happydetail;
```

这是因为此前的需求仅通过检索列中含有的信息就可以满足。不过从本节开始，情况发生了变化，我们不仅会在SELECT与FROM之间输入列名，还会输入各种表达式，例如：

```
SELECT quantity, price, quantity*price AS 收益,
CONCAT(dishes, '*' , quantity) AS 名称数量
FROM Happydetail;
```

借助这条语句，我们想向各位说明的是，随着学习的不断深入，大家以后接触到的SQL语句也会越来越长，所以从现在开始，我们一定要尝试对SQL语句进行划分和梳理。简单来讲，就是要试着对SQL语句进行简化：

```
SELECT 列名, 列名, 表达式1, 表达式2 FROM Happydetail;
```

瞧，无论一个表达式有多长，它们在结构上都与列名相同。这就好比，虽然各个国家在面积、人口上差异甚大，但它们在国际社会上都拥有相同的国家主权。对长句进行简化能在很大程度上帮助我们厘清分析思路，我们将在以后的学习中向大家证明这一点。

4.2　神奇的变形咒语：CASE表达式

本节将要介绍一项非常灵活且通用的操作，就是CASE表达式。对CASE表达式的理解要建立在实际操作之上，所以话不多说，现在就让我们直入主题吧！

4.2.1　初识CASE表达式

其实CASE表达式就好比SQL语言中的"变形咒语"，它不仅形式变换灵活，而且适用的场景也极为广泛。事实上，CASE表达式是我们学习SQL的一项必备技能，巧妙运用它可以解决许多问题。

没错，正是如此！想必同学们一定都很想掌握这个神奇的变形咒语，不过在正式介绍CASE表达式之前，我们要一起来解决贾斯汀的一个小问题。

问题很简单，贾斯汀想知道卡路奇欧的这家餐厅一共有多少张餐桌。我建议大家在继续阅读之前，先自己动手试着解决一下。

其实只要你对表中的内容足够了解，而且非常清楚自己想要实现的目标，就可以运用已学知识回答贾斯汀的小问题，甚至能提供多种解决方案。例如，我们可以对Happyorder表中的餐桌号进行去重和排序：

（1）SELECT DISTINCT tab_num FROM Happyorder ORDER BY tab_num;

tab_num
1
2
3
4
5
6
7

那么，最后一行的结果就表示这家餐厅的餐桌数量，虽然它的本意是餐桌号。除此以外，我们还可以在此基础上对结果做降序处理，然后将输出行的数量限制为1：

SELECT DISTINCT tab_num FROM Happyorder ORDER BY tab_num DESC LIMIT 1;

tab_num
7

通过这个小例子，大家可以感受到，要想利用SQL去解决实际问题，还得依赖我们对各项操作的深刻理解。事实上，这些操作就好比一个个小扳手，它们的直接效果仅仅是拧紧螺丝，但我们要思考拧紧哪颗螺丝，以及使用哪种型号的扳手。对操作的理解越深刻，就越能对它们进行组合运用以解决更多的问题。

好了，言归正传，现在让我们来看看贾斯汀在得知餐桌数量以后要做些什么。

我想给各个餐桌取一个朗朗上口的花名，你知道的，这只是一些小小的必要修饰，因为报道中需要一些点缀来让读者们更感兴趣。名字我已经想好了，现在想请你帮忙在结果中体现出来，类似下面这样。

餐桌号	花名
1	海豚湾
2	鹭鸥滩
3	大堡礁
4	风暴角
5	饱餐一顿
6	吃好喝好
7	凑合一口

瞧，贾斯汀想让这些花名出现在检索结果中，不过由于它们并不是Happyorder表中的固有内容，所以单纯的检索操作肯定无法实现这一效果。在这种情况下就轮到CASE表达式大显身手了，我们将在例句（1）的基础上进行如下修改：

```
（2）SELECT DISTINCT tab_num,
CASE
WHEN tab_num = '1' THEN '海豚湾'
WHEN tab_num = '2' THEN '鹭鸥滩'
WHEN tab_num = '3' THEN '大堡礁'
WHEN tab_num = '4' THEN '风暴角'
WHEN tab_num = '5' THEN '饱餐一顿'
WHEN tab_num = '6' THEN '吃好喝好'
WHEN tab_num = '7' THEN '凑合一口'
END
AS 餐桌花名
FROM Happyorder ORDER BY tab_num;
```

tab_num	餐桌花名
1	海豚湾
2	鹭鸥滩
3	大堡礁
4	风暴角
5	饱餐一顿
6	吃好喝好
7	凑合一口

4.2.2　CASE表达式的一般使用原理

亲爱的同学们，请先放轻松，虽然例句（2）看起来有点儿长，但仔细观察你就会发现，其实它只是在例句（1）的基础上插入了一条CASE表达式。经过简化之后，它依然只是"一条小小鱼"：

```
SELECT DISTINCT tab_num, CASE表达式 FROM Happyorder;
```

由于ORDER BY不影响实际结果，因此在简化时可以直接去掉。

没错，虽然插入的CASE表达式很长，但其实它只是一条表达式，这与我们在上一节中学到的"quantity*price"及"CONCAT(dishes, '*', quantity)"一样。只不过CASE表达式的实现效果需要更多的修饰语句来进行说明。这就像在生活中，我们有时需要把话说到位才能将自己的观点表述清楚一样，而把话说到位往往不是只言片语能够实现的。

事实上，一条表达式的结构单位与一个列名相同。如果我们将SELECT与FROM之间的部分看作一个班级，那么列名就是班上的瘦学生，而CASE表达式则是班上的胖学生。无论胖学生的体形比瘦学生大多少，他们在老师眼中都只是一名学生。由于这条CASE表达式占用的整体空间过大，所以接下来我们将对它的结构进行分析，帮助大家更好地理解。

首先同学们会注意到，在例句（2）中，被红色标注的关键词CASE和END占据了整个表达式的一头一尾，大家不妨将它们的作用理解为对表达式进行开启和关闭（便于理解而已）。接着我们抽取一段被蓝色和绿色标注的部分：

```
WHEN tab_num = '1' THEN '海豚湾'
```

事实上，在例句（2）中，CASE表达式的本质就是进行信息变换，即将已有信息变换成目标信息。所以句式"WHEN...THEN..."传递的思路与"如果……，那么……"很贴近，如果餐桌号是"1"，那么就将其变换成对应的花名——海豚湾。

通过这一点，相信同学们可以感受到，其实CASE表达式也是一项以条件为依据而展开的操作，这一点与WHERE从句很像。由关键词WHEN引导的部分"WHEN tab_num = '1'"与WHERE从句"WHERE name='巴尔干甜豆'"类似。然而与WHERE从句不同的是，CASE表达式的操作原理并不是以条件为依据去查找并过滤信息，而是以条件为依据在找到信息之后进行相应的变换，最后将变换结果在显示栏输出。没错，结果中的"餐桌花名"正是CASE表达式创建出来的显示栏。

为了让显示栏的名称更加直观，我们一般会在CASE表达式之后追加使用AS进行重命名，类似的情况同学们已经在上节内容中遇到过，这里不再赘述。现在就请大家自己动手执行一下例句（2）吧！

相信通过动手练习，同学们已经初步感受到了CASE表达式的妙处。在继续深挖CASE表达式的更多奥妙之前，我们需要对例句（2）做一些补充讲解。

由于我们在例句（2）中使用了关键词DISTINCT，所以不排除可能会给大家造成一种误解：CASE表达式的变换对象是去重后的tab_num。事实上，情况并非如此。

相信同学们都还记得，DISTINCT的去重对象是输出行，这是因为MySQL对SELECT的执行顺位先于DISTINCT。也就是说，DISTINCT会等SELECT这只看不见的手完成数据抓取之后再进行去重，因此，CASE表达式的变换对象是整列tab_num含有的全部信息。因为例句（2）并不涉及数据的过滤，所以它的操作对象是整张Happyorder表。去掉例句（2）中的DISTINCT并执行，返回结果如下。

tab_num	餐桌花名
1	海豚湾
1	海豚湾
1	海豚湾
2	鹭鸥滩
2	鹭鸥滩
2	鹭鸥滩
3	大堡礁
3	大堡礁
4	风暴角
5	饱餐一顿
6	吃好喝好
7	凑合一口

瞧，这才是CASE表达式最初的变换结果。在以行为单位进行去重之后，就得到了例句（2）对应的返回结果。

我们对例句（2）的补充讲解就先到这里，希望这有助于大家厘清对SQL语句的分析思路。

4.2.3　不同的输出形式和对应效果

话说回来，既然我们能将CASE表达式称为SQL语言中的"变形咒语"，那么它的能耐肯定不止上面提到的那些。为了让大家对CASE表达式有更深刻的理解和更全面的掌握，我们接下来将在例句（2）的基础上进行一些调整。首先请同学们来看第一个调整方案对应的SQL语句：

```
（3） SELECT DISTINCT tab_num,
CASE WHEN tab_num = '1' THEN '海豚湾' END AS 餐桌花名1,
CASE WHEN tab_num = '2' THEN '鹭鸥滩' END AS 餐桌花名2,
CASE WHEN tab_num = '3' THEN '大堡礁' END AS 餐桌花名3,
CASE WHEN tab_num = '4' THEN '风暴角' END AS 餐桌花名4,
CASE WHEN tab_num = '5' THEN '饱餐一顿' END AS 餐桌花名5,
CASE WHEN tab_num = '6' THEN '吃好喝好' END AS 餐桌花名6,
CASE WHEN tab_num = '7' THEN '凑合一口' END AS 餐桌花名7
FROM Happyorder ORDER BY tab_num;
```

大家可以看到，这一次我们在检索语句中插入了多条CASE表达式。准确来讲，例句（3）中一共含有7条CASE表达式，而例句（2）中仅有1条，那么这会对应怎样的变换结果呢？下面让我们一起来看一看。

tab_num	餐桌花名1	餐桌花名2	餐桌花名3	餐桌花名4	餐桌花名5	餐桌花名6	餐桌花名7
1	海豚湾	NULL	NULL	NULL	NULL	NULL	NULL
2	NULL	鹭鸥滩	NULL	NULL	NULL	NULL	NULL
3	NULL	NULL	大堡礁	NULL	NULL	NULL	NULL
4	NULL	NULL	NULL	风暴角	NULL	NULL	NULL
5	NULL	NULL	NULL	NULL	饱餐一顿	NULL	NULL
6	NULL	NULL	NULL	NULL	NULL	吃好喝好	NULL
7	NULL	NULL	NULL	NULL	NULL	NULL	凑合一口

天啊！相较于之前，CASE表达式的变换结果发生了很大的变化。不得不说，这还真有一种阶梯式的美感呢！看来CASE表达式并非浪得虚名。下面就请MagicSQL来解释一下其中的原因吧！

其实这个结果的产生原因有很多，但其中最主要的是，由于一条CASE表达式的变换结果会对应一个显示栏输出，所以例句（3）中的7条CASE表达式就会相应地创建7个显示栏。其实在去掉例句（3）中的DISTINCT和ORDER BY之后，我们将看到最初的变换结果。

tab_num	餐桌花名1	餐桌花名2	餐桌花名3	餐桌花名4	餐桌花名5	餐桌花名6	餐桌花名7
1	海豚湾	NULL	NULL	NULL	NULL	NULL	NULL
2	NULL	鹭鸥滩	NULL	NULL	NULL	NULL	NULL
3	NULL	NULL	大堡礁	NULL	NULL	NULL	NULL
5	NULL	NULL	NULL	NULL	饱餐一顿	NULL	NULL
7	NULL	NULL	NULL	NULL	NULL	NULL	凑合一口
1	海豚湾	NULL	NULL	NULL	NULL	NULL	NULL
2	NULL	鹭鸥滩	NULL	NULL	NULL	NULL	NULL
4	NULL	NULL	NULL	风暴角	NULL	NULL	NULL
1	海豚湾	NULL	NULL	NULL	NULL	NULL	NULL
2	NULL	鹭鸥滩	NULL	NULL	NULL	NULL	NULL
3	NULL	NULL	大堡礁	NULL	NULL	NULL	NULL
6	NULL	NULL	NULL	NULL	NULL	吃好喝好	NULL

接着，由于DISTINCT的执行顺位先于ORDER BY，所以在对最初的变换结果进行去重之后，返回结果会发生如下变化。

tab_num	餐桌花名1	餐桌花名2	餐桌花名3	餐桌花名4	餐桌花名5	餐桌花名6	餐桌花名7
1	海豚湾	NULL	NULL	NULL	NULL	NULL	NULL
2	NULL	鹭鸥滩	NULL	NULL	NULL	NULL	NULL
3	NULL	NULL	大堡礁	NULL	NULL	NULL	NULL
5	NULL	NULL	NULL	NULL	饱餐一顿	NULL	NULL
7	NULL	NULL	NULL	NULL	NULL	NULL	凑合一口
4	NULL	NULL	NULL	风暴角	NULL	NULL	NULL
6	NULL	NULL	NULL	NULL	NULL	吃好喝好	NULL

最后根据tab_num从小到大的顺序通过ORDER BY对输出行进行排列，我们就会得到具有阶梯式美感的变换结果了，也就是例句（3）的返回结果。不过想必同学们都注意到了，结果中存在很多空值——NULL，这又是什么原因造成的呢？下面我们通过对例句（3）进行删减来回答这个问题。

```
SELECT DISTINCT tab_num,
CASE WHEN tab_num = '1' THEN '海豚湾' END AS 餐桌花名1
FROM Happyorder ORDER BY tab_num;
```

tab_num	餐桌花名1
1	海豚湾
2	NULL
3	NULL
4	NULL
5	NULL
6	NULL
7	NULL

瞧，这一次我们只保留了第一条CASE表达式，返回结果中的显示栏数量也相应地缩减为1个。同学们可以看到，在保留的CASE表达式中，由于我们要求它只负责对1号餐桌进行名称变换，而不对2~7号餐桌的名称做任何处理，所以在对应输出的显示栏里，2~7号餐桌的花名显示为空值，因为在语句中找不到相应的指定。

这样一来同学们就会知道，由于例句（3）中含有的7条CASE表达式都只顾对自己的目标餐桌进行名称变换，所以就产生了大量空值。现在先请同学们自己动手执行上述例句，然后我们来看看第二个调整方案又会带来怎样的惊喜。

现在命名规则发生了一些变化，伙计！我认为只需要给靠窗户的1~4号餐桌分别命名就行了，至于5~7号餐桌，可以将它们统一命名为"Happytable"。

哦？贾斯汀表示5~7号餐桌需要被统一命名为"Happytable"，其实这并不困难，因为我们仅需要对例句（2）的相关部分做出修改即可：

```
WHEN tab_num = '5' THEN 'Happytable'
WHEN tab_num = '6' THEN 'Happytable'
WHEN tab_num = '7' THEN 'Happytable'
```

没错，确实如此。不过这样做有些麻烦，我们还有更好的选择：由于tab_num列一共只有7个不同的数字（1~7），所以当我们对1~4号餐桌逐一命名之后，5~7号餐桌其实就是剩余的内容。先对1~4号餐桌命名：

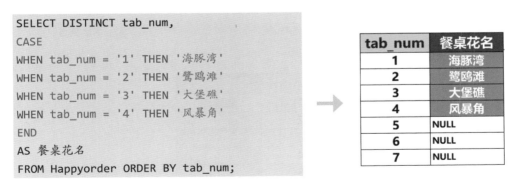

在这种情况下，我们仅需要在这条CASE表达式中追加使用关键词ELSE即可：

```
（4）SELECT DISTINCT tab_num,
    CASE
    WHEN tab_num = '1' THEN '海豚湾'
    WHEN tab_num = '2' THEN '鹭鸥滩'
    WHEN tab_num = '3' THEN '大堡礁'
    WHEN tab_num = '4' THEN '风暴角'
    ELSE 'Happytable'
    END AS 餐桌花名
    FROM Happyorder ORDER BY tab_num;
```

tab_num	餐桌花名
1	海豚湾
2	鹭鸥滩
3	大堡礁
4	风暴角
5	Happytable
6	Happytable
7	Happytable

其实关键词ELSE也是一条CASE表达式的组成部分，其作用是对未指定的剩余信息做统一的名称变换，只不过在有些情况下用不到它，所以会将其省略。再举个例子向大家说明：

```
SELECT DISTINCT tab_num,
CASE WHEN tab_num = '1' THEN '海豚湾'
END AS 餐桌花名1
FROM Happyorder ORDER BY tab_num;
```

tab_num	餐桌花名1
1	海豚湾
2	NULL
3	NULL
4	NULL
5	NULL
6	NULL
7	NULL

同学们可以看到，在这条CASE表达式中，我们要求它只负责对1号餐桌进行名称变换，所以2~7号餐桌就属于剩余的信息。要想消除显示栏中的空值，例如将它们统一变换成"卡路奇欧"，我们就会追加使用ELSE：

```
SELECT DISTINCT tab_num,
CASE WHEN tab_num = '1' THEN '海豚湾' ELSE '卡路奇欧' END AS 餐桌花名1
FROM Happyorder ORDER BY tab_num;
```

tab_num	餐桌花名1
1	海豚湾
2	卡路奇欧
3	卡路奇欧
4	卡路奇欧
5	卡路奇欧
6	卡路奇欧
7	卡路奇欧

好了，动手时间到！现在请同学们想办法对例句（3）进行改良，目的是得到以下显示效果。

tab_num	餐桌花名1	餐桌花名2	餐桌花名3	餐桌花名4	餐桌花名5	餐桌花名6	餐桌花名7
1	海豚湾	速	念	咒	真	不	赖
2	快	鹭鸥滩	念	咒	真	不	赖
3	快	速	大堡礁	咒	真	不	赖
4	快	速	念	风暴角	真	不	赖
5	快	速	念	咒	饱餐一顿	不	赖
6	快	速	念	咒	真	吃好喝好	赖
7	快	速	念	咒	真	不	凑合一口

4.2.4　CASE表达式的规律总结

相信上面的练习题一点也难不倒你，我们仅需要在例句（3）的每条CASE表达式中追加使用ELSE即可：

```
SELECT DISTINCT tab_num,
CASE WHEN tab_num = '1' THEN '海豚湾' ELSE '快' END AS 餐桌花名1,
CASE WHEN tab_num = '2' THEN '鹭鸥滩' ELSE '速' END AS 餐桌花名2,
CASE WHEN tab_num = '3' THEN '大堡礁' ELSE '念' END AS 餐桌花名3,
CASE WHEN tab_num = '4' THEN '风暴角' ELSE '咒' END AS 餐桌花名4,
CASE WHEN tab_num = '5' THEN '饱餐一顿' ELSE '真' END AS 餐桌花名5,
CASE WHEN tab_num = '6' THEN '吃好喝好' ELSE '不' END AS 餐桌花名6,
CASE WHEN tab_num = '7' THEN '凑合一口' ELSE '赖' END AS 餐桌花名7
FROM Happyorder ORDER BY tab_num;
```

通过以上几条例句的演示和变换，同学们会发现，用不同方式使用CASE表达式，我们会收获不同的显示效果。虽然这些显示效果看起来有相似之处，但它们又不尽相同。现在我们就来对CASE表达式的使用规律进行一番小结。

1. 在书写上，CASE表达式由关键词CASE开启，并由END关闭。

2. CASE表达式的一般使用情景是对已有的信息进行变换，这将通过句式"WHEN...THEN..."实现，表述思路与"如果……那么……"很贴近。当然，一条CASE表达式中可以含有一条或多条"WHEN...THEN..."句式。

3. 由于一条CASE表达式的变换结果会对应输出一个显示栏，所以有多少条CASE表达式就会创建多少个显示栏。

4. 如果我们想让变换结果集中出现在一个显示栏中，就要使用单条CASE表达式。这种用法的特点是，一条CASE表达式中往往含有多条"WHEN...THEN..."句式，如例句（2）。

5. 如果想让变换结果分散到不同的显示栏里，就要使用多条CASE表达式。这种用法的特点是，一条CASE表达式中一般只含有一条"WHEN...THEN..."句式，如例句（3）。

6. 在一条CASE表达式中追加使用ELSE，可以对未指定的剩余信息进行统一的名称变换。这是以显示栏为单位消除空值的好方法。

7. 在一般情况下，我们都会使用AS对CASE表达式创建的显示栏进行命名，这是为了获得更加直观的显示效果。

以上就是本节的主要知识点。不过知晓理论和实际运用之间往往存在差距，所以我们不妨再一起做两道练习题，巩固一下所学的内容。

前面我们学习了使用算术运算符来创建显示栏，例如，如果我们要计算出菜品的收益，可以写下这样一条SQL语句：

```
SELECT *, quantity*price AS 收益 FROM Happydetail;
```

menu_num	menu_item	dishes	quantity	price	收益
1001	1	冰火菠萝油	2	11.50	23.00
1001	2	海鲜大什扒	5	50.00	250.00
1002	1	烤鲱鱼	5	20.00	100.00
1002	2	烧味八宝饭	2	42.00	84.00
1002	3	风暴雷霆烈酒	2	19.00	38.00

为了节约显示空间，这里只截取了部分显示结果。事实上，CASE表达式不仅能以列（例如tab_num）中的信息为依据进行变换，还可以根据显示栏（收益）中的信息进行变换。举个例子来看：

我现在想根据收益多少划分出低、中、高3个级别，划分依据如下。

低：少于50元的开区间——(0,50)

中：处于50~100元的闭区间——[50,100]

高：多于100元的开区间——(100, +∞)

看来又到了动手练习的时间了。CASE表达式的实质是通过句式"WHEN…THEN…"来变换已有的内容。在动笔之前，我们要先思考以下4个问题。

1. 变换前的"已有内容"是什么？它将出现在WHEN的后面。

2. 变换后的"结果内容"是什么？它将出现在THEN的后面。

3. 如果想让变换结果集中出现在一个显示栏中，该怎样使用CASE表达式？

4. 如果想让变换结果分散到不同的显示栏中，该怎样使用CASE表达式？

其实变换前的已有内容指的就是变换的依据。在之前的案例中，CASE
表达式的变换依据是餐桌号，由于它们是表中的固有内容，所以相应的
表达就是 "WHEN tab_num = '餐桌号'"。

没错，然而在这个案例中，变换的依据是收益。收益并不是表中的固有内容，它们是一系列的计算结果，所以我们只能借助表达式进行描述 "WHEN quantity*price < '50'"。至于变换后的结果内容，它们就是 "低" "中" "高" 这3个级别了。因此句式 "WHEN…THEN…" 的完整写法为：

```
WHEN quantity*price < 50 THEN '低'
WHEN quantity*price BETWEEN 50 AND 100 THEN '中'
WHEN quantity*price > 100 THEN '高'
```

当完成这一步之后，就有两种选择摆在我们面前了。第一种是使用单条CASE表达式进行变换，第二种则是使用多条CASE表达式进行变换。如果选择前者，那么这3条 "WHEN…THEN…" 句式将共享一条CASE表达式：

```
SELECT *, quantity*price AS 收益,
CASE
WHEN quantity*price < 50 THEN '低'
WHEN quantity*price BETWEEN 50 AND 100 THEN '中'
WHEN quantity*price > 100 THEN '高'
END AS LEVEL
FROM Happydetail;
```

如果选择后者，那么每条 "WHEN…THEN…" 句式都将独享一条CASE表达式：

```
SELECT *, quantity*price AS 金额收益,
CASE WHEN quantity*price < 50 THEN '低' END AS LEVEL1,
CASE WHEN quantity*price BETWEEN 50 AND 100 THEN '中' END AS LEVEL2,
CASE WHEN quantity*price > 100 THEN '高' END AS LEVEL3
FROM Happydetail;
```

这两种选择将对应不同的输出效果。虽然使用单条或多条CASE表达式能带来不同的显示效果，但它们没有孰优孰劣之分，我们也只需选择更符合预期的用法即可。请大家分别执行以上两条语句，查看它们的变换结果吧！

好了，第一个练习我们就讲到这里，现在我们一起来看看第二个练习。

前面讲过，如果想利用dishes和quantity两列内容创建一个带有拼接效果的显示栏，就要使用对应的CONCAT函数，例如：

```
SELECT dishes, quantity, CONCAT(dishes, quantity) AS 名称数量 FROM Happydetail;
```

dishes	quantity	名称数量
冰火菠萝油	2	冰火菠萝油2
海鲜大什扒	5	海鲜大什扒5
烤鲱鱼	5	烤鲱鱼5
烧味八宝饭	2	烧味八宝饭2
风暴雷霆烈酒	2	风暴雷霆烈酒2

现在我想让CASE表达式以"名称数量"栏中的信息为依据进行变换。变换规则很简单，如果字段中含有"烤鲱鱼"，就把它变换成"招牌菜"；如果字段不含有"烤鲱鱼"，就把它变换成"其他菜肴"。

瞧，任务又来了。通过之前的讲解我们知道，根据变换前后的信息草拟出正确的"WHEN…THEN…"句式是使用CASE表达式的关键。没错，关键词WHEN后面是变换依据，而THEN后面是变换结果。事实上，这道题与之前的情况类似，其变换依据都不是表中的固有内容，而是显示栏中的信息，所以我们同样要借助表达式进行指定：

```
WHEN CONCAT(dishes, quantity)...THEN '招牌菜'
```

可以看到，此时的"WHEN…THEN…"句式还不完整，因为它只指定了变换依据存在的位置，也就是由CONCAT(dishes, quantity) 创建的显示栏，我们还要通过它进一步说明想找的是显示栏中的"烤鲱鱼"。

这里就是本题的难点了。由于在显示栏中，字段"烤鲱鱼"并不单独存在，而是与数量一起显示，如"烤鲱鱼5"，所以我们无法使用一般的等号进行指定，比如：

```
WHEN CONCAT(dishes, quantity) = '烤鲱鱼' THEN '招牌菜'
```

那么这时该怎么办呢？相信同学们还记得，我们之前提过，关键词WHEN引导的部分与WHERE从句的感觉很像，所以，既然WHERE从句可以使用LIKE进行模糊查询，那为什么WHEN不可以呢？就像这样：

```
WHEN CONCAT(dishes, quantity) LIKE '%烤鲱鱼%' THEN '招牌菜'
```

至于其他不含有"烤鲱鱼"的字段，我们仅需要使用ELSE做统一的名称变换即可：

```
SELECT dishes, quantity, CONCAT(dishes, quantity) AS 名称数量,
```

```
CASE WHEN CONCAT(dishes, quantity) LIKE '%烤鲱鱼%' THEN '招牌菜'
ELSE '其他菜肴' END AS 招牌
FROM Happydetail;
```

dishes	quantity	名称数量	招 牌
冰火菠萝油	2	冰火菠萝油2	其他菜肴
海鲜大什扒	5	海鲜大什扒5	其他菜肴
烤鲱鱼	5	烤鲱鱼5	招牌菜
烧味八宝饭	2	烧味八宝饭2	其他菜肴
风暴雷霆烈酒	2	风暴雷霆烈酒2	其他菜肴

好了，以上就是本节的全部内容。事实上，作为SQL语言中的"变形咒语"，CASE表达式的威力还不止于此。受制于大家目前掌握的操作，我们只能先介绍到这里，后期找准机会再做补充讲解。

4.3　千奇百怪的函数：MySQL的生物多样性

在本章的前几节中，我们陆续学习了一些函数的使用方法。通过之前的讲述，相信同学们可以感受到，函数就像一个个小工具，它们有各自的使用规范和对应功能。如果我们把SQL语言环境看作一个生态系统，那么与自然界的生物多样性一样，千奇百怪的函数也将呈现出多样的面貌。因此在本章的最后，我们将专门为大家介绍一些MySQL中的常用函数。

4.3.1　函数多样性的原因

首先从需求上讲。同学们都知道，自然界中的生态循环是由"食物链"和"食物网"构成的，这会保证不同形式的能量都被相应的动植物或微生物消化吸收。同样的道理，函数存在的意义是解决需求。由于我们的需求众多，因此，为了让这些需求都尽可能地被"消化"，函数的体量就必须达到某种与需求相平衡的规模。

除此以外，就像狮子和鬣狗都会捕食角马一样，对于某些需求，可以"消化"它们的函数也不止一个，所以这就又在一定程度上增加了函数的数量。

接着从RDBMS的角度来讲。相信同学们还记得，我们学习的MySQL只是主流RDBMS中的一个，其余还包括Oracle、SQL Server等。如果我们将不同的RDBMS看作不同的生态系统，那么与不同的生态系统中存在不同的生物一样，各个RDBMS支持的函数也会存在差异。

也就是说，为了解决相同的问题，我们在MySQL中可能会使用A函数，而在Oracle中则会使用B函数，且A、B两个函数可能只在自己的语言环境中才有效果。这是函数多样性的另一个原因。

最后我们从同一RDBMS中的同一函数视角来讲。事实上，为了丰富某些函数的运用，函数可能还会存在分支。例如我们之前学习过的CONCAT函数，它还有CONCAT_WS和GROUP_CONCAT这两个"亚种"，就好比狮子和老虎都属于猫科动物一样。

在对函数多样性的原因有所了解之后，我们要从何处下手学习呢？事实上，虽然函数的数量众多，但它们就像手机里的通讯录，经常保持联系的对象可能就那么几位。另外，虽然各个函数有自己的使用规范和功能，但根据它们处理的数据类型来看，可以将它们划分为3大类。

- 处理时间的函数。
- 处理字符串的函数。
- 处理数值的函数。

函数只是我们奉行"拿来主义"的小工具，所以理解它们并不困难。在接下来的学习中，我们将按照快进快出的方式，为大家尽可能多地介绍常用函数。同学们请根据例句来逐个操作，这样就能理解不同函数的功能和执行效果了。

4.3.2　处理时间的函数

时间函数的操作对象是时间节点：yyyy-mm-dd hh:mm:ss（年-月-日 时:分:秒）。

时间函数的主要功能是返回不同的时间节点、计算时间节点差、修改时间节点。

1. 返回时间节点的年份——YEAR函数

如果我们想返回时间节点"1992-12-31 14:29:37"的年份，那么对应的SQL语句和结果为：

```
SELECT YEAR('1992-12-31 14:29:37') AS 年份;
```

年份
1992

2. 返回时间节点的日期——DATE函数

如果我们想返回时间节点"1992-12-31 14:29:37"的日期，那么对应的SQL语句和结果为：

```
SELECT DATE('1992-12-31 14:29:37') AS 日期;
```

日 期
1992-12-31

3. 查看某时间节点的日期对应的是一年中的第几天——DAYOFYEAR函数

如果我们想查看时间节点"1992-12-31 14:29:37"是当年的第几天，那么对应的SQL语句和结果为：

```
SELECT DAYOFYEAR('1992-12-31 14:29:37') AS 第几天;
```

第几天
366

瞧，这些函数的用法都很相似。现在请同学们仿照以上例句对以下8个时间函数进行测试：MONTH、DAY、HOUR、MINUTE、SECOND、TIME、DAYOFMONTH及DAYOFWEEK。测试格式为：SELECT 函数名('1992-12-31 14:29:37')。

请写下你对它们功能的理解，大家也可以选择一些于你而言有纪念意义的时间节点进行测试。

除此以外，还有3个时间函数在使用时无须赋予参数：CURDATE、CURTIME和NOW。它们的测试格式为：SELECT 函数名()。同样请大家动手执行并写下你对它们功能的理解。

4. 利用时间函数进行过滤

事实上，有些时间函数还能配合WHERE从句进行过滤。为此我们准备了一张名为Happytime的简易表用来测试：

```
SELECT * FROM Happytime;
```

number	date	name
101	2005-03-09 09:08:07	James Bond
102	2005-03-10 17:45:03	Harry Potter
103	2005-05-20 13:15:23	Peter Parker
104	2005-06-16 16:24:36	野比大雄
105	2005-07-20 11:24:36	哆啦A梦
106	2005-08-26 16:24:36	Iron man

可以看到，date列记录的信息是时间节点。如果我们想返回2005年3月对应的行信息，那么就可以使用YEAR和MONTH函数对过滤条件进行修饰，因为可供我们使用的过滤条件只有"年"和"月"：

```
SELECT * FROM Happytime WHERE YEAR(date) = '2005' AND MONTH(date) = '3';
```

number	date	name
101	2005-03-09 09:08:07	James Bond
102	2005-03-10 17:45:03	Harry Potter

如果要返回从2005年5月初到2005年6月底对应的行信息，那么就要使用DATE函数：

```
SELECT * FROM Happytime
WHERE DATE(date) BETWEEN '2005-05-01' AND '2005-06-30';
```

number	date	name
103	2005-05-20 13:15:23	Peter Parker
104	2005-06-16 16:24:36	野比大雄

当然，如果我们想返回2005年7月20日当天的行信息，也要使用DATE函数：

```
SELECT * FROM Happytime WHERE DATE(date) = '2005-07-20';
```

number	date	name
105	2005-07-20 11:24:36	哆啦A梦

因为可供我们使用的过滤条件只有"年月日"，所以要使用DATE函数对过滤条件进行修饰。

5. 返回两个日期的间隔天数——DATEDIFF函数

如果我们想知道2022年4月3日与1992年12月31日之间的间隔天数，那么对应的SQL语句和结果为：

```
SELECT DATEDIFF('2022-04-03', '1992-12-31') AS 间隔天数;
```

间隔天数
10685

DATEDIFF函数的默认计算规则是，用前面的日期减去后面的日期。如果将两个日期对换位置，得到的结果将为负值。

6. 返回两个时间节点的间隔——TIMEDIFF函数

如果我们想知道下午3:30距离早上7:00过了多久，就可以使用TIMEDIFF函数，对应的SQL语句和结果为：

```
SELECT TIMEDIFF('15:30:00', '07:00:00') AS 时间间隔;
```

时间间隔
08:30:00

答案是8小时30分。所以请珍惜时间吧，亲爱的同学们，"花有重开日，人无再少年"，这句话可真的不是说说而已。

7. 顺时针向前修改时间节点——DATE_ADD函数

如果我们想在时间节点"2022-04-03"的基础上增加5天，就可以使用DATE_ADD函数并搭配INTERVAL：

```
SELECT DATE_ADD('2022-04-03',INTERVAL '5' day) AS 时光机;
```

时光机
2022-04-08

如果我们想在"2022-04-03"的基础上增加5年1个月，那么INTERVAL引导的赋值条件也会相应地发生变化：

```
SELECT DATE_ADD('2022-04-03',INTERVAL '5-1' year_month) AS 时光机;
```

时光机
2027-05-03

"year_month"（从年到月）用来标注修改的时间跨度。当然，时间跨度还能更长，比如同时增加5天4小时3分钟2秒，即从天跨到秒，此时要用day_second进行表述：

```
SELECT DATE_ADD('2022-04-03',INTERVAL '5 4:3:2' day_second) AS 时光机;
```

```
时光机
2022-04-08 04:03:02
```

8. 逆时针向后修改时间节点——DATE_SUB函数

在一般情况下，DATE_SUB函数的功能与DATE_ADD函数相反，它主要用来"回到过去"。例如，如果我们想将当下的时间节点回拨3小时2分钟1秒，那么对应的SQL语句为：

```
SELECT DATE_SUB(NOW(),INTERVAL '3:2:1' hour_second);
```

事实上，DATE_ADD函数也能实现相同的功能，只不过我们要使用负数进行表述：

```
SELECT DATE_ADD(NOW(),INTERVAL '-3:2:1' hour_second);
```

同理，DATE_SUB函数同样能取代DATE_ADD，方法同样是使用负数来表述：

```
SELECT DATE_SUB('2022-04-03',INTERVAL '-5-1' year_month) AS 时光机;
```

```
时光机
2027-05-03
```

读到这里同学们就会知道，其实DATE_SUB和DATE_ADD都能实现"顺时针向前"和"逆时针向后"调整时间的功能。只不过在角色互换以后，我们要使用负数进行表述。

除此以外，ADDDATE、ADDTIME、SUBDATE和SUBTIME函数也能用来调整时间节点，但它们没有DATE_ADD和DATE_SUB这两个带下画线的函数用起来得心应手，因此不再赘述。

时间函数就为大家介绍到这里，下面我们一起来看看处理字符串的函数。

4.3.3 处理字符串的函数

1. 根据左右方向，返回一定数量的字符——LEFT和RIGHT函数

```
SELECT LEFT('不行！好呀！',3) AS 交个朋友吧？;
```

```
交个朋友吧？
不行！
```

```
SELECT RIGHT('不行！好呀！', 3) AS 交个朋友吧？;
```

```
交个朋友吧？
好呀！
```

瞧，有时换个方向就会得到不同的答复。这两条语句都表示返回字符串"不行！好呀！"中的3个字符，只不过前者从左边起，后者从右边起。当然，如果字符串中含有空格，那么空格也算1个字符。其实LEFT和RIGHT函数也能用于检索语句，例如：

```
SELECT name, LEFT(name, 5) AS firstname, RIGHT(name, 5) AS lastname
FROM Happytime WHERE name REGEXP 'James';
```

name	firstname	lastname
James Bond	James	Bond

2. 定位字段的位置——LOCATE函数

如果我们想知道字段"fur"出现在字符串"Loo furfur"中的哪个位置，对应的SQL语句和结果为：

```
SELECT LOCATE('fur', 'Loo furfur') AS 第一次定位;
```

第一次定位
5

大家可以看到，结果显示字段"fur"出现在字符串"Loo furfur"从左边起的第5个字符处。然而字段"fur"在"Loo furfur"中出现了不止一次，那么我们该如何找到它第二次出现的位置呢？

```
SELECT LOCATE('fur', 'Loo furfur', 6) AS 第二次定位;
```

第二次定位
8

方法很简单，由于"fur"第一次出现的位置是左起第5个字符处，所以我们仅需要指定从第6个字符处开始匹配就可以了。另外，LOCATE函数还能用来过滤，例如：

```
SELECT * FROM Happytime WHERE LOCATE('Iron', name);
```

number	date	name
106	2005-08-26 16:24:36	Iron man

这条语句返回了name列中含有字段"Iron"的所在行，这种用法有些类似于模糊查询。

3. 返回剩余字段——SUBSTRING函数

```
SELECT SUBSTRING('RACING KAWASAKI', '7') AS 喜欢的摩托车;
```

喜欢的摩托车
KAWASAKI

这条语句表示，返回字符串 "RACING KAWASAKI" 从左边起第7个字符及后面的剩余字段。它还可以被进一步写成：

```
SELECT SUBSTRING('RACING KAWASAKI' FROM '7') AS 喜欢的摩托车;
```

当然，如果我们想返回的字段位置比较靠右，例如 "SAKI"，那么可以使用负数进行表述，这将指定从右边开始计数：

```
SELECT SUBSTRING('RACING KAWASAKI' FROM '-4') AS 粗尾猴;
```

粗尾猴
SAKI

不过话说回来，如果我们只想截取中间的部分字段，例如截取字段 "RACING" 和 "KAWA"，该怎么办呢？在这种情况下，我们就要通过句式 "FROM 位置 FOR 字符数量" 进行指定了：

```
SELECT SUBSTRING('RACING KAWASAKI' FROM '1' FOR '6') AS 竞赛;
```

竞赛
RACING

```
SELECT SUBSTRING('RACING KAWASAKI' FROM '8' FOR '4') AS 卡瓦;
```

卡瓦
KAWA

由于字段 "RACING" 的起始字符为字符串左数第1个字符，且字符数为6，因此我们可以使用 "FROM 1 FOR 6" 进行指定。如果我们选择从右边开始计数，那么语句会相应地变为 "FROM -15 FOR 6"。同理，字段 "KAWA" 处在左（右）数第8个字符处，且含有4个字符，因此可以通过 "FROM 8 FOR 4" 或 "FROM -8 FOR 4" 进行指定。

读到这里，相信同学们会对这种表述方式感到似曾相识。没错，当我们学习LIMITE的用法时，也会使用类似的 "LIMIT 5 OFFSET 3" 进行表述。

不仅如此，SUBSTRING也可以运用到检索语句中，例如截取name列的部分字段：

```
SELECT name, SUBSTRING(name FROM -3 for 2) AS 截取 FROM Happytime;
```

name	截 取
James Bond	on
Harry Potter	te
Peter Parker	ke
野比大雄	比大
哆啦A梦	啦A
Iron man	ma

4. 返回字符串的长度——LENGTH函数

```
SELECT LENGTH('www.NBA 艾弗森03.net') AS 总长度;
```

长度是字符串的重要指标，大家可以看到，结果显示字符串"www.NBA 艾弗森03.net"的长度为23。LENGTH函数的计算规则为，一个数字、字母、空格及标点符号（英文格式下）算一个单位长度，而一个汉字算3个单位长度（中文格式下的标点符号算3个单位长度）。

事实上，我们还可以用LENGTH函数进行过滤，例如：

```
SELECT * FROM Happytime WHERE LENGTH(name) < 10;
```

number	date	name
106	2005-08-26 16:24:36	Iron man

结果过滤掉了姓名长度大于10的行。除此以外，LENGTH也能搭配ORDER BY使用，进行排序：

```
SELECT * FROM Happytime ORDER BY LENGTH(name) DESC;
```

number	date	name
102	2005-03-10 17:45:03	Harry Potter
103	2005-05-20 13:15:23	Peter Parker
104	2005-06-16 16:24:36	野比大雄
101	2005-03-09 09:08:07	James Bond
105	2005-07-20 11:24:36	哆啦A梦
106	2005-08-26 16:24:36	Iron man

排序的依据是name列的字符串长度。通过这个例子，大家会发现，其实很多函数的使用非常灵活，它们能够扮演的角色也很多样化。

5. 反转字符串——REVERSE函数

```
SELECT REVERSE('你是年少的欢喜') AS 哇! ;
```

哇!
喜欢的少年是你

在实际操作中，有些函数可以嵌套使用，并产生叠加的输出效果，例如：

```
SELECT name, LEFT(name, 2) AS 姓氏, REVERSE(LEFT(name, 2)) AS 反转姓氏
FROM Happytime WHERE name REGEXP '野';
```

name	姓 氏	反转姓氏
野比大雄	野比	比野

6. 大小写转换——LOWER和UPPER函数

LOWER和UPPER函数非常实用，因为它们能实现大小写的转换，例如：

```
SELECT LOWER('HOLA') AS 大写转小写;
```

大写转小写
hola

```
SELECT UPPER('hello') AS 小写转大写;
```

小写转大写
HELLO

同样地，LOWER和UPPER函数也能应用于检索语句中，例如：

```
SELECT name, LOWER(name) AS 小写名称 FROM Happytime WHERE name REGEXP 'James';
```

name	小写名称
James Bond	james bond

```
SELECT name, UPPER(name) AS 大写名称 FROM Happytime WHERE name REGEXP 'James';
```

name	大写名称
James Bond	JAMES BOND

7. 去掉空格——LTRIM、RTRIM和TRIM函数

字符串"瓶里装的是杜松子酒！"的右侧末尾处有一个空格，因此字符串总长度为：

```
SELECT LENGTH('瓶子里装的是杜松子酒！ ') AS 长度;
```

长 度
32

10个汉字，外加1个标点符号（英文格式下）和1个空格，长度为10×3+1+1=32。现在我们准备使用RTRIM函数将空格去掉，并搭配LENGTH函数进行检验：

```
SELECT LENGTH(RTRIM('瓶子里装的是杜松子酒！ ')) AS 长度;
```

长 度
31

瞧，长度从32缩减到了31，这说明右侧末尾处的空格已经被去掉了。LTRIM函数的使用方法与RTRIM一样，不过它只能去掉字符串左边的空格。

那如果字符串的左右两边都有空格怎么办呢？这时就要使用TRIM函数了：

```
SELECT LENGTH(TRIM('    瓶子里装的是杜松子酒！    ')) AS 长度;
```

长 度
31

同学们可以看到，虽然字符串的左右两边都有空格，但它们都被TRIM函数去掉了，所以返回的字符串长度依然是31。

8. 替换字段——REPLACE函数

如果我们想将字符串"xyxy"中的"y"替换成"z"，可以使用REPLACE函数：

```
SELECT REPLACE('xyxy','y','z') AS 替换;
```

替换
XZXZ

事实上，REPLACE函数也能用来消灭空格：

```
SELECT REPLACE(' 晚上    一起    去看电影   吧！',' ','') AS 星期五;
```

星期五
晚上一起去看电影吧！

可以看到，由于原字符串的左右两边和内部都存在空格，所以单独使用TRIM函数是无济于事的。不过没有关系，这时我们可以使用REPLACE函数对空格进行替换，也就是用无空格替换空格。

除此以外，REPLACE函数也能应用于检索语句。例如，如果我们想把name列中的"哆啦A梦"换成"哆啦B梦"，那么对应的SQL语句为：

```
SELECT name, REPLACE(name,'A','B') AS 你好!
FROM Happytime WHERE name = '哆啦A梦';
```

name	你好!
哆啦A梦	哆啦B梦

处理字符串的常用函数就介绍到这里，最后我们一起来看看以数值作为处理对象的常用函数。

4.3.4　处理数值的函数

1. 四舍五入——ROUND函数

如果我们想在保留两位小数的情况下对数值"48.96515"进行四舍五入处理，那么对应的SQL语句为：

```
SELECT ROUND('48.96515','2') AS 四舍五入;
```

四舍五入
48.97

如果我们想遵守四舍五入的规则，对数值"48.96515"进行取整，那么参数"2"就会被修改为"0"：

```
SELECT ROUND('48.96515', '0') AS 四舍五入;
```

四舍五入
49

事实上，参数还可以是"0"以下的数字。如果我们想对数值"48.96515"的整数部分进行四舍五入，那么参数可以进一步被下调为"-1"：

```
SELECT ROUND('48.96515', '-1') AS 四舍五入;
```

四舍五入
50

"-1"表示对小数点的前一位进行四舍五入。

2. 截取数值——TRUNCATE函数

```
SELECT ROUND('48.96515', '2') AS 四舍五入,
TRUNCATE('48.96515', '2') AS 拦腰斩断;
```

四舍五入	拦腰斩断
48.97	48.96

同样是对数值"48.96515"做保留两位小数处理，但两个函数的执行结果却不尽相同。与ROUND基于四舍五入规则对数值进行取舍不同，TRUNCATE直接对数值进行截取，就像把一串数字给"劈"成两半。

当然，我们也可以将参数下调为0，这将直接"砍伐"整数部分：

```
SELECT ROUND('48.96515', '0') AS 四舍五入,
TRUNCATE('48.96515', '0') AS 砍砍伐檀兮;
```

四舍五入	砍砍伐檀兮
49	48

如果我们将参数进一步下调为"-1"，那么ROUND与TRUNCATE的执行结果差异将非常明显：

```
SELECT ROUND('48.96515', '-1') AS 四舍五入,
TRUNCATE('48.96515', '-1') AS 砍砍伐檀兮;
```

四舍五入	砍砍伐檀兮
50	40

事实上，关键词TRUNCATE不仅代指一个函数，它还是更新表中数据的一种方式。同学们将在后续的章节中看到。

3. 向上取整——CEIL函数

```
SELECT CEIL(48.0000000001) AS 向上取整;
```

向上取整
49

只要数值中存在不为0的小数，那么结果都是整数部分加1。

4. 向下取整——FLOOR函数

```
SELECT FLOOR(48.9999999999) AS 向下取整;
```

向下取整
48

无论数值中拥有怎样的小数部分，它们都会被直接抹去。没错，CEIL函数和FLOOR函数都不会遵循四舍五入规则。

5. 求余数——MOD函数

如果我们想计算出10除以3的余数，那么对应的SQL语句和结果为：

```
SELECT MOD(10, 3) AS 余数;
```

余 数
1

6. 求平方根——SQRT函数

如果我们想计算9的平方根（$\sqrt{9}$），那么对应的SQL语句和结果为：

```
SELECT SQRT(9) AS 开个根号;
```

开个根号
3

7. 计算乘幂——POWER函数

如果我们想计算10的4次幂（10^4）等于多少，那么对应的SQL语句和结果为：

```
SELECT POWER(10,4) AS 乘幂;
```

乘幂
10000

8. 返回绝对值——ABS函数

如果我们想得到数值0.8和-0.8的绝对值，那么对应的SQL语句和结果为：

```
SELECT ABS(0.8) AS 绝对值1, ABS (-0.8) AS 绝对值2;
```

绝对值1	绝对值2
0.8	0.8

9. 随机返回0和1之间的某个数——RAND函数

```
SELECT RAND() AS 随机数;
```

每次执行这条语句都将返回不同的结果，不过这些结果都是介于0和1之间的小数。若想随机返回0和10之间，或0和100之间的整数，就要配合CEIL函数或FLOOR函数进行上下取整：

```
SELECT CEIL(10*RAND()) AS 随机数1, FLOOR(100*RAND()) AS 随机数2;
SELECT CEIL(10*RAND()) AS 随机数1, CEIL(100*RAND()) AS 随机数2;
SELECT FLOOR(10*RAND()) AS 随机数1, FLOOR(100*RAND()) AS 随机数2;
```

10. 返回圆周率——PI函数

如果我们想返回圆周率，那么对应的SQL语句和结果为：

```
SELECT PI() AS 圆周率;
```

圆周率
3.141593

11. 三角函数——COS、SIN、TAN函数

如果我们想知道弧度为1的正弦、余弦和正切值，那么对应的SQL语句和结果为：

```
SELECT SIN(1) AS 正弦, COS(1) AS 余弦, TAN(1) AS 正切;
```

正弦	余弦	正切
0.8414709848079	0.5403023058681	1.5574077246549

三角函数经常会与PI函数一起使用。例如，如果我们要计算30度角的正弦值、60度角的余弦值和45度角的正切值，那么对应的SQL语句和结果为：

```
SELECT SIN(PI()/6) AS 正弦, COS(PI()/3) AS 余弦, TAN(PI()/4) AS 正切;
```

正 弦	余 弦	正 切
0.4999999999999	0.5000000000000	0.9999999999999

30度是π的1/6，60度是π的1/3，45度则是π的1/4。当然，为了让结果显示更加直观，我们还可以再加一层ROUND函数，目的是在保留一位小数的基础上对结果进行四舍五入：

```
SELECT ROUND((SIN(PI()/6)), '1') AS 正弦,
ROUND((COS(PI()/3)), '1') AS 余弦,
ROUND((TAN(PI()/4)), '1') AS 正切;
```

正弦	余弦	正切
0.5	0.5	1

以上就是本节的全部内容。虽然本节介绍的函数不算少，且它们都有各自的使用规范和对应功能，但是相信大家都能感受到，其实很多函数的使用方式都很类似：函数名（参数）。也就是通过对函数进行赋值，让它执行相应的操作。

就像之前说的那样，SQL语言中的函数就像一个个预先设定好的小工具，它们是我们奉行"拿来主义"的小扳手和小齿轮。所以对于函数的掌握，同学们还是要以实际需要为主，毕竟那些让我们烂熟于心的操作，往往都是我们经常会用到的。

第5章
聚集函数、窗口函数 与数据分组

Hi，亲爱的同学们，大家好！相信通过上一章的学习，大家都对函数的使用有了一定的认识和理解。函数就像一个个自动化的小工具，可以满足相应的普遍性需求。本章将继续由函数开启，它就是SQL语言中鼎鼎大名的聚集函数。

如果把函数清单看作手机里的通讯录列表，那么聚集函数一定就是我们联系最为频繁的对象了，这是因为它应对的需求最为普遍：计数、求和、计算均值、查找最大值和最小值。虽然聚集函数的功能一点儿也不深奥，但它们返回的统计指标能回答很多问题。举个例子，如果四年级四班的老师用表来记录班上学生的一次考试成绩，那么他通过计数就会知道一共有多少名学生参加了本次考试，再通过均值又会看到本次考试的平均分，最大值会告诉老师哪位学生应该受到表扬，最小值则可能会让成绩最差的学生回家挨批评。

但是请大家想象一下，如果四年级每个班的老师都共用一张表来记录考试成绩，那么单独使用聚集函数就会以整个年级为单位来返回对应指标了，而这并不利于各班老师分别分析自己班的考试情况。所以在这种情况下，我们就会（追加）使用GROUP BY来进行数据分组。其实

GROUP BY与聚集函数的协同使用频率非常高，可以说它们是天造地设的一对！大家将在5.2节和5.3节感受到这一点。至于窗口函数，同学们不妨事先将其视为加强版的信息排序，它会涉及PARTITION BY操作。

概括来讲，本章内容的主旨就是围绕数据分组来学习相应的操作。事实上，数据分组应该被视为一个泛词，因为ORDER BY、GROUP BY及PARTITION BY都在不同层面上具备这个功能。相信通过学习本章内容，同学们会对此有更加深刻的感悟。

5.1 使用聚集函数：返回一组数据的各项指标

本节将要介绍一类在SQL语言中使用非常频繁的函数——聚集函数。事实上，聚集函数与下一节将要学习的GROUP BY有着很高的协同使用频率，下面就让我们一起来认识常用的聚集函数吧！

5.1.1 什么是聚集函数

在生活中，我们时常会和各项指标打交道。比如，血常规化验单上的各项数据可以为医生的诊断提供依据；再比如，如果我们想大致了解某款汽车的动力性能，则可以参考这款车的发动机功率及峰值扭矩等信息；除此以外，企业的股东们可以通过资产负债表上的各科目余额，了解公司在某个周期内的经营情况。

这样的例子不胜枚举，因为与事件相关联的信息实在是太多了，所以要选择一些权威数据来回答我们最关心的问题。同样地，对于一组数据来讲，我们一般也会通过均值、最小值、最大值等指标来了解这组数据的整体情况。同学们在本节将要学习的聚集函数（Aggregate Function）就是用来返回这些指标的小工具，包括COUNT、SUM、AVG、MAX和MIN。

事实上，聚集函数在实际操作中的运用非常广泛，因为它们返回的数据指标可以间接回答我们的许多问题。

5.1.2 统计个数和统计行数：COUNT函数

随着天色渐暗，餐厅内的灯光也显得更加柔和，友好而亲密的氛围让顾客们放松地多喝了几杯。卡路奇欧大叔笑眯眯地看着此番场景，说道："我们的顾客来自码头的四面八方，大家都希望在忙碌了一天以后可以找个惬意的地方吃顿晚饭。看着他们在离开时不仅肚子饱了，还面带笑容，这对我来讲就是最大的快乐！"

没错，快乐往往意味着收获。对于卡路奇欧大叔来讲，经营餐厅收获的不仅是顾客的赞赏和笑容，当然还有不断攀升的订单量。这才是他面带微笑5小时而不知疲倦的动力源泉。不过话说回来，我们要怎样操作才能知道表中一共记录了多少个订单呢？

瞧，问题来了，现在需要我们根据表中的数据统计出订单数量。事实上，这一点儿也不难，只要你知道如何对问题进行正确的解读即可。想必同学们都还记得，

Happyorder表记录的是消费总览。所以餐厅每收到一个订单，Happyorder表中就会对应增加一行记录。这样一来，我们就可以通过统计整张Happyorder表的行数，来间接知晓订单数量：

（1）SELECT COUNT(*) AS 订单数量 FROM Happyorder;

订单数量
12

其实我们编辑一条能回答问题的SQL语句就像在绘画。毫无疑问，颜料的选择与搭配是创作的关键，而颜料就像我们掌握的SQL操作。说到底，颜料的本质功能其实就是自顾自地反射波长不同的光线，它们在间接展示我们内心对于描绘对象的理解。同样地，SQL语句也是在间接展示我们对于问题的解读。

好了，通过对Happyorder表的行数进行统计，我们知道了该餐厅一共收到了12个订单。现在请同学们来看另一个例子。

如果一家餐厅想要发展，那么就要获得更多顾客的认可。我们想知道在这些订单中，有多少是新顾客下的。

同样地，这一需求也无法通过SQL语句直接进行表述。但只要我们足够了解表中的数据，其实这也很容易解决。相信同学们没有忘记，在Happyorder表中存在一个"new_client"列。如果前来就餐的是新顾客，卡路奇欧就会在其中标记"Yes"，而如果是老顾客，则不标记，对应的是空值（NULL）。因此，我们只需要统计"new_client"列中"Yes"的个数，就能间接知晓答案：

（2）SELECT COUNT(new_client) AS 新顾客订单量 FROM Happyorder;

新顾客订单量
7

大家可以看到，我们将COUNT函数的参数由"*"换成了"new_client"。现在就请同学们自己动手执行一遍例句（1）和例句（2），然后我们会对COUNT函数的用法进行讲解。

5.1.3　COUNT(*)与COUNT(列名)的原理解释

本节我们一起来分析COUNT函数的用法。首先同学们要知道，COUNT的本意是

"计数"，只不过在SQL语言中，我们根据计数对象的不同，对COUNT的功能进行了细分：统计行数与统计个数。

 将*作为参数，COUNT(*)一般表示统计行数。这种用法的特点是，将"NULL"视为"有"。也就是说，COUNT(*)会把空值当作有效数据，从而将其纳入统计范围。

举例来讲，在例句（1）中，我们需要统计的是整张Happyorder表中的行数。然而表中却存在一些空值，例如在new_client列里。其实这些空值并不影响对整体行数的统计结果，因为MySQL将空值当成了有效数据。所以大家不妨这样理解：只要存在主键值，就算作一行。

 除此以外，我想你还要知道，COUNT(*)的统计对象并不一定总是整张表。举例来讲，如果我们事先对new_client列中的数据进行过滤，那么COUNT(*)将对过滤后的行数进行统计：

```
SELECT * FROM Happyorder WHERE new_client = 'Yes';
```

menu_num	order_time	tab_num	per_num	new_client
1002	2005-09-01 18:31:41	2	2	Yes
1004	2005-09-01 18:40:51	5	8	Yes
1006	2005-09-01 19:35:51	1	2	Yes
1008	2005-09-01 20:10:51	4	3	Yes
1010	2005-09-01 20:30:51	2	6	Yes
1011	2005-09-01 20:30:51	3	4	Yes
1012	2005-09-01 21:00:51	6	5	Yes

```
SELECT COUNT(*) AS 新顾客订单量 FROM Happyorder WHERE new_client = 'Yes';
```

新顾客订单量
7

没错，由于MySQL执行WHERE先于SELECT，所以在这条语句中，COUNT函数将会对保留行生成的虚拟表进行行数统计。而且这个统计结果也能间接告知我们新顾客订单量。我们再来看COUNT函数的另一个用法。

 将列名当作参数，COUNT(列名)一般表示统计个数。准确来讲，它会对某一特定列含有的有效信息进行个数统计。这种用法的特点是，把

"NULL"视为"无"。也就是说，COUNT(列名)会把空值当作无效数据，进而将其排除在统计范围之外。

举例来讲，在例句（2）中，COUNT(new_client)表示对new_client列包含的有效信息数进行统计。由于MySQL会将该列含有的空值视为"无"，所以"NULL"就不会被纳入统计，从而只返回有效列值"Yes"的个数。当然，过滤同样可能会影响统计结果：

```
SELECT COUNT(new_client) AS 新顾客订单量
FROM Happyorder WHERE new_client IS NULL;
```

新顾客订单量
0

通过以上讲解，同学们就会清楚，单纯使用COUNT(*)一般回答的问题是本次检索一共返回了多少行数据，且只要存在主键值就算作一行。而单纯使用COUNT(列名)解决的问题一般则是，通过本次检索，返回某列一共含有多少个有效列值（空值会被排除在外）。

不过话说回来，由于在有些情况下，COUNT(*)和COUNT(列名)能够实现相同的统计效果，所以它们两者的选择还是取决于空值：如果需要将空值视为有效数据（纳入统计范围），就选择前者；如果需要将空值视为无效数据（排除在统计范围之外），就选择后者。我们将在后续章节中通过GROUP BY为大家证明这两种用法的区别。

事实上，除了空值，重复值也是表中的特殊存在。在上一章中，贾斯汀要求我们告知他餐厅的餐桌数量。当时我们写下了一条SQL语句：

（3）`SELECT DISTINCT tab_num FROM Happyorder ORDER BY tab_num DESC LIMIT 1;`

其实当大家掌握了COUNT函数以后，就会发现例句（3）的写法有些麻烦了。因为我们仅需要对不含有重复值的餐桌号（tab_num）进行计数即可：

（4）`SELECT COUNT(DISTINCT tab_num) AS 餐桌数量 FROM Happyorder;`

在参数中追加使用DISTINCT，COUNT函数将会对去重后的有效列值进行统计。所以例句（4）也能间接回答贾斯汀的问题。当然，这两种方法没有孰优孰劣之分，毕竟它们体现的是不同的问题解决思路。

关于COUNT函数的用法就介绍到这里。下面我们一起来看看SUM函数能解决什么样的问题。

5.1.4 求和：SUM函数

顾客的用餐情绪高涨，这意味着他们会点更多的菜品，也意味着卡路奇欧大叔会笑得更加灿烂！那么你能计算出顾客们一共点了多少份菜品吗？

同样地，只要足够了解目标表，这个问题一点儿也不难。在Happydetail表中，菜品数量对应的是quantity列，所以我们只需将quantity列含有的数值相加即可。现在我们要做的不是统计个数或统计行数，而是求和，因此我们要使用对应的SUM函数：

（5）SELECT SUM(quantity) AS 菜品数量 FROM Happydetail;

同学们可以看到，SUM函数与COUNT函数的用法很类似，括号内的参数表示求和对象。然而SUM函数不接受将"*"当作参数，因为这样的求和指令没有意义。

当然，SUM函数也可以对过滤后的结果进行求和。例如，如果我们想单独查看1003号订单对应的菜品数量，则可以在例句（5）的基础上进行过滤：

（6）SELECT SUM(quantity) AS 菜品数量 FROM Happydetail WHERE menu_num = 1003;

瞧，就是这么简单。不过仅知道菜品数量还不足以满足卡路奇欧大叔的好奇心，因为收益才是他最关心的指标。那么，如果想进一步知道1003号订单带来了多少收益，该怎么操作呢？

想必同学们还记得，由于收益并不是Happydetail表中的固有内容，所以我们要通过表达式"quantity*price"进行计算。在这种情况下，我们可以让表达式充当参数，就像这样：

（7）SELECT SUM(quantity*price) AS 收益 FROM Happydetail
　　WHERE menu_num = 1003;

当然，如果想让结果同时返回1003号订单对应的菜品数量和收益，那么只需要在一条语句中使用多个SUM函数即可：

（8）SELECT SUM(quantity) AS 菜品数量, SUM(quantity*price) AS 收益
　　FROM Happydetail WHERE menu_num = 1003;

没错，就是这么灵活！相信同学们都可以很轻松地理解以上内容。SUM函数就介绍到这里，现在请大家自己动手执行上述例句，然后进入下一个聚集函数AVG的学习。

5.1.5 求均值：AVG函数

AVG函数的作用是计算均值。相信同学们都知道，均值的计算方法是，数据之和除以数据的个数。从这个角度来看，AVG兼有COUNT和SUM两者的运算步骤：求和并统计个数。现在请大家来看这样一个例子，我想要知道所有订单的平均用餐人数，你有什么好办法吗？

办法就是对Happyorder表中的per_num列求均值。以下两条例句将得到同样的计算结果：

```
（9）SELECT AVG(per_num) AS 平均用餐人数 FROM Happyorder;
（10）SELECT SUM(per_num)/COUNT(per_num) AS 平均用餐人数 FROM Happyorder;
```

平均用餐人数
3.5000

大家可以看到，例句（9）直接使用AVG函数，并将per_num指定为计算对象。而例句（10）则分别使用了SUM函数和COUNT函数，并将它们的结果相除得到均值。虽然从书写形式上看，例句（10）更显麻烦一些，但它其实能解决更多的问题。这是因为AVG函数存在一个小弊端：它只能单独计算一组数据的均值。换句话说，如果求和与统计个数的对象不是同一组数据，那么就只能分别使用SUM和COUNT函数来计算均值。

举个例子，如果我们要计算所有订单平均含有的菜品数量，使用AVG函数就无济于事了。因为求和对象是quantity列数据，而计数对象则是去重后的menu_num列数据。在这种情况下，我们只能分别使用SUM和COUNT函数来计算均值：

```
（11）SELECT SUM(quantity)/COUNT(DISTINCT menu_num) AS 平均菜品数量
    FROM Happydetail;
```

平均菜品数量
8.4167

也就是说，我们一方面需要使用SUM函数对quantity列求和，另一方面还需要使用COUNT函数对不含有重复值的menu_num列进行计数，最后让两者相除才能得到结果。

不过，在参数中使用DISTINCT并非COUNT函数的独有技能，AVG函数也有这项用法，这是因为AVG函数兼有"统计个数"的功能。有些时候，去重前后的均值结果可能会有所不同：

```
（12）SELECT AVG(DISTINCT per_num) AS 平均用餐人数 FROM Happyorder;
```

```
平均用餐人数
4.1429
```

　　瞧，例句（12）返回了与例句（9）不一样的结果。与SUM函数一样，AVG函数的计算对象也可以是算术表达式，如"AVG(quantity*price)"。好了，现在就请大家自己动手执行一遍上述例句吧。

5.1.6　求最大值与最小值：MAX函数和MIN函数

　　相信通过字面含义，大家就会知道MAX函数和MIN函数的作用。前者一般用来返回一组数据的最大值，而后者一般用来返回一组数据的最小值。

　　MAX和MIN的用法极其简单，如果我们想找到price列的最大值和最小值，那么对应的SQL语句如下：

```
（13）SELECT MAX(price) AS maxprice, MIN(price) AS minprice FROM Happydetail;
```

　　除此以外，MAX和MIN还能返回一组时间中距今最近和最远的时间点：

```
（14）SELECT MAX(order_time) AS 距今最近的时间点, MIN(order_time)
     AS 距今最远的时间点
     FROM Happyorder;
```

　　以上就是我们对5个常用聚集函数的介绍。事实上，聚集函数并不止这5个。如果有需要，大家还可以使用STD或STDDEV函数来返回一组数据的标准差，以及使用VARIANCE函数计算一组数据的方差。它们的用法与普通聚集函数的用法类似。

　　可能有同学会问：有没有求众数和中位数的聚集函数呢？很遗憾，MySQL中目前并没有与之相对应的函数。不过我们依然可以通过其他方式来间接获取。这些内容我们将在进阶实战部分为大家详细介绍。

5.2　GROUP BY数据分组：对数据进行打包处理

　　在本节中，我们将要学习一项非常重要的操作，就是使用GROUP BY对表中的数据进行分组。相信同学们都还记得，此前在介绍DISTINCT去重时，顺带讲过GROUP BY的用法，这是因为对数据进行分组能够间接实现去掉重复值的效果，例如：

```
SELECT location AS 城市 FROM Contact GROUP BY location;
```

城市
休斯敦
底特律
旧金山
波士顿
洛杉矶
爱丁堡
芝加哥
费城

其实GROUP BY在SQL语言中的运用非常普遍，尤其体现在它与聚集函数的搭配使用上。GROUP BY与聚集函数的组合就像梦之队，体现了通过集合打包的方法对表中的数据进行批量处理的思想，所以两者协同使用的频率非常高。相信同学们通过第一个案例，就能很快感受到数据分组的重要性。

5.2.1　数据分组的重要性

在上一节中，我们学习了5个常用的聚集函数：COUNT、SUM、AVG、MAX和MIN。聚集函数的作用是返回一组数据的某项指标，这些指标往往能间接回答某些实际问题。例如，如果我们想要知道Happyorder表中的订单总量是多少，那么方法之一就是使用COUNT函数对tab_num列包含的有效值进行统计：

（1）SELECT COUNT(tab_num) AS 订单总量 FROM Happyorder;

订单总量
12

如果我们想单独查看1号餐桌的订单量，就还要在例句（1）的基础上进行过滤：

（2）SELECT tab_num, COUNT(tab_num) AS 订单量 FROM Happyorder WHERE tab_num = '1';

tab_num	订单量
1	3

使用COUNT函数搭配WHERE从句，这个组合似乎非常奏效。但此时还看不出来哪里需要进行所谓的数据分组。

确实如此。如果我们想要挨个查看各餐桌的订单量，那么仅需更换例句（2）末尾处的过滤条件即可。但是相信同学们会发现，其实从效率上来讲，这并不是最明智的做法。如果卡路奇欧经营的这家餐馆一共有100张餐桌，那么逐个更换过滤条件会不会显得有些"愚公移山"了？而且例句（2）也只能单独返回不同餐桌的订单量。那么，有没有一种既快捷，又能汇总显示出各个餐桌订单量的办法呢？

其实在很多情况下我们都有更好的选择。请参考例句（1），其返回的结果是所有餐桌的订单总量。

现在请大家思考一下，如果我们能想办法让订单总量以不同餐桌号为根据展开（进行分组），不就能看到各个餐桌对应的订单量了吗？而这正是数据分组的适用情形。

（3）SELECT tab_num, COUNT(tab_num) AS 订单量
    FROM Happyorder GROUP BY tab_num;

tab_num	订单量
1	3
2	3
3	2
4	1
5	1
6	1
7	1

瞧，WHERE从句不见了，取而代之的是一条由GROUP BY引导的数据分组语句。想必同学们从它身上看到了ORDER BY的影子。没错，它们两者的使用方法很相近，只不过ORDER BY后面是排序的依据，而GROUP BY后面是数据分组的依据。由于在这个案例中，我们需要对订单总量（聚集结果）以不同餐桌号为依据进行分组，所以我们通过GROUP BY将tab_num指定成了分组的依据。

事实上，GROUP BY自带排序效果。同学们可以看到，返回结果是按照tab_num从小到大的顺序输出的。不过这并不妨碍我们再使用ORDER BY对结果进行二次排序：

SELECT tab_num, COUNT(tab_num) AS 订单量 FROM Happyorder
GROUP BY tab_num ORDER BY tab_num DESC;

tab_num	订单量
7	1
6	1
5	1
4	1
3	2
2	3
1	3

5.2.2 分组计算的产物与分组的原理

相信通过亲身体验，同学们都会对GROUP BY的展开功能大加赞赏！因为它不仅提高了操作效率，执行一次就返回了各个餐桌的订单量，还便于我们对数据进行比较和分析，例如瞧一瞧哪桌最热闹。不得不说，GROUP BY真是一位简单实用的好帮手！

确实如此！不过我要告诉大家，例句（3）之所以能一次性返回各个餐桌对应的订单量，并不是因为GROUP BY根据tab_num对订单总量做了展开处理，也不是因为它对订单总量进行了分配。事实上，例句（3）的返回结果是分组计算的产物。

没错！换句话来讲，例句（3）只是在表面上对订单总量做了展开处理，而所谓的展开处理操作也不是GROUP BY的真实用途。在这个案例中，GROUP BY的实际作用是改变（拆分）COUNT函数的统计对象。也就是说，GROUP BY通过对COUNT函数的统计对象进行拆分，从而间接实现了订单总量的分配。

现在我们不妨再次去掉例句（3）中的GROUP BY，然后观察结果的变化：

（4）SELECT tab_num, COUNT(tab_num) AS 订单量 FROM Happyorder;

tab_num	订单量
1	12

瞧，原本被展开的计数结果再一次聚集在了一起。事实上，在单纯使用聚集函数而不配合进行数据分组的情况下，例句（4）中COUNT函数的统计对象是tab_num列中含有的全部有效信息（空值除外），也就是所有餐桌号。然而当我们通过GROUP BY将tab_num指定为分组依据之后，COUNT函数就会以不同餐桌号为依据进行分组计算，也就是计算出不同餐桌号的个数，并分组返回结果：

（3）SELECT tab_num, COUNT(tab_num) AS 订单量
    FROM Happyorder GROUP BY tab_num;

tab_num	订单量
1	3
2	3
3	2
4	1
5	1
6	1
7	1

读到这里，同学们就会清楚，例句（3）和例句（4）结果差异的真正原因是：

COUNT函数的统计对象发生了改变。而这种改变源自GROUP BY对它的统计对象进行了拆分：原本是计算所有餐桌号的个数，而后则是分组计算不同餐桌号的个数。这样一来，统计对象就从一组数据变成了多组数据，返回结果自然也就被展开了。

事实上，虽然这个案例非常简单基础，但它很有代表性。因为GROUP BY与聚集函数的同步使用频率非常高，我们不妨在此做一番小结。

> 由于聚集函数的功能是返回一组数据的某项指标，所以要想改变聚集函数的计算结果，就要重新定义一组数据的范围。这正是数据分组的原因所在，也是GROUP BY的对应功能。概括来讲，GROUP BY的功能就是对整体数据中具有同一标签的信息做打包处理，这就像把一个班上的学生按照性别分成女生和男生一样。

在这个案例中，其实通过GROUP BY将tab_num指定为分组依据只是一个手段而已。这个手段的作用是改变COUNT函数的统计对象：将一组数据拆分成多组数据，将大组拆分为小组。这样一来，聚集函数就会以小组为单位进行统计，并分组返回统计结果。

没错！不过除此以外，我们还要告诉大家，其实使用聚集函数会在不经意间限制输出行的数量。例如，如果我们想在检索整张Happyorder表的基础上，再查看订单总量，那么我们就会顺手写下这样一条SQL语句：

```
SELECT *, COUNT(tab_num) AS 订单量 FROM Happyorder;
```

menu_num	order_time	tab_num	per_num	new_client	订单量
1001	2005-09-01 17:30:01	1	4	NULL	12

可以看到，虽然我们在检索中使用了通配符，但MySQL只返回了Happyorder表中的第一行数据。这是因为在此处，COUNT函数只会得出一项计算结果，所以单一的聚集结果就会将输出行的数量限制为1。这样一来，MySQL就被迫只能用一行信息来呈现检索对象，这也是例句（4）的结果只显示tab_num为"1"的原因所在。

事实上，在搭配使用GROUP BY和聚集函数的检索语句中，我们通常只会将分组依据指定为检索的对象，就像例句（3）那样。这是因为检索其他列可能会因信息显示不全而在横向上得出错误的对应关系。现在我们不妨做个小测试，让new_client列也加入例句（3）的检索队伍中：

```
SELECT tab_num, COUNT(tab_num) AS 订单量, new_client FROM Happyorder
GROUP BY tab_num;
```

tab_num	订单量	new_client
1	3	NULL
2	3	Yes
3	2	NULL
4	1	Yes
5	1	Yes
6	1	Yes
7	1	NULL

举例来讲，虽然2号餐桌对应3份订单是正确的，但结果却表示这3份订单全都来自新顾客（实际情况并非如此）。其实例句（4）结果的对应关系也存在问题，因为从横向上看，它似乎表示1号餐桌对应12份订单。

好了，相信通过以上讲述，同学们都对数据分组有了一定的认识。其实数据分组的思想在生活中也随处可见。下面我们将通过一个故事场景，帮助大家更好地进行理解。

天生丽质的奥蕾莉亚和许多年轻的漂亮姑娘一样，都愿意在穿着打扮上花费很多时间与金钱。虽然商场每个月都会打着"一年仅此一次"的口号进行促销，但奥蕾莉亚依然乐此不疲地积极响应。今天也不例外，在经过一下午的精心挑选以后，奥蕾莉亚总共在商场消费了2000元钱，购买了5件衣服。她现在正在与两位朋友分享购物后的喜悦。

"让我好好瞧瞧你都买了些什么。"一位梳着俏丽短发的姑娘打开了奥蕾莉亚的购物袋，她此刻专注的神情不亚于牛顿观察正在掉落的苹果，"喔！两条牛仔裤，两件运动背心，还有一条长裙，共计3种款式。我记得你好像有一条这样的黄颜色裙子吧？"（谁说不是呢？虽然它们的区别只是新和旧罢了。）

"麦克说他喜欢看我穿这种波希米亚风格的裙子，所以我又买了一条。"奥蕾莉亚解释说，脸上微微泛起了红晕，"不过这条是最新款！你瞧，它裙摆底部的缝线和走针很有特点。"（没错，确实很有特点，不过这种特点只有闭上眼睛用心观察才能发现。）

"你分别是在哪几家服装店买的这些衣服？"另一位梳着公主辫的金发女孩问道，她正在打量一条牛仔裤，"这种款式的牛仔裤真不错，我想我也可以买一条用来搭配海魂衫！"

"长裙和运动背心是在Bucky Cat买的，穿起来真的很舒服！牛仔裤是在KEE'S

买的，店里面正在打折。走吧，我陪你们再去逛一逛！"说完，三人就迈着势不可
当的步伐冲入了喧嚣的商场。

好了，故事讲完了。现在我们将根据其中的情节做一系列的显示变换。在一开
始，我们只知道奥蕾莉亚在商场共计购买了5件衣服，金额为2000元。

购买数量	金 额
5	2000

瞧，这就好比是一项聚集结果。由于它只能体现整体的情况，所以显示效果并
不细致。接下来，我们将从两个方面对它进行展开。首先是短发姑娘关心的衣服款
式。

衣服款式	购买数量	金额
长裙	1	900
牛仔裤	2	800
运动背心	2	300

接着是金发女孩关注的购买商店。

购买商店	购买数量	金额
Bucky Cat	3	1200
KEE'S	2	800

可以看到，指定不同的条件当作分组依据，我们就会得到不同的展开效果。这
是因为"衣服款式"和"购买商店"会将整体拆分成不同的计算单位，然后分组显
示对应的计算结果。但无论使用哪种展开方式，我们都得到了更加细致的结果反
馈。

好了，以上就是我们对分组的必要性及分组原理的讲解。接下来，我们将为大
家介绍GROUP BY搭配WHERE使用的情景。

5.2.3 分组前的数据过滤：使用WHERE过滤行

在例句（3）中，我们为了查看各个餐桌对应的订单量，就将整列tab_num含有
的全部数据都纳入了分组的范围：

```
（3）SELECT tab_num, COUNT(tab_num) AS 订单量
    FROM Happyorder GROUP BY tab_num;
```

然而我们并不总是希望将全部信息都纳入分组范围。例如，我们想查看除1号桌以外的其他餐桌的订单量；再比如，我们只想单独查看4、5、6号餐桌的订单量。那么在这种情况下，我们就会在数据分组之前先将表中的无关信息过滤掉：

```
（5）SELECT tab_num, COUNT(tab_num) AS 订单量
    FROM Happyorder
    WHERE tab_num NOT IN(1)
    GROUP BY tab_num;

（6）SELECT tab_num, COUNT(tab_num) AS 订单量
    FROM Happyorder
    WHERE tab_num IN(4,5,6)
    GROUP BY tab_num;
```

瞧，我们仅需在GROUP BY的前面追加一条WHERE从句，就能在数据分组之前开展相应的过滤操作了，这是因为MySQL对WHERE的执行顺位先于GROUP BY。

5.2.4 指定多个分组依据

相信同学们都还记得，如果我们想要同时将A、B两列中含有的信息指定为排序的依据，就会这样书写：ORDER BY A, B或ORDER BY B, A。事实上，GROUP BY也有类似的用法：GROUP BY A, B或GROUP BY B, A。这表示同时将A、B两列指定为分组的依据。

虽然在以上操作中，我们只是通过GROUP BY指定了单一的分组依据，但有时单一的分组依据无法得到更加细致的展开效果。举个例子来讲，根据上一个故事场景，大家会知道，天生爱美的奥蕾莉亚在商场一共花2000元购买了5件衣服，如果我们想知道她一共购买了几种款式的衣服，那么就需要将"衣服款式"指定为分组依据，展开结果如下。

衣服款式	购买数量	金额
长裙	1	900
牛仔裤	2	800
运动背心	2	300

而如果我们想要知道5件衣服都是在哪些商店买的，那么就需要将"购买商店"指定为分组依据了。

购买商店	购买数量	金额
Bucky Cat	3	1200
KEE'S	2	800

同学们可以看到，由于以上两种展开方式都只是将单一的某个信息当作分组依据，因此它们的对应结果都无法告诉我们：奥蕾莉亚分别在哪家商店购买了哪些衣服。事实上，在这种情况下，我们就需要同时将"衣服款式"和"购买商店"指定为分组依据了。

购买商店	衣服款式	购买数量	金额
Bucky Cat	长裙	1	900
Bucky Cat	运动背心	1	150
Bucky Cat	运动背心	1	150
KEE'S	牛仔裤	1	300
KEE'S	牛仔裤	1	500

瞧，奥蕾莉亚的购买信息就这样被进一步展开了，它清楚地显示了不同款式衣服对应的购买商店。那么接下来，我们就要在实际操作中对其进行应用了。

在Happydetail表中，menu_num列含有的信息是订单号，而quantity列记录的信息则是不同菜品的数量。现在如果我们想要计算出1001、1002和1003这3个订单对应的菜品数量合计，那么对应的SQL语句就会这样书写：

```
SELECT menu_num, SUM(quantity) AS 菜品数量
FROM Happydetail
WHERE menu_num IN(1001,1002,1003)
GROUP BY menu_num;
```

menu_num	菜品数量
1001	7
1002	9
1003	6

首先，由于我们只想查看1001、1002和1003这3个订单对应的相关信息，所以第一步要通过WHERE先将无关数据过滤掉：WHERE menu_num IN(1001,1002,1003)。接着，由于需要计算出菜品数量的总和，因此就要使用功能对口的SUM函数，且它的计算对象应该是quantity列含有的数值：SUM(quantity)。然而在不进行数据分组的情况下，SUM函数的计算对象是过滤后的整列quantity，因此我们又需要通过GROUP BY将menu_num指定为分组依据：GROUP BY menu_num。否则计算结果将会是3个订单的菜品数量之和，而这并不是我们想要的结果。

通过对这条语句的分析，相信同学们会更加清楚地意识到：无论是在书写上，还是在执行顺位上，WHERE都是排在GROUP BY前面的；当然，GROUP BY的执行顺位又排在SELECT的前面：

```
WHERE → GROUP BY → SELECT
```

接下来，如果我们想要在该结果的基础上再查看这3个订单中分别含有哪些菜品，那么毫无疑问地，dishes列就将被加入检索的队伍，因为它含有的内容正是新的目标信息：

```
SELECT menu_num, dishes, SUM(quantity) AS 菜品数量
FROM Happydetail
WHERE menu_num IN(1001,1002,1003)
GROUP BY menu_num;
```

menu_num	dishes	菜品数量
1001	冰火菠萝油	7
1002	烤鲱鱼	9
1003	干酪水饺	6

瞧，返回结果似乎表示：1001、1002和1003这3个订单中都只包含一种菜品。实际情况当然不会是这样的，我想没有哪一位顾客会一顿吃得下6份干酪水饺。事实上，dishes列含有的内容并没有被显示完整。原因想必同学们都很清楚，因为此处只有3个分组（1001、1002、1003），所以SUM函数就只会相应地返回3项计算结果，输出行的数量也会被限制为3。也就是说，无论dishes列含有怎样丰富的信息，它都只能被迫折叠显示。而显示出来的3份菜品名，它们都是1001、1002和1003这3个订单中第一行对应的菜品名。因此，如果我们想展开显示dishes列含有的菜品名称，就需要将它也指定为分组的依据：

```
SELECT menu_num, dishes, SUM(quantity) AS 菜品数量
FROM Happydetail
WHERE menu_num IN(1001,1002,1003)
GROUP BY menu_num, dishes;
```

menu_num	dishes	菜品数量
1001	冰火菠萝油	2
1001	海鲜大什扒	5
1002	烤鲱鱼	5
1002	烧味八宝饭	2
1002	风暴雷霆烈酒	2
1003	干酪水饺	3
1003	烤鲱鱼	3

可以看到，指定多个分组依据会让聚集函数的计算结果被进一步展开，从而获得更加细致的显示效果。但是请大家不要忘记，被展开的聚集结果依然是分组计算

的产物。而聚集结果之所以能被进一步展开，只能说明聚集函数的计算对象也被进一步切割成了更小的单位。如果我们把menu_num视为购买商店，将dishes看作衣服款式，那么这结果其实与奥蕾莉亚的购买信息非常贴近。

不过话说回来，虽然菜品数量被进一步展开了，但这与我们最初的需求有些背离。因为我们无法通过这一结果直观地了解到3份订单含有的菜品数量，那么这该怎么办才好呢？

5.2.5 配合使用WITH ROLLUP：贴心的小计与总计

别担心！我这里有一个汇总求和的小妙招分享给你！它就是WITH ROLLUP！虽然在此处GROUP BY指定了两个分组依据：menu_num和 dishes，但只要保证menu_num排在第一顺位就能解决你的问题。

```sql
SELECT menu_num, dishes, SUM(quantity) AS 菜品数量
FROM Happydetail
WHERE menu_num IN(1001,1002,1003)
GROUP BY menu_num, dishes
WITH ROLLUP;
```

menu_num	dishes	菜品数量
1001	冰火菠萝油	2
1001	海鲜大什扒	5
1001	NULL	7
1002	烤鲱鱼	5
1002	烧味八宝饭	2
1002	风暴雷霆烈酒	2
1002	NULL	9
1003	干酪水饺	3
1003	烤鲱鱼	3
1003	NULL	6
NULL	NULL	22

瞧，我们在语句的末尾又追加使用了一条新的句式——WITH ROLLUP。它的执行效果显而易见：绿色区域计算出了每个菜单号对应的菜品数量小计（正是我们需要的）；红色区域计算出了3个订单的菜品数量总计（附加赠送的大礼包）。当然，这里用颜色标注的区域只是为了方便大家查看，它们在实际结果中还是以行的形式存在的。

通过额外返回的4行信息，同学们可以看到，其实使用WITH ROLLUP也会带来一些副产物。没错，这4行信息在dishes列中对应的数据都是空值——NULL。虽然这不

太影响结果的质量，但我们依然可以采取一些措施将它做得更好一点。下面我们会使用IFNULL函数，请它把dishes列中的"NULL"替换为字段"总计"：

```sql
SELECT menu_num, IFNULL(dishes, '总计') AS dishes,
SUM(quantity) AS 菜品数量
FROM Happydetail
WHERE menu_num IN(1001,1002,1003)
GROUP BY menu_num, dishes
WITH ROLLUP;
```

menu_num	dishes	菜品数量
1001	冰火菠萝油	2
1001	海鲜大什扒	5
1001	总计	7
1002	烤鲱鱼	5
1002	烧味八宝饭	2
1002	风暴雷霆烈酒	2
1002	总计	9
1003	干酪水饺	3
1003	烤鲱鱼	3
1003	总计	6
NULL	总计	22

　　函数多样性的生态圈子就是这样繁荣，如果大家在以后的实际操作中遇到什么问题，不妨去查找一下是否有对口的处理函数。对于普遍性问题来讲，一般都有对应的解决方案。

　　除此以外，还有一点值得向大家说明：WITH ROLLUP和ORDER BY不能同时使用。至于其中的原因，同学们不妨这样考虑：在不使用ORDER BY进行排序的情况下，结果会整整齐齐地以组为单位返回，而这刚好就给WITH ROLLUP提供了明确的计算对象。

menu_num	dishes	菜品数量
1001	冰火菠萝油	2
1001	海鲜大什扒	5
1002	烤鲱鱼	5
1002	烧味八宝饭	2
1002	风暴雷霆烈酒	2
1003	干酪水饺	3
1003	烤鲱鱼	3

　　可如果我们使用了ORDER BY进行排序，例如根据菜品数量从少到多进行排列，那么排序单位就有可能被打乱，从而让WITH ROLLUP难以获取计算对象。

menu_num	dishes	菜品数量
1001	冰火菠萝油	2
1002	烧味八宝饭	2
1002	风暴雷霆烈酒	2
1003	干酪水饺	3
1003	烤鲱鱼	3
1001	海鲜大什扒	5
1002	烤鲱鱼	5

5.2.6 对空值分组：验证COUNT(列名)与COUNT(*)

相信同学们还记得，我们在介绍COUNT函数的使用方法时，明确地区分了它的两个使用目的：统计行数与统计个数。统计行数是将"*"当作函数参数，即COUNT(*)。这种用法的特点是，将空值当作有效数据纳入计算。也就是说，MySQL会将"NULL"视为"有"。而统计个数则是将某一列的"列名"当作函数的参数，即COUNT(列名)。由于这种用法只会统计某一列中含有的有效值的个数，所以它的特点是，将空值视为无效数据，也就是将"NULL"视为"无"，进而将其排除在计算范围以外。下面我们将通过一个案例为大家说明。

在Happyorder表中存在一个名为new_client的列。没错，这是卡路奇欧大叔为新顾客特设的一列信息。如果前来就餐的是新顾客，那么他就会在其订单上打上一个标记"Yes"；如果前来就餐的是老顾客，那么将不做记录。这样一来，new_client整列中就只含有两类数据：Yes（重复值）和NULL（空值）。现在我们要做的事情很简单：计算出new_client列中一共有多少个"Yes"和"NULL"。

毫无疑问，这需要对信息进行分组才能实现。具体来讲，我们会通过GROUP BY将new_client指定为分组依据，目的是为后续的分组计算做准备。事实上，如果被指定的分组单位中存在空值，那么空值将被单独编为一组，就像这样：

new_client	个 数
NULL	?
Yes	?

如果我们想要计算出空值的个数，就需要对COUNT函数的用法进行斟酌了。我们首先来尝试一下COUNT(new_client)能否达成这一目的：

```
SELECT new_client, COUNT(new_client) AS 个数
FROM Happyorder GROUP BY new_client;
```

new_client	个 数
NULL	0
Yes	7

哦？通过GROUP BY将"Yes"和"NULL"分为两组之后，COUNT(new_client)无法计算出空值的个数。

话说回来，统计个数的用法既然能排除无效值（空值）从而找到有效值，那么它为什么不能顺带计算一下无效值的个数呢？MySQL未免也有些太不近人情了吧。

没错，站在我们的角度来思考确实是这样。但是请同学们一定记住，当我们使用计算机去达成某一愿景时，一定要站在它的角度看待问题。要知道，计算机有时并不会认同那些在我们看来是理所当然的逻辑。事实上，这也是新手有时会认为计算机难以操作和交流的原因之一。

着眼此处，虽然COUNT(new_client)表示统计个数，但是将列名当作参数的用法特点却是将空值视为无效数据，进而将其排除在计算范围以外。因此，既然COUNT(new_client)会将new_client列含有的空值视为无，那么它当然就不会计算空值的个数了。下面我们再试试COUNT的另一种用法：

```
SELECT new_client, COUNT(*) AS 个数
FROM Happyorder GROUP BY new_client;
```

new_client	个 数
NULL	5
Yes	7

大家可以看到，虽然我们之前将COUNT(*)的使用目的定义为统计行数，但它却达成了目的。这是因为把"*"当作参数的使用特点是将空值当作有效数据纳入计算，也就是将"NULL"视为"有"。所以COUNT(*)就顺利地计算出了空值的个数。

通过这组对比，相信同学们一方面会加深对COUNT函数用法的理解，另一方面也会感受到，其实仅仅通过某一用法功能的字面描述，并不能解释所有的问题。所以我们一定要回归用法的纯粹操作逻辑上，这样才能从根本上去思考。

最后值得向大家指出，在GROUP BY的后面使用列别名是MySQL的一个特点，因为其他的RDBMS并不支持这种操作。

好了，以上就是本节的主要内容。不过在结束之前，还有一点需要事先告知大家。虽然通过以上案例可知，如果我们想展开一项聚集结果，需要通过GROUP BY重新指定分组依据的聚集函数操作，但是这并不代表聚集函数只能依赖GROUP BY来定义分组依据。事实上，GROUP BY的同门师兄弟PARTITION BY也能定义分组依据。同学们将在5.4节中清楚这其中的具体情况。

5.3 使用HAVING从句进行过滤："韦尔集团"的大麻烦

在上一节中，我们学习了GROUP BY的相关用法。虽然在日常操作中，GROUP BY与聚集函数的协同使用频率很高，但我们有时并不需要将表中的所有数据都纳入分组范围。在这种情况下，我们就会在数据分组之前使用WHERE从句将无关信息过滤掉。

不得不说，WHERE从句真是神通广大，因为到目前为止，它几乎是满足过滤需求的唯一选择。所以如果我们发挥想象力，将WHERE和GROUP BY视为两家企业——韦尔集团和古鹿普公司，那么毫无疑问，韦尔集团就是过滤行业的龙头老大，而古鹿普公司则是数据分组领域的翘楚。然而就在最近，这两家企业闹了点儿不愉快。有分析人士事后指出，这可能是韦尔集团由盛转衰的拐点。事实上，这家日不落企业上方的太阳正在悄然发生倾斜，而它的竞争对手也已经敏锐地嗅到了水果在变质时散发出的那一抹酒香……

5.3.1 分组后的数据过滤：使用HAVING过滤组

《过滤协议草案》之争：海威公司的翻盘之路

《胶囊时报》专栏作家彼得·帕撰稿

据知情人透露，在近期的三方会议上，古鹿普公司（GROUP BY.,Ltd）的掌门人弗拉基米尔毫不掩饰自己的愤怒，他当着海威公司（HAVING.,Ltd）代表人员的面，撕毁了之前与韦尔集团（WHERE.,Group）签署的《过滤协议草案》，并大声责问该集团的CEO路易吉·万帕："如果你们只拿得出手这点儿东西，那我们将与海威公司签订新的过滤协议！我可以告诉你们，海威公司在分组过滤方面非常在行！"

弗拉基米尔的指责让路易吉·万帕沉默良久。要知道，这位韦尔集团的CEO向来以言论高调著称，此前他曾这样毫不留情地抨击海威公司：

"绵羊再多对狮子也构成不了威胁，小打小闹成不了什么气候！他们只能去吃被市场淘汰的残渣碎片！"仿佛对准路易吉·万帕的不是一台台摄像机，而是一道道X射线，将他的自大狂妄完全展示出来。

然而刻意的贬低并不会影响有心人的脚步。如今韦尔集团的霸主地位正在被它口中的"绵羊"撼动。不过对于这位过气的龙头老大来讲，它应该对自己在行业中的地位丧失保持沉默，因为它的竞争对手曾在嘲讽声中奋发图强。

"只要时机成熟，笑声就会从另一边传来。道理就是这样简单。"有批评人士称，"韦尔集团的人好像已经失去了进取精神，他们此前匆忙与古鹿普公司签订《过滤协议草案》完全是为了避免这份合同落入海威公司的手中。然而时至今日，韦尔集团依然无法解决分组过滤的问题。这就像给弗拉基米尔开了一张空头支票，等到对方要求见票即付的时候，路易吉·万帕又耸耸肩表示'哦，好吧，现在我们什么也做不了……'"

一位不愿透露身份的韦尔集团技术人员在社交媒体上披露："公司的产品对分组完全没有概念。高高在上的领导层也根本没有意识到，仅以行为单位开展的过滤操作已经不能满足市场的需要了。我想正是这一点给了海威公司可乘之机。"

好了，亲爱的同学们，通过阅读这则新闻，想必你一定很想知道"海威公司"究竟代表一种怎样的操作，而它又是凭借什么样的本领撼动了"韦尔集团"的霸主地位。事实上，这一切的原因还要从数据分组说起。

虽然聚集函数会通过GROUP BY指定的分组依据进行分组，但是有些时候，我们并不需要MySQL将每一组对应的计算结果都返回显示。在这种情况下，当聚集函数计算出各组的结果之后，我们还要想办法过滤掉不符合条件的组。

换句话来讲，在这个节骨眼上，我们需要的是"以组为单位"开展的过滤操作。然而大家都知道，WHERE的操作对象是行，它是"以行为单位"进行过滤的。这也是WHERE对分组没有概念的原因。这样一来，这项分组后的过滤任务就只能交给HAVING来完成了，因为它能够"以组为单位"开展过滤操作。

没错，正是这样。下面我们将通过一个例子为大家说明：

```
（1）SELECT tab_num, COUNT(tab_num) AS 订单量 FROM Happyorder GROUP BY tab_num;
```

tab_num	订单量
1	3
2	3
3	2
4	1
5	1
6	1
7	1

大家可以看到，例句（1）返回了各个餐桌对应的订单量，且每一个餐桌编号就代表一个小组。现在如果我们想去掉订单量小于2的结果，就要在例句（1）的基础上追加使用HAVING从句：

（2）SELECT tab_num, COUNT(tab_num) AS 订单量 FROM Happyorder
    GROUP BY tab_num
    HAVING COUNT(tab_num) >= 2;

tab_num	订单量
1	3
2	3
3	2

瞧，HAVING从句要写在GROUP BY的后面。无论是在书写上，还是执行顺位上，GROUP BY都先于HAVING。

值得指出，虽然从字面上看，HAVING是以聚集函数的计算结果为依据进行过滤的：HAVING COUNT(tab_num) >=2，但是请同学们不要忘了，这些结果可都是分组计算的产物。所以通过这种方式，HAVING就间接将订单量小于2的组给过滤掉了。除此以外，在HAVING从句中同样可以使用别名：

（3）SELECT tab_num, COUNT(tab_num) AS 订单量 FROM Happyorder
    GROUP BY tab_num
    HAVING 订单量 >= 2;

tab_num	订单量
1	3
2	3
3	2

通过例句（2）和例句（3）的返回结果，我们就会知道符合条件的组对应的tab_num为1、2、3。其实HAVING也能以它们作为条件进行过滤：

（4）SELECT tab_num, COUNT(tab_num) AS 订单量 FROM Happyorder
    GROUP BY tab_num
    HAVING tab_num IN (1,2,3);

tab_num	订单量
1	3
2	3
3	2

5.3.2　WHERE的不完美替代品

事实上，以"组"为单位开展的过滤操作并非海威公司的唯一业务。商业间的激烈竞争很难做到见好就收，尝到甜头的海威公司已经开始"染指"韦尔集团的其他业务了。

虽然到目前为止，大家都习惯使用WHERE进行过滤，但其实有很多WHERE从句都能被HAVING从句取代：

```
SELECT * FROM Happydetail HAVING price > '40';
SELECT * FROM Happydetail HAVING price > '40' ORDER BY price LIMIT 3;
SELECT * FROM Spice HAVING color = '黑' AND status = '鸭嘴';
SELECT * FROM Chaos HAVING Y LIKE '%toy%';
```

不过HAVING并不能完全取代WHERE。举个例子，如果想通过HAVING从Happydetail表中过滤出单价大于40元的菜品，那么对应的SQL语句就会是这样的：

```
（5）SELECT dishes FROM Happydetail HAVING price > 40;
```

事实上，例句（5）并不会返回任何信息，因为MySQL会报错。大家动手尝试之后，就会看到MySQL发来一条这样的反馈：Unknown column 'price' in 'having clause'。MySQL似乎认为HAVING从句中的"price"是一个未知列。这该怎样理解呢？

实话告诉你吧，price列之所以未知是因为它没有被检索出来，也就是它没有出现在SELECT的后面。所以你必须要把price列也加入检索，例句（5）才会奏效：

```
（5）SELECT dishes, price FROM Happydetail HAVING price > 40;
```

没错，正是如此！所以读到这里，大家就会明白，WHERE的过滤对象是表中的行，而HAVING的过滤对象则是显示结果中的行或者组。因此，如果我们想用HAVING来取代WHERE，那么就要满足一个前提：HAVING从句中过滤条件的所属列，必须能被检索出来。不得不说，这是海威公司的一个短板，而路易吉·万帕抓住了这一点并给予了反击。

这显然不是一个成熟的产品，海威公司只求把它做到及格线就拿出来售卖，这真的很不负责任。要我说，这种多此一举的操作，就像你走进一家医院去做简单的心肺测试。然而医生却摇着头跑来告诉你，他们需要把你的心肺从胸腔里挖出来才能进行检测。朋友们，韦尔集团才是过滤行业的龙头老大，你们将在下一章见到我们公司的另一项核心产品！

5.3.3　"三巨头"的会面：同时使用WHERE、GROUP BY 和HAVING

虽然商业间的竞争非常残酷，但很少有公司能够强大到独当一面。所以在有些时候，必要的合作终究还是少不了的。那么接下来，我们就将详细为大家说明，当WHERE、GROUP BY和HAVING同时出现在一条语句中时，它们各自的角色是怎么样的。一起来看这样一个问题。

你能不能告诉我，除了1号餐桌，还有哪些餐桌的订单量超过了2?

当然，不过我想最好还是分步进行解答。首先我们要使用WHERE对Happyorder表中的数据进行过滤，目的是将1号餐桌排除在外。

（6）SELECT * FROM Happyorder WHERE tab_num <> '1';

menu_num	order_time	tab_num	per_num	new_client
1002	2005-09-01 18:31:41	2	2	Yes
1003	2005-09-01 18:35:51	3	3	NULL
1004	2005-09-01 18:40:51	5	8	Yes
1005	2005-09-01 18:48:51	7	1	NULL
1007	2005-09-01 19:40:51	2	3	NULL
1008	2005-09-01 20:10:51	4	3	Yes
1010	2005-09-01 20:30:51	2	6	Yes
1011	2005-09-01 20:30:51	3	4	Yes
1012	2005-09-01 21:00:51	6	5	Yes

在经WHERE对整张表中的数据进行筛选之后，我们就可以着手指定检索对象了：

（7）SELECT tab_num, COUNT(tab_num) AS 订单量 FROM Happyorder
　　WHERE tab_num <> '1';

tab_num	订单量
2	9

大家可以看到，在单纯使用聚集函数而不配合数据分组的情况下，聚集函数就会将整体作为计算对象，并仅得出一个计算结果，而且这个结果还会在不经意间被限制输出的行数。因此，若想查看各个餐桌的订单量，我们就要通过GROUP BY去重新定义一组数据的信息范围。这样才能改变聚集函数的计算结果，并间接获得展开效果：

```
（8）SELECT tab_num, COUNT(tab_num) AS 订单量 FROM Happyorder
    WHERE tab_num <> '1'
    GROUP BY tab_num;
```

tab_num	订单量
2	3
3	2
4	1
5	1
6	1
7	1

最后，由于我们只想知道哪些餐桌的订单量大于2，因此最后一步就是使用HAVING，因为它能以组为单位进行过滤：

```
（9）SELECT tab_num, COUNT(tab_num) AS 订单量 FROM Happyorder
    WHERE tab_num <> '1'
    GROUP BY tab_num
    HAVING 订单量 > '2';
```

tab_num	订单量
2	3

讲到这里，我们不妨再对WHERE、GROUP BY和HAVING各自的角色进行一番梳理。

首先，WHERE会将表中不满足条件的行过滤掉。

接着，GROUP BY再对剩余信息进行分组。

然后，聚集函数会以组为单位进行计算。

最后，HAVING会将不满足条件的组过滤掉。

当然，如果我们把该过程看作一家公司的4位决策者提拔优秀员工的过程，那么4位决策者的发言顺序和讲话内容大概如下。

首先是WHERE："由于公司员工众多，没办法让所有人都参加选拔，因此我制定了一项标准，它会先将不符合条件的员工给PASS掉。"

接着是GROUP BY："为了考查员工的团队合作能力，我会按照一定的标准对入围者进行分组。"

然后是聚集函数："我会根据各组的表现来评估他们的工作能力，并给出相应的评分。"

最后才轮到HAVING："我会根据评分结果，决定哪些组会被淘汰出局。"

好了，以上就是本节的主要知识点，我们来做一番小结。

1. 使用GROUP BY进行数据分组只是一个手段，它的作用是重新定义一组数据的信息范围，并改变聚集函数的计算对象，也就是将整体拆分成更小的计算单位。

2. 我们有时并不希望将表中含有的全部内容都纳入分组的范围，所以在分组之前就要使用WHERE对表中的数据进行过滤。

3. 我们有时并不希望每一组对应的聚集结果都返回显示，所以在分组之后会使用HAVING对计算结果进行过滤。

4. 在一般情况下，当WHERE和HAVING同时出现时，前者的过滤对象是表中的行，而后者的过滤对象是结果中的组。

很多初学者都表示，明明掌握了相应的用法，但还是不会使用。这是什么原因造成的呢？事实上，在我们着手书写SQL语句之前，重要的是对需求进行解读。因为只有理解了需求，才能用相应的SQL语句进行表达。然而解读需求和书写SQL语句都有一个过程，我们往往不会在第一时间就对需求有完整而深刻的理解，因此SQL语句的书写也会面临不断调整，需求越复杂就越是如此。所以大家不必强行要求自己一步到位，其实很多可靠的SQL语句都是反复调试的结果。通过本节最后一个案例的逐步演进，相信大家可以感受到这一点。

5.4　窗口函数：等级、累计与拆分

本节将介绍和窗口函数有关的操作。事实上，MySQL自8.0版本才开始支持窗口函数，所以说这是一个MySQL中的新兴操作。因此在学习本节内容之前，请大家务必先检查自己安装的MySQL版本。严格来讲，本节依然是数据分组的延伸。在SQL语言中，其实"数据分组"是一个泛词，它泛指对表中具有同一标签的数据进行打包处理的操作。

通过之前的学习，相信一聊到"数据分组"大家就会想到GROUP BY。没错，由

GROUP BY与聚集函数组成的梦之队可以解决很多通用问题。然而这个梦之队并不能解决所有与数据分组有关的问题，归根结底，这还是与GROUP BY的分组方式有关。所以在本节中，我们将引入不同的分组方式，然后为大家介绍窗口函数的适用情景与使用规范。

5.4.1　初识窗口函数语法

杂货商吉姆最近心情很好，因为他进购的商品取得了不错的销售成绩，请看"杂货铺"表。

商品编码	商品名	商品种类	售价	销量
101	狼牙飞盘	魔法笑料	20.00	56
102	《与食素吸血鬼结伴旅行》	趣味书籍	42.00	24
103	秋千椅	生活用品	60.00	48
104	口袋餐桌	生活用品	38.00	106
105	臭蛋	魔法笑料	2.00	398
106	《威廉·克里斯托弗：击球手的黄金准则》	趣味书籍	62.00	79
107	月亮台灯	生活用品	30.00	119
108	打嗝粉	魔法笑料	5.00	94
109	《龋齿狼人的第十二夜》	趣味书籍	42.00	8

同学们可以看到，这张名为"杂货铺"的表中记录了不同商品的售价和销量。虽然商品名各不相同，但它们有些却属于同一商品种类。例如狼牙飞盘和臭蛋都属于"魔法笑料"。现在如果我们想要对这张表中的数据进行分组整理，目的是让同一种类的商品被编排在一起，就需要使用ORDER BY：

（1）`SELECT * FROM 杂货铺 ORDER BY 商品种类;`

商品编码	商品名	商品种类	售价	销量
103	秋千椅	生活用品	60.00	48
104	口袋餐桌	生活用品	38.00	106
107	月亮台灯	生活用品	30.00	119
102	《与食素吸血鬼结伴旅行》	趣味书籍	42.00	24
106	《威廉·克里斯托弗：击球手的黄金准则》	趣味书籍	62.00	79
109	《龋齿狼人的第十二夜》	趣味书籍	42.00	8
101	狼牙飞盘	魔法笑料	20.00	56
105	臭蛋	魔法笑料	2.00	398
108	打嗝粉	魔法笑料	5.00	94

不得不说，虽然ORDER BY的作用是排序，但它的这个功能却能间接实现数据分组的效果。接着，如果我们要让各个商品按照售价高低进行同组比较，那么只需再将"售价"指定为排序键即可：

（2）SELECT 商品名，商品种类，售价 FROM 杂货铺 ORDER BY 商品种类，售价 DESC;

商品名	商品种类	售价
秋千椅	生活用品	60.00
口袋餐桌	生活用品	38.00
月亮台灯	生活用品	30.00
《威廉·克里斯托弗：击球手的黄金准则》	趣味书籍	62.00
《与食素吸血鬼结伴旅行》	趣味书籍	42.00
《龋齿狼人的第十二夜》	趣味书籍	42.00
狼牙飞盘	魔法笑料	20.00
打嗝粉	魔法笑料	5.00
臭蛋	魔法笑料	2.00

以生活用品组为例，我们可以清楚地看到售价最高的商品是秋千椅，售价最低的商品是月亮台灯。其实，一般涉及数值大小的排序结果，往往都隐藏着等级。所以，如果我们还想进一步以组为单位让结果按照售价高低显示出等级，该怎么办呢？在这种情况下，我们就要使用窗口函数了：

（3）SELECT 商品名，商品种类，售价，
RANK() OVER (PARTITION BY 商品种类 ORDER BY 售价 DESC) AS 等级
FROM 杂货铺;

商品名	商品种类	售价	等级
秋千椅	生活用品	60.00	1
口袋餐桌	生活用品	38.00	2
月亮台灯	生活用品	30.00	3
《威廉·克里斯托弗：击球手的黄金准则》	趣味书籍	62.00	1
《与食素吸血鬼结伴旅行》	趣味书籍	42.00	2
《龋齿狼人的第十二夜》	趣味书籍	42.00	2
狼牙飞盘	魔法笑料	20.00	1
打嗝粉	魔法笑料	5.00	2
臭蛋	魔法笑料	2.00	3

瞧，结果中新出现了一个名为"等级"的显示栏。没错，这个显示栏正是由窗口函数RANK所创建的。虽然创建"等级"显示栏对应的SQL语句有点长，但它的字面含义还是非常直观的。

首先，由于我们需要对各个商品进行同组对比，所以需要通过PARTITION BY将"商品种类"指定为分组单位：PARTITION BY 商品种类。接着，由于同组商品的比较方式是按照售价从高到低，那么这就有了ORDER BY 售价 DESC。最后，RANK函数会以组为单位，再根据商品的售价高低进行等级划分。事实上，例句（3）中的表达式几乎就是运用窗口函数的固定模板：

```
窗口函数() OVER (PARTITION BY 分组单位 ORDER BY 等级划分的依据) AS 显示栏名称
```

读到这里，相信有的同学会感到疑惑：我看窗口函数的后面与其他函数一样带有小括号，这应该是接收参数的地方，可它为什么是空的呢？

原因其实很简单，因为我们在使用专用窗口函数（RANK/DENSE_RANK/ROW_NUMBER）时，无须向它们传递参数。这是专用窗口函数的一个特点，大家不妨将这些小括号视为连带的必要修饰成分。

没错，这对小括号就像喇叭裤的宽大裤脚，视觉冲击是有的，但功能性就另当别论了。

5.4.2　不一样的ORDER BY

我们都知道ORDER BY的功能是排序，而且在例句（3）的结果中也确实体现了这一点。但是不得不说，例句（3）的返回结果存在一定的误导性，因为它会让我们误以为RANK函数是根据排序的先后进行等级划分的。事实上，RANK函数的等级划分依据并不是售价的排序先后，而是售价的高低。为了让大家更好地理解，我们不妨对例句（3）的显示效果进行一些调整：

商品名	商品种类	售价	等级
月亮台灯	生活用品	30.00	3
秋千椅	生活用品	60.00	1
口袋餐桌	生活用品	38.00	2
《与食素吸血鬼结伴旅行》	趣味书籍	42.00	2
《龋齿狼人的第十二夜》	趣味书籍	42.00	2
《威廉·克里斯托弗：击球手的黄金准则》	趣味书籍	62.00	1
打嗝粉	魔法笑料	5.00	2
臭蛋	魔法笑料	2.00	3
狼牙飞盘	魔法笑料	20.00	1

这样一来，相信大家就会更加深刻地了解：在窗口函数中，ORDER BY的作用是提供等级划分的依据。事实上，这也是ORDER BY是使用窗口函数的必要条件的原因。除此以外，其实我们还可以在语句的末尾追加使用一个ORDER BY：

```
（4）SELECT 商品名, 商品种类, 售价,
    RANK() OVER (PARTITION BY 商品所属 ORDER BY 售价 DESC) AS 等级
    FROM 杂货铺 ORDER BY 等级;
```

商品名	商品种类	售价	等级
秋千椅	生活用品	60.00	1
《威廉·克里斯托弗：击球手的黄金准则》	趣味书籍	62.00	1
狼牙飞盘	魔法笑料	20.00	1
口袋餐桌	生活用品	38.00	2
《与食素吸血鬼结伴旅行》	趣味书籍	42.00	2
《龋齿狼人的第十二夜》	趣味书籍	42.00	2
打嗝粉	魔法笑料	5.00	2
月亮台灯	生活用品	30.00	3
臭蛋	魔法笑料	2.00	3

大家可以看到，由于我们在末尾处又使用了一个ORDER BY，且它的作用是对返回结果进行排序，所以例句（3）的返回结果就被重新打散了。由此可知，虽然在窗口函数中使用PARTITION BY和ORDER BY会在一定程度上影响输出行的顺序，但它们的直接作用还是为等级划分提供依据。准确来讲，PARTITION BY告知以什么样的组为单位进行等级划分，而ORDER BY则是在满足前者条件的情况下进一步说明等级划分的依据。

5.4.3　非必要的PARTITION BY

事实上，窗口函数的命名与PARTITION BY有关。虽然例句（3）的结果只是在例句（2）结果的基础上增加了一个显示栏，但是例句（3）却不是通过ORDER BY根据商品种类分组的，而是通过"PARTITION BY 商品"进行分组的：

商品名	商品种类	售价	等级
秋千椅	生活用品	60.00	1
口袋餐桌	生活用品	38.00	2
月亮台灯	生活用品	30.00	3
《威廉·克里斯托弗：击球手的黄金准则》	趣味书籍	62.00	1
《与食素吸血鬼结伴旅行》	趣味书籍	42.00	2
《龋齿狼人的第十二夜》	趣味书籍	42.00	2
狼牙飞盘	魔法笑料	20.00	1
打嗝粉	魔法笑料	5.00	2
臭蛋	魔法笑料	2.00	3

同学们可以看到，PARTITION BY根据3个商品种类划分出了3个显示范围，这3个显示范围含有的数据集就好比3个窗口。不过有趣的是，虽然窗口函数的命名与PARTITION BY有关，但其实PARTITION BY并非运用窗口函数的必要条件。下面我们去掉例句（3）中的对应部分，然后执行语句，观察结果：

（5）SELECT 商品名，商品种类，售价，
      RANK() OVER (ORDER BY 售价 DESC) AS 等级
      FROM 杂货铺；

商品名	商品种类	售价	等级
《威廉·克里斯托弗：击球手的黄金准则》	趣味书籍	62.00	1
秋千椅	生活用品	60.00	2
《与食素吸血鬼结伴旅行》	趣味书籍	42.00	3
《龋齿狼人的第十二夜》	趣味书籍	42.00	3
口袋餐桌	生活用品	38.00	5
月亮台灯	生活用品	30.00	6
狼牙飞盘	魔法笑料	20.00	7
打嗝粉	魔法笑料	5.00	8
臭蛋	魔法笑料	2.00	9

瞧，结果发生了变化。由于PARTITION BY的作用是告知以什么样的组为单位进行等级划分，所以在去掉PARTITION BY之后，窗口函数就会将表中的所有数据（在没有数据过滤的情况下）视为单一的一组。

也就是说跳过了分组步骤，直接按照售价的高低进行等级划分。不得不说，这一点与GROUP BY和聚集函数的使用有相似之处。因为在不使用GROUP BY的情况下，聚集函数也以整张表或整列数据为单位进行计算。

　　除此以外，虽然PARTITION BY与ORDER BY、GROUP BY的尾缀相同，且都具有数据分组的效果，但是PARTITION BY却无法在窗口函数以外的其他语句中使用。相信有的同学会尝试使用这样一条SQL语句进行数据分组：

```
SELECT * FROM 杂货铺 PARTITION BY 商品种类；
```

　　这条SQL语句无法被执行，因为这不是MySQL所接受的语法。如果我们想要得到理想中的分组整理效果，就只能将PARTITION BY替换成ORDER BY。

5.4.4　RANK、DENSE_RANK和ROW_NUMBER

　　当同学们有了以上认识之后，我们就可以继续了解窗口函数的功能了。相信大家都注意到了例句（3）返回结果中的一个有趣现象。

商品名	商品种类	售价	等级
秋千椅	生活用品	60.00	1
《威廉·克里斯托弗：击球手的黄金准则》	趣味书籍	62.00	1
狼牙飞盘	魔法笑料	20.00	1
口袋餐桌	生活用品	38.00	2
《与食素吸血鬼结伴旅行》	趣味书籍	42.00	2
《龅齿狼人的第十二夜》	趣味书籍	42.00	2
打嗝粉	魔法笑料	5.00	2
月亮台灯	生活用品	30.00	3
臭蛋	魔法笑料	2.00	3

由于在趣味书籍组中，《与食素吸血鬼结伴旅行》和《龅齿狼人的第十二夜》的售价同为42元，所以它们在本组中的等级都是2。事实上，这是RANK函数的一个等级划分特质。

接下来我们将要介绍3个专用窗口函数RANK、DENSE_RANK和ROW_NUMBER，以及它们之间的执行效果差异。为了得到最直观的显示效果，我们将会对例句（5）进行扩充，目的是让3个窗口函数按照相同的规则创建出3个显示栏进行对比：

```
（6）SELECT 商品名, 商品种类, 售价,
    RANK() OVER (ORDER BY 售价 DESC) AS 等级1,
    DENSE_RANK () OVER (ORDER BY 售价 DESC) AS 等级2,
    ROW_NUMBER () OVER (ORDER BY 售价 DESC) AS 等级3
    FROM 杂货铺;
```

商品名	商品种类	售价	等级1	等级2	等级3
《威廉·克里斯托弗：击球手的黄金准则》	趣味书籍	62.00	1	1	1
秋千椅	生活用品	60.00	2	2	2
《与食素吸血鬼结伴旅行》	趣味书籍	42.00	3	3	3
《龅齿狼人的第十二夜》	趣味书籍	42.00	3	3	4
口袋餐桌	生活用品	38.00	5	4	5
月亮台灯	生活用品	30.00	6	5	6
狼牙飞盘	魔法笑料	20.00	7	6	7
打嗝粉	魔法笑料	5.00	8	7	8
臭蛋	魔法笑料	2.00	9	8	9

大家可以看到，RANK、DENSE_RANK和ROW_NUMBER的使用规范几乎没有差异，它们都无须指定参数，且实现的功能都是进行等级划分，只是划分方式有所区别。由于在此处，我们都没有通过PARTITION BY指定分组单位，所以3个窗口函数都将以整张表为单位进行等级划分，而我们也将通过横向对比更加直观地看到三者之间的区别。

请大家注意观察被颜色标记的区域。由于两本趣味图书具有一样的售价，所以等级1和等级2两个显示栏将此标记为并列序号3。但是前者在后续跳过了原本的序号

4，而后者则没有。更有趣的是，显示栏等级3并没有对两个售价相同的商品做并列序号标注，而是忽略了这一特点，为它们分配了两个不同的连续序号。接下来，我们就来总结一下3个窗口函数的区别。

RANK函数：RANK的特点是产生并列序号，且会因此跳过原有的顺位，产生不连续的等级序号。举例来讲，如果一个班上有两位学生在此次数学考试中取得100分，那么这两位同学就是并列第1名。而取得99分的学生只能从第3名（顺位）排起：1、1、3。

DENSE_RANK函数：DENSE_RANK同样会产生并列序号，但它并不会因此而跳过原有顺位，所以从整体上看，序号都是连续的数值。举例来讲，虽然班上有两位学生在本次考试中取得100分，且他们的名次为并列第1名，但这并不妨碍考取99分的学生占据班上的第2名：1、1、2。

ROW_NUMBER函数：ROW_NUMBER不会产生并列序号，所以它的标记结果为连续的序号。不得不说，如果这种方式用在分数排名上，那么其中一位获得100分的学生就要在顺位上吃亏了，即使他与第1名取得了相同的成绩，而考取99分的学生将排在第3名：1、2、3。

除此以外，相信同学们还记得有些函数除了可以在SELECT语句中使用，还能运用在其他地方。比如聚集函数就能用在HAVING从句中进行过滤。但是这3个专用窗口函数就只能在SELECT语句中使用，请大家记住这一点。

5.4.5　累计计算：将聚集函数用作窗口函数

同学们都知道，商人们最关心的就是自己的营业额。没错，如果我们想瞧一瞧这些商品为幸运儿吉姆分别带来了多少收益，那么就需要算数运算符的帮助，并创建一个显示栏：

```
（7）SELECT 商品名，商品种类，售价*销量 AS 收益
    FROM 杂货铺 ORDER BY 收益 DESC；
```

商品名	商品种类	收益
《威廉·克里斯托弗：击球手的黄金准则》	趣味书籍	4898.00
口袋餐桌	生活用品	4028.00
月亮台灯	生活用品	3570.00
秋千椅	生活用品	2880.00
狼牙飞盘	魔法笑料	1120.00
《与食素吸血鬼结伴旅行》	趣味书籍	1008.00
臭蛋	魔法笑料	796.00
打嗝粉	魔法笑料	470.00
《龋齿狼人的第十二夜》	趣味书籍	336.00

当然，再追加使用RANK函数，吉姆将更直观地看到排名情况：

（8）SELECT 商品名，商品种类，售价*销量 AS 收益，
RANK() OVER (ORDER BY 售价*销量 DESC) AS 进账排名
FROM 杂货铺 ORDER BY 收益 DESC;

商品名	商品种类	收益	进账排名
《威廉·克里斯托弗：击球手的黄金准则》	趣味书籍	4898.00	1
口袋餐桌	生活用品	4028.00	2
月亮台灯	生活用品	3570.00	3
秋千椅	生活用品	2880.00	4
狼牙飞盘	魔法笑料	1120.00	5
《与食素吸血鬼结伴旅行》	趣味书籍	1008.00	6
臭蛋	魔法笑料	796.00	7
打嗝粉	魔法笑料	470.00	8
《龋齿狼人的第十二夜》	趣味书籍	336.00	9

请同学们注意，窗口函数中的ORDER BY不能像末尾处的ORDER BY那样使用别名，否则MySQL将报错并发来反馈：Unknown column '收益' in window order by。

其中的原因并不难理解，由于末尾处的ORDER BY的作用是排序，且它的执行顺位后于SELECT，所以在它的后面可以引用别名，此时别名已经在SELECT语句中创建完成。但是窗口函数中的ORDER BY与创建别名的操作处于同一步骤之中（同属于SELECT语句），所以MySQL会反馈：窗口函数中的ORDER BY在引用一个未知列名。

就像我们刚刚聊到的那样，商人们最关心的是收益，这些漂亮的数字怎么也看不腻。事实上，吉姆查看这些收益就像一位颇有品位的艺术家在欣赏断臂的维纳斯，从不同的角度可以发现不同的美。所以我们不禁会想到这样一个问题：如果吉姆要求查看各个商品收益的累计情况，就像下图所示那样，我们要怎样操作呢？

商品编号	收益	累积收益	计算公式
A	5	5	5=5
B	10	15	15=5+10
C	15	30	30=5+10+15
D	20	50	50=5+10+15+20
E	25	75	75=5+10+15+20+25

同学们可以看到，这其实就是在利用收益中的数值进行梯形式（半金字塔式）累计求和，所以大家可以很容易地联想到SUM函数，因为SUM函数的功能就是求和。不过话说回来，在我们之前所学到的操作中，SUM函数只有两种使用情形：一

种是不配合GROUP BY，SUM函数将以整列或整栏数据（不进行数据过滤）作为计算对象；另一种是搭配使用GROUP BY，SUN函数将以组为单位进行求和。可是着眼此处，这两种指定方式似乎都没法达成这种梯形式累计求和的目的。那么吉姆的这项要求，我们到底能不能通过SQL语句来实现呢？

当然可以！其实能够套用窗口函数语法的并非只有RANK、DENSE_RANK和ROW_NUMBER这3个专用窗口函数。事实上，它们的语法规则同样适用于我们最为熟悉的聚集函数。所以从某种角度来讲，聚集函数也可以算作窗口函数的一种，只是在使用规范上有一点儿小小的差异：

```
（9）SELECT 商品名，商品种类，售价*销量 AS 收益，
    SUM(售价*销量) OVER (ORDER BY 售价*销量 DESC) AS 累计进账
    FROM 杂货铺 ORDER BY 收益 DESC;
```

商品名	商品种类	收益	累计进账
《威廉·克里斯托弗：击球手的黄金准则》	趣味书籍	4898.00	4898.00
口袋餐桌	生活用品	4028.00	8926.00
月亮台灯	生活用品	3570.00	12496.00
秋千椅	生活用品	2880.00	15376.00
狼牙飞盘	魔法笑料	1120.00	16496.00
《与食素吸血鬼结伴旅行》	趣味书籍	1008.00	17504.00
臭蛋	魔法笑料	796.00	18300.00
打嗝粉	魔法笑料	470.00	18770.00
《龋齿狼人的第十二夜》	趣味书籍	336.00	19106.00

瞧，这样就轻松地满足了吉姆的好奇心。他不仅可以知道这些商品一共为他带来了19106元的总进账，还能一眼就清楚收益前三名的商品一共为他带来了12496元的进账。

那么再反观例句（9），同学们可以看到，当聚集函数套用窗口函数的语法时，我们就需要为它指定参数了。这是聚集函数与窗口函数在使用方式上的重大区别。

其实只要大家细细揣摩一下，就会发现这个区别并不难理解：由于RANK、DENSE_RANK和ROW_NUMBER的功能就是进行单一的等级划分，且这个功能几乎是MySQL所默认的，所以我们当通过PARTITION BY和ORDER BY分别指定分组单位和等级划分依据时，就已经可以将需求表述得非常完整了，无须再向RANK、DENSE_RANK和ROW_NUMBER指定参数。

但是MySQL却无法默认聚集函数的功能，因为它们的功能并不像专用窗口函数那样单一。由于聚集函数的作用是返回一组数据的某项指标，且不同聚集函数的作用各不相同，所以我们必须通过指定参数来向它们说明计算对象。其实"杂货铺"表中的信息并不少，售价、销量甚至商品编号都能用来计算。所以如果我们不为

SUM函数指定参数，那么它就不会知道求和的对象是谁。

话说回来，相信大家一定很想知道再追加使用PARTITION BY会有什么样的效果，请看以下语句：

```
（10）SELECT 商品名，商品种类，售价*销量 AS 收益，
     SUM(售价*销量) OVER (PARTITION BY 商品种类 ORDER BY 售价*销量 DESC)
     AS 累计进账 FROM 杂货铺;
```

商品名	商品种类	收益	累计进账
口袋餐桌	生活用品	4028.00	4028.00
月亮台灯	生活用品	3570.00	7598.00
秋千椅	生活用品	2880.00	10478.00
《威廉·克里斯托弗：击球手的黄金准则》	趣味书籍	4898.00	4898.00
《与食素吸血鬼结伴旅行》	趣味书籍	1008.00	5906.00
《龋齿狼人的第十二夜》	趣味书籍	336.00	6242.00
狼牙飞盘	魔法笑料	1120.00	1120.00
臭蛋	魔法笑料	796.00	1916.00
打嗝粉	魔法笑料	470.00	2386.00

瞧，由于我们通过PARTITION BY将商品种类指定为分组依据，所以SUM函数就会以组为单位进行累计求和，大梯形会被拆散成多个小梯形。

事实上，让聚集函数套用窗口函数的语法，我们可以获得很多有趣的返回结果。例如：

```
（10）SELECT 商品名，商品种类，售价，
     MAX(售价) OVER (PARTITION BY 商品种类 ORDER BY 售价 DESC) AS 最高售价
     FROM 杂货铺;
```

商品名	商品种类	售价	最高售价
秋千椅	生活用品	60.00	60
口袋餐桌	生活用品	38.00	60
月亮台灯	生活用品	30.00	60
《威廉·克里斯托弗：击球手的黄金准则》	趣味书籍	62.00	62
《与食素吸血鬼结伴旅行》	趣味书籍	42.00	62
《龋齿狼人的第十二夜》	趣味书籍	42.00	62
狼牙飞盘	魔法笑料	20.00	20
打嗝粉	魔法笑料	5.00	20
臭蛋	魔法笑料	2.00	20

大家可以看到，我们在例句（10）中使用了MAX函数，并要求它返回不同种类商品中的最高售价。虽然MAX函数搭配GROUP BY也能返回最高售价，但却难以得到这样细致的显示效果，因为结果会以分组数量为单位进行聚合。

除此以外，如果我们将例句（10）中的MAX函数换成COUNT函数，那么就会得

到类似等级划分的计算结果：

（11）SELECT 商品名，商品种类，售价，
COUNT(售价) OVER (PARTITION BY 商品所属 ORDER BY 售价 DESC) AS 售价排名
FROM 杂货铺;

商品名	商品种类	售价	售价排名
秋千椅	生活用品	60.00	1
口袋餐桌	生活用品	38.00	2
月亮台灯	生活用品	30.00	3
《威廉·克里斯托弗：击球手的黄金准则》	趣味书籍	62.00	1
《与食素吸血鬼结伴旅行》	趣味书籍	42.00	3
《龋齿狼人的第十二夜》	趣味书籍	42.00	3
狼牙飞盘	魔法笑料	20.00	1
打嗝粉	魔法笑料	5.00	2
臭蛋	魔法笑料	2.00	3

5.4.6 平移变动的窗口：累计计算的拆分

通过以上案例，同学们会知道，通过追加使用PARTITION BY，聚集函数就会以组为单位进行累计计算，也就是对整体的计算对象进行拆分。事实上，累计计算并非只能通过指定分组依据来实现，下面我们一起来看这样一条语句：

（12）SELECT 商品名，商品种类，售价*销量 AS 收益，
SUM(售价*销量) OVER (ORDER BY 售价*销量 ROWS 2 PRECEDING) AS 累计进账
FROM 杂货铺;

商品名	商品种类	收益	累计进账
《龋齿狼人的第十二夜》	趣味书籍	336.00	336.00
打嗝粉	魔法笑料	470.00	806.00
臭蛋	魔法笑料	796.00	1602.00
《与食素吸血鬼结伴旅行》	趣味书籍	1008.00	2274.00
狼牙飞盘	魔法笑料	1120.00	2924.00
秋千椅	生活用品	2880.00	5008.00
月亮台灯	生活用品	3570.00	7570.00
口袋餐桌	生活用品	4028.00	10478.00
《威廉·克里斯托弗：击球手的黄金准则》	趣味书籍	4898.00	12496.00

瞧，我们去掉了例句（10）中的PARTITION BY，然后又在ORDER BY的后面加入了一条新的表达式：ROWS 2 PRECEDING。

请同学们注意，虽然ROWS 2 PRECEDING与PARTITION BY的书写方式及书写位置都有很大的差异，但它们的作用其实都是指定累计计算的拆分方式。

　　PARTITION BY指定的拆分方式是具有同一标签的组，那么此处的ROWS 2 PRECEDING指定的拆分方式又是什么呢？通过英文字面含义来看，它似乎表示"截至目前的2行"？下面我们将介绍一种平移观察法，大家就可以很轻松地理解它的作用了。

商品名	商品种类	收益	累计进账
《龋齿狼人的第十二夜》	趣味书籍	336.00	336.00
打嗝粉	魔法笑料	470.00	806.00
臭蛋	魔法笑料	796.00	1602.00
《与食素吸血鬼结伴旅行》	趣味书籍	1008.00	2274.00
狼牙飞盘	魔法笑料	1120.00	2924.00
秋千椅	生活用品	2880.00	5008.00
月亮台灯	生活用品	3570.00	7570.00
口袋餐桌	生活用品	4028.00	10478.00
《威廉·克里斯托弗：击球手的黄金准则》	趣味书籍	4898.00	12496.00

　　以7570为例进行说明。大家可以看到，我们在结果中圈出了一个近似的直角三角形。右下角的数值7570的由来是：7570=3570+2880+1120。事实上，同样的观察方法可以用来推导任何一项累计计算的结果由来。例如数值1602就等于它平移对应的796与其上方两个数值相加：1602=796+470+336。

　　除此以外，想必大家都发现了，其实这里存在两个特殊的累计结果：806和336。虽然它们都有平移对应的数值，但由于出现的位置太靠前，导致数值还没有累计起来，所以只能做有限的累计计算：806=470+336+0；336=336+0+0。

　　读到这里同学们就会清楚，虽然ROWS 2 PRECEDING的字面含义是"截至目前的2行"，但它的实际计算方式却是3行数值的累加：目前行数值+前1行的数值+前2行的数值。而我们如果改变表达式中的参数，也将得到不同的累加结果。例如将"2"改为"3"：

```
（13）SELECT 商品名，商品种类，售价*销量 AS 收益，
    SUM(售价*销量) OVER (ORDER BY 售价*销量 ROWS 3 PRECEDING) AS 累计进账
    FROM 杂货铺;
```

商品名	商品种类	收益	累计进账
《龋齿狼人的第十二夜》	趣味书籍	336.00	336.00
打嗝粉	魔法笑料	470.00	806.00
臭蛋	魔法笑料	796.00	1602.00
《与食素吸血鬼结伴旅行》	趣味书籍	1008.00	2610.00
狼牙飞盘	魔法笑料	1120.00	3394.00
秋千椅	生活用品	2880.00	5804.00
月亮台灯	生活用品	3570.00	8578.00
口袋餐桌	生活用品	4028.00	11598.00
《威廉·克里斯托弗：击球手的黄金准则》	趣味书籍	4898.00	15376.00

计算规则发生了变化：目前行数值+前1行的数值+前2行的数值+前3行的数值。不过我们依然可以借助直角三角形模型进行观察和理解。例如累计结果8578就等于它的平移数值3570与其上方3个数值相加：8578=3570+2880+1120+1008。

事实上，通过平移观察法外加三角形模型的帮助，我们可以理解更多的拆分变换原理。现在请同学们来看这样一条语句和它对应的结果：

```
（14）SELECT 商品名，商品种类，售价*销量 AS 收益，
    SUM(售价*销量) OVER (ORDER BY 售价*销量 ROWS BETWEEN 0 PRECEDING
    AND 1 FOLLOWING) AS 累计进账 FROM 杂货铺；
```

商品名	商品种类	收益	累计进账
《龋齿狼人的第十二夜》	趣味书籍	336.00	806.00
打嗝粉	魔法笑料	470.00	1266.00
臭蛋	魔法笑料	796.00	1804.00
《与食素吸血鬼结伴旅行》	趣味书籍	1008.00	2128.00
狼牙飞盘	魔法笑料	1120.00	4000.00
秋千椅	生活用品	2880.00	6450.00
月亮台灯	生活用品	3570.00	7598.00
口袋餐桌	生活用品	4028.00	8926.00
《威廉·克里斯托弗：击球手的黄金准则》	趣味书籍	4898.00	4898.00

我们暂且不论表达式的含义，直接来分析它的对应结果。大家可以看到，与前两个案例相比，我们圈出来了一个翻转的直角三角形，此时平移观察法同样适用。举例来讲，累计结果806就等于它的平移数值336与其下方1个数值相加：806=336+470。而累计结果4000则等于它的平移数值1120与其下方1个数值相加：4000=1120+2880。

接着，我们将关键词PRECEDING的对应参数从"0"调整为"1"，然后观察结果：

```
（15）SELECT 商品名，商品种类，售价*销量 AS 收益，
    SUM(售价*销量) OVER (ORDER BY 售价*销量 ROWS BETWEEN 1 PRECEDING
```

```
AND 1 FOLLOWING) AS 累计进账 FROM 杂货铺；
```

商品名	商品种类	收益	累计进账
《龅齿狼人的第十二夜》	趣味书籍	336.00	806.00
打嗝粉	魔法笑料	470.00	1602.00
臭蛋	魔法笑料	796.00	2274.00
《与食素吸血鬼结伴旅行》	趣味书籍	1008.00	2924.00
狼牙飞盘	魔法笑料	1120.00	5008.00
秋千椅	生活用品	2880.00	7570.00
月亮台灯	生活用品	3570.00	10478.00
口袋餐桌	生活用品	4028.00	12496.00
《威廉·克里斯托弗：击球手的黄金准则》	趣味书籍	4898.00	8926.00

　　瞧，三角形的模样发生了变化，不存在直角了。不过平移观察法依然能派上用场，因为无论如何调整PRECEDING和FOLLOWING的参数，累计结果中一定会包含它的平移数值。我们不妨以结果中的5008为例进行说明，它就等于平移数值1120与其上下的各1个数值相加：5008＝1120＋1008＋2880。

　　那么由此我们就可以推导出表达式"ROWS BETWEEN X PRECEDING AND Y FOLLOWING"指定的累计计算规则：累计结果＝平移数值＋上方X个数值＋下方Y个数值。

第6章
复合查询

　　Hi，亲爱的同学们，大家好！欢迎你开启第6章的学习！事实上，第6章是整本书的转折点，因为我们会正式引入关联表作为操作对象。相信同学们还记得，关联表就是几张各司其职的表，虽然它们负责记录的信息存在差别，但都在合力描述同一个事件的发展状况。

　　在本章中，大家将陆续接触到5张关联表：Shipper、Booking、Summary、Cargo和Factory。这5张表都是记录"莫莱尔货运公司"近期经营状况的，只不过信息范围存在差异：Shipper表记录的是顾客信息；Booking表记录的是顾客的订单；Summary表负责对订单做细致描述；Cargo表记录的是货物信息；而Factory记录的则是生产货物的工厂信息。大家不妨事先查看它们的大致结构和主要内容，我们在创建表的备注中对此有详细介绍。

　　概括来讲，本章将围绕"表的关联"前后展开：关联的基础（前）、关联的运用（后）。我们将在运用关联的过程中详细考查关联的基础及关联背后的机制。

　　关联运用涉及的操作主要是建立子查询与建立联结。在之前的章节中，我们掌握的操作主要是通过单条SQL语句去操作单张表，而建立子查询与建立联结却可以通过一条SQL语句同时对多张表进行操作。简单来讲，子查询的建立就是在一条检索语句中另起一条或多条检索语句，这就好比额外委派一只或多只看不见的手去执行操作。联结的建立其实就是拆分表的逆向操作，也就是以对等信息为依据，对存在关联基础的表进行内容合并，从而获取一张信息更加全面的表进行操作。同学们将在麦克里尼（货运公司老板）与乔治（货运公司员工）的引导下，逐步了解其中的奥妙。

好了，以上就是本章的内容导读。情人节马上就要到了，与乔治注定独自在寒冷的海风中度过不同，理查德看起来似乎信心满满！下面就让我们把镜头给到他吧！

6.1　利用子查询进行过滤：忧郁的萨茉莉公主

在本节中，大家将要认识一项非常重要且应用非常普遍的操作，就是建立子查询。准确来讲，本节将主要介绍如何利用子查询进行过滤，因为这是子查询的一项最为主要的用途。除此以外，仅仅对操作有所了解还不够，因为我们的操作对象是表及表中的数据，因此在这一过程中，我们还将详细探索关联表的关联基础。

6.1.1　利用子查询进行过滤

今天是2月14日情人节，理查德迈着欢快的步伐走进了校园。他手捧一束鲜花和一盒巧克力，这些礼物就像公狼嘴里的一块肉，用来讨好母狼："我今天要去给心爱的姑娘表白，她可是万里挑一的beauty queen！瞧瞧我准备的这些礼物，它们铁定能在第一时间就打破她的心理防线，就像这样……"理查德用胳膊夹住鲜花，将右手比作一把手枪，对着熙熙攘攘的校门口开了无声的一枪。

可是还没等那颗隐形的子弹抵达校门，一位身穿牛仔服，身材高挑的长发漂亮姑娘就从校门外走了进来。几乎就是一眨眼的工夫，原本假装聊天和打篮球的男生们便一个个聚拢在她的周围，掏出各自准备好的礼物，塞进她的怀里。

此番场景与想象中的情节大相径庭，这让理查德猝不及防，他愣在了原地，心情像中枪一样沉重。看来子弹打偏了……

事实上，理查德与这位姑娘互不认识，他只知道她就读于隔壁班。也就是说，除了在同一片蓝天下呼吸，他们之间并没有任何交集。更糟糕的是，虽然敌人就在眼前，但公主似乎无须他保护……

无独有偶，此时坐在电脑前的乔治也在为一件事情犯难：订单号为BOK-72306的航船延期了，他必须尽快联系到相应的顾客向他说明情况。为此，乔治在心中预设好了一条这样的SQL语句，并准备将它交给MySQL：

（1）`SELECT ship_name, ship_contact FROM Shipper WHERE book_num = 'BOK-72306';`

喂，我说，你直接把这条语句丢给我，我恐怕无能为力，因为它指定我只能对Shipper表进行操作。虽然你的思路正确，但实际情况要复杂一些，因为订单信息和顾客信息是分别存储在两张表中的。准确来讲，你的查询条件book_num='BOK-72306'存在于Booking表中；而你的目标信息却是Shipper表中的ship_name和ship_contact。

MagicSQL说得对，由于使用关联表来记录信息会让各类数据分散到不同的表中，因此在有些时候，我们的已知信息（查询条件）和目标信息并不共处一室。这就像理查德和他的心上人不在同一个教室里一样。那么乔治究竟要怎样做才能通过A表中的已知信息，从B表中获取目标信息呢？

就在乔治犯难的时候，另一边的理查德突然记起来，安东尼奥的表妹奥蕾莉亚也在隔壁班就读，没准儿她能帮上忙。理查德决定去找奥蕾莉亚打听一下情况，如果奥蕾莉亚可以向那位姑娘引荐理查德，那么两人之间的距离就会大大缩短。

Hi，大家好！我就是奥蕾莉亚！我以后会经常和你们玩捉迷藏的游戏。事实上，同样的思路也能解决乔治的问题，因为他也要寻找一位他的"奥蕾莉亚"来充当中间人。要想解决乔治的问题，我们不妨先来看一看Shipper和Booking这两张表的大致结构。

ship_code	ship_name	ship_address	ship_contact	ship_email	ship_country
101	Leonardo	西西里维多利亚大街23号	039-925298	Leonardo@ITABUGAME.com	ITA
102	Owen	洛杉矶日落大道307号	213-5152857	Owen@USASPIM.com	USA

book_num	book_date	ship_code
BOK-72306	2021-08-02	101
BOK-70339	2021-08-07	102

瞧，Shipper和Booking两张表中都含有ship_code列。没错，ship_code正是乔治要寻找的"奥蕾莉亚"！ship_code就是Shipper和Booking两张表的"中间人"，它就像一座桥梁，能够将两张表含有的信息数据联系在一起。这样一来，我们就可以通过ship_code来解决乔治的问题。不过根据大家目前掌握的操作来看，我们需要分两步进行。

第一步，找到已知信息（查询条件）对应的中间人：

（2）SELECT ship_code FROM Booking WHERE book_num = 'BOK-72306';

由于已知信息存在于Booking表中，所以我们要先对Booking表进行操作，目的是找到BOK-72306对应的ship_code。

第二步，通过中间人找到它对应的目标信息：

（3）SELECT ship_name, ship_contact FROM Shipper WHERE ship_code = '101';

ship_name	ship_contact
Leonardo	039-925298

找到BOK-72306对应的ship_code（101）之后，由于这项数据为两张表所共有，所以我们就可以通过它再对Shipper表进行操作。也就是将例句（2）返回的结果当作例句（3）的过滤条件，进而从Shipper表中找到编号101对应的顾客姓名和电话。好了，乔治现在就可以打电话告知Leonardo航船延期的事情了。

我为你感到开心，聪明的一年级新生！其实你已经在运用表的关联了。虽然要分两步操作，但你已经把握住了思路！要知道，在学习阶段，思路可比操作来得重要。不过既然你都走到这一步了，那为什么不体验一下子查询呢？它会让你一步到位！

有了以上内容作为铺垫，建立子查询就会非常轻松。我们只需将整条例句（2）当作例句（3）的过滤条件即可：

```
（4）SELECT ship_name, ship_contact FROM Shipper WHERE ship_code IN
    (SELECT ship_code FROM Booking WHERE book_num = 'BOK-72306');
```

好了，现在就请大家自己执行以上例句吧！我们稍后会为大家详细说明。

6.1.2　利用子查询过滤的关键思路及关联的基础

在上一节中，我们建立了一条子查询用来过滤，它的使用特征如下。

1.　其实在大部分情况下，需要建立子查询进行过滤的根本原因在于我们手上的过滤条件不够直接。请同学们思考，如果乔治在一开始得到的查询条件不是订单号（book_num），而是延期航船对应的编号（ship_code），那么他仅需要执行例句（3）就能获取到目标信息。这就像1869年苏伊士运河开通之后，从英国伦敦出发前往印度孟买的旅客无须绕道非洲好望角一样，这样的航线使得旅行距离缩短了一半。

2.　通过例句（1）和例句（4）的对比，大家会发现：利用子查询进行过滤是一种类似于"在查询中建立查询"的操作。其实它与普通的过滤操作一样，只是过滤条件从一项"已知信息"换成了一条"结果待定的检索语句"。这就像把"3×2"写作"3×(5-3)"。

3.　从例句（2）、例句（3）和例句（4）之间的过渡，大家可以体会到，建立子查询进行过滤的关键思路在于：将A句返回的结果当作B句的过滤条件。但是为了保证A句返回的结果能够顺利地被当作B句的过滤条件来使用，"结果"和"过滤条件”含有的信息性质就必须相同。也就是在IN的前后，只能使用“中间人列”，否则语句执行后将无功而返。举个例子：

```
SELECT ship_name, ship_contact FROM Shipper WHERE ship_code IN
(SELECT book_date FROM Booking WHERE book_num = 'BOK-72306');
```

我们对例句（4）做了些修改。同学们可以看到，在这条错误的SQL语句中，IN的前面是ship_code，它表示过滤条件的所属列是“编号”，也就是通过编号去寻找顾客姓名和电话。

然而IN的后面却是book_date，它表示子查询返回的结果将是“日期”。在这里用“日期”当作“编号”去查询，肯定不会有结果返回。这就像有人搞恶作剧，给你拿出一条裤子，却让你把它当成一顶帽子戴在头上。

4. 当使用子查询进行过滤时，MySQL的执行顺序将与我们的书写顺序相反。也就是说，MySQL将从最末端的检索语句开始执行，从后往前。这不难理解，因为一条检索语句总要先得到过滤条件才能进行后续的筛选。

5. 相信大家还记得那篇关于逻辑操作符的采访，IN先生当时表示，他可以建立“复合的检索语句”。事实上，他指的就是这里的子查询。

然而我要悄悄告诉大家，在例句（4）中，“IN”并非唯一的选择，使用“＝”也可以达到相同的目的。这是因为例句（4）包含的子查询只会返回一个结果，所以它提供给主句使用的过滤条件也只有一个。但是为了保险起见，我们最好还是使用IN。因为一旦A句返回了多个结果，就意味着B句的过滤条件不唯一，就需要用操作符IN来协调多个过滤条件之间的逻辑关系，即“分别满足”，也就是分别将A句返回的各个“结果”当作B句的“过滤条件”进行查询。

举一个简单的小例子，如果与BOK-72306一同延期的还有订单BOK-70339，那么A句就会被调整为：

```
SELECT ship_code FROM Booking WHERE book_num IN ('BOK-72306', 'BOK-70339')
```

在这种情况下，A句就很有可能返回两个ship_code（两个订单对应不同的编号），也就是两个过滤条件。所以在建立子查询时，我们就只能使用IN：

```
SELECT ship_name, ship_contact FROM Shipper WHERE ship_code IN
(SELECT ship_code FROM Booking WHERE book_num IN ('BOK-72306', 'BOK-70339'));
```

6. 在以上案例中，我们正是通过ship_code才解决了乔治的问题。这是因为ship_code同时存在于Shipper和Booking两张表中，所以它能与两张表中的任何一项数据对应起来，并在两张表之间搭建起信息交流的桥梁，充当互通有无的中间人。

在接下来的内容中，我们会统一将类似于ship_code的列，形象地称为"奥蕾莉亚列"。"奥蕾莉亚列"正是关联的基础，因为它们共存于不同的关联表中。

好了，以上就是我们针对建立子查询进行过滤总结出的使用要点。下面让我们来看下一个案例。

6.1.3 普遍存在的"中间人"

货运旺季让乔治一刻也不得清闲，就在他刚刚挂掉电话几分钟后，铃声再一次响了起来——

"我说乔治，我已经把空集装箱送到了指定地点，但是等了十多分钟还不见有人来装货。请你联系一下顾客，麻烦他抓紧时间，否则晚上进港要排很长的队！"货车司机扯着嗓门在电话那头喊道。

"没问题，退斯特先生。请你告诉我这只空集装箱的箱号。"乔治拿起手中的笔，做好记录的准备。

"你等一等，我在本子上找一下。啊，找到了！箱号是OCU-058！"退斯特先生回答道。

"好的，谢谢你，我这就去和顾客联系。"说完，乔治再一次挂掉了电话。

瞧，任务又来了。这一次乔治的已知信息变成了箱号，也就是将container当作查询条件，然后去查找它对应的顾客电话。毫无疑问，箱号同样不是一个直接过滤条件。不过即便如此，我们依然可以先草拟出一条这样的SQL语句：

```
(5) SELECT ship_name, ship_contact FROM Shipper WHERE container = 'OCU-058';
```

 还是同样的情况，直接把这条语句丢给MySQL可不起作用，因为已知信息和目标信息并不存在于同一张表中。前者存在于Summary表中，而后者存在于Shipper表中。不过你应该知道做什么，没错，我们需要去寻找"奥蕾莉亚列"。

ship_code	ship_name	ship_address	ship_contact	ship_email	ship_country
101	Leonardo	西西里维多利亚大街23号	039-925298	Leonardo@ITABUGAME.com	ITA
102	Owen	洛杉矶日落大道307号	213-5152857	Owen@USASPIM.com	usa

book_num	book_item	cbm	kgs	container	cargo_code
BOK-72306	1	53.17	2384.18	MIC-754	MARN-3438
BOK-70339	2	60.53	2579.43	OCU-058	MARN-5864

我们应该去寻找"奥蕾莉亚列"，也就是找到那个共存于Summary和Shipper两张表中的列。然而通过以上例图，大家会发现，在Summary和Shipper两张表中似乎并不存在共同的列。劳伦斯不会是在和我们开玩笑吧？

劳伦斯可没有逗你玩，这只能说明两张表并不直接关联。大家不妨理解为：Summary和Shipper两张表还没有建立正式的外交关系，因此需要另一位中间人从中斡旋。相信我，摸清关联脉络的核心一直都是寻找"中间人"。

正是如此！不过我们此时首要寻找的"中间人"不是列，而是表。因为关联的基础是普遍存在于各个关联表中的。也就是说，A表和B表通过a列彼此关联，而B表和C表又通过b列关联……通过这种环环相扣的方式，各个关联表会连接成一个整体。

我对数据库里的每一张表都非常熟悉。事实上，Summary和Shipper两张表就类似于A表和C表。虽然它们之间并不直接关联，但只需要找到共同关联它们的"中间人"——B表，就能解决问题！而此处的B表就是Booking表！

ship_code	ship_name	ship_address	ship_contact	ship_email	ship_country
101	Leonardo	西西里维多利亚大街23号	039-925298	Leonardo@ITABUGAME.com	ITA
102	Owen	洛杉矶日落大道307号	213-5152857	Owen@USASPIM.com	usa

book_num	book_date	ship_code
BOK-72306	2021-08-02	101
BOK-70339	2021-08-07	102

book_num	book_item	cbm	kgs	container	cargo_code
BOK-72306	1	53.17	2384.18	MIC-754	MARN-3438
BOK-70339	2	60.53	2579.43	OCU-058	MARN-5864

同学们可以看到，如果我们要在Summary和Shipper两张表间建立子查询，那么就需要三位"中间人"来搭桥引线。其中一位是表（Booking），其余两位是列（ship_code和book_num）。请大家注意观察：一方面，Booking表中含有的"ship_code"与Shipper表相关联；另一方面，Booking表中含有的"book_num"又与Summary表相关联。有了这样一层关系，我们就可以着手分步建立子查询了。

第一步，利用已知信息找到第一位中间人：

（6）`SELECT book_num FROM Summary WHERE container = 'OCU-058';`

```
book_num
BOK-70339
```

由于已知信息（查询条件）存在于Summary表中，所以我们首先要对Summary表进行操作，目的是找到集装箱对应的book_num（订单号）：BOK-70339。

第二步，找到订单号之后，将这项信息以过滤条件的身份传递给Booking表，以便让三位中间人彼此取得联系：

（7）`SELECT ship_code FROM Booking WHERE book_num = 'BOK-70339';`

```
ship_code
102
```

大家可以看到，我们会将例句（6）得到的结果（第一位中间人）当作例句（7）的过滤条件，然后对Booking表（第二位中间人）进行查询。目的是进一步找到集装箱对应的顾客编号ship_code（第三位中间人）。

第三步，通过第三位中间人找到目标信息：

（8）`SELECT ship_name, ship_contact FROM Shipper WHERE ship_code = '102';`

同样地，例句（7）的返回结果也以过滤条件的身份被传递给Shipper表，然后对Shipper表进行操作，最终找到对应的顾客姓名和联系电话。好了，那么现在就请大家根据以上内容将这3条语句组合在一起，形成一条完整的子查询吧！

6.1.4　正序子查询的书写思路

相信大家在练习的时候已经发现了，由于我们秉持的思路是：将上一条检索语句返回的结果，当作下一条检索语句的过滤条件，所以我们会采用一种类似于"倒叙"的方式来书写子查询：

（9）`SELECT ship_name, ship_contact FROM Shipper WHERE ship_code IN`
`    (SELECT ship_code FROM Booking WHERE book_num IN`
`    (SELECT book_num FROM Summary WHERE container = 'OCU-058'));`

实际上，例句（6）是我们写下的第一条查询语句，结果它反而跑到了末端。而最后写下的例句（8）却成了整个子查询的主干。如果每次都要按照这样的书写顺序来建立子查询，很可能会影响效率，即便从例句（6）到例句（8）才是MySQL真正的执行顺序。

因此，我们将为大家介绍第二种书写方式，它可以保证书写顺序与执行顺序相同。事实上，这种书写方式的思路有些类似于顶针的修辞手法："归来见天子，天子坐明堂。""军书十二卷，卷卷有爷名。"即上句的结尾与下句的开头，用相同的"奥蕾莉亚列"列名：

$$\text{Shipper} \xrightarrow{\text{ship\_code}} \text{Booking} \xrightarrow{\text{book\_num}} \text{Summary}$$

第一步，我们要知道，在Shipper、Booking和Summary 这3张表中，一共存在两对"奥蕾莉亚列"，它们分别是ship_code和book_num。

第二步，既然目标信息是Shipper表中的ship_contact，且Shipper表含有一个"奥蕾莉亚列"ship_code，那么我们可以直接写出子查询的主干：

```
SELECT ship_contact FROM Shipper WHERE ship_code IN…
```

第三步，上条语句的末端已经出现了ship_code，我们要继续跟着它往下走。ship_code的另一个"宿主"是中间表Booking，且Booking表中还含有另一个"奥蕾莉亚列"book_num，于是就有了第二条语句：

```
SELECT ship_contact FROM Shipper WHERE ship_code IN
(SELECT ship_code FROM Booking WHERE book_num IN…
```

第四步，现在book_num在语句中也出现了，而它也存在于Summary表中，且Summary表正是包含已知条件的表，所以可得以下语句：

```
SELECT ship_name, ship_contact FROM Shipper WHERE ship_code IN
(SELECT ship_code FROM Booking WHERE book_num IN
(SELECT book_num FROM Summary WHERE container = 'OCU-058'));
```

简单来讲，这种书写方式就是先确定将要操作的表，以及表中含有的"奥蕾莉亚列"。

在根据查询目的写出查询语句的主干以后，只需要一直跟着"奥蕾莉亚列"往下走就可以了，然后一直走到包含已知条件的表。

事实上，这个案例就好比一段横跨3张表的数据漫游。下面我们"添油加醋"地将整个过程描绘一遍吧！

很久很久以前，在一片辽阔的土地上有三个相邻的国家：萨摩利王国（Summary）、布克王国（Booking）和什普王国（Shipper）。其中布克王国位于萨摩利王国和什普王国的中间。也正因这样的地理位置，布克王国与萨摩利王国和什普王国都有正式的外交关系（类比中间表Booking与Summary表和Shipper表都直接产生关联），然而位于两端的萨摩利王国和什普王国却迟迟没有建交，原因是在一次王室狩猎中，萨摩利军机大臣养的猎犬一直朝着什普国王大叫。年轻的什普国王当时还没有学会忍耐，一声声犬吠让他怀疑这是萨摩利王国在暗中捣鬼，目的是讨好在王位竞争中落败的聋人弟弟。从这以后，两个国家的关系一直不温不火（类比Summary表和Shipper表并不直接关联）。

时光荏苒，二十多年过去了。萨摩利王国的公主萨茉莉·卡特娜（Summary.container）长大成人。与所有老套的故事一样，这位公主迟迟不愿出嫁的原因是她认为她的另一半正是什普王国的王子什普·泰勒（Shipper. ship_contact）。相传这位王子在音乐方面有着极高的造诣。

虽然卡特娜公主与泰勒王子未曾谋面，但这一点儿也不妨碍她在茉莉花盛开的季节挥洒自己的思念：

"我的潜意识告诉我，他就是我命中注定的另一半，这一切都是命运的安排。"（类比，各个关联表中含有的数据之间本就存在对应关系，只不过被人为地打散了。好比命运之神把公主和王子放了不同国家的不同城堡里，但归根结底，他们之间依然存在对应关系。）

公主和我们普通人一样，有了心事就会找人倾诉。公主的倾诉对象是一位名叫纳伯（Summary. book_num）的男爵，他是布克王国委派到萨摩利王国的外交大臣。这位外交大臣在自己的国家有一个身居高位的双胞胎弟弟（Booking. book_num）。在经过公主的允许后，他将公主的心事告诉了自己的弟弟。天生的外交家向来都善于把握机会，纳伯的弟弟认为这件事可以缓解萨摩利王国和什普王国的关系，所以他又把这件事透露给了一位名叫库德（Booking. Ship_code）的正直小伙子。而这个小伙子正是什普王国委派到布克王国的外交官。说来奇怪，在那个时代，似乎所有国王都乐意从双胞胎中挑选出一位来担任外交职务。因为库德的双胞胎哥哥（Shipping. Ship_code）也在本国身居要职（纳伯兄弟和库德兄弟都是"奥蕾莉亚列"，且"奥蕾莉亚列"会共存于不同的表中，所以外交官总是那些成对出现的双胞胎）。这样一来，公主的秘密又被库德的哥哥所知道。最后，在一次宴会上，库德的哥哥找准机会把这件事吐露给了泰勒王子。泰勒王子当时刚刚用灵巧的手指演奏完最后一个音符，在那样醉心的状态下，他很乐意倾听任何人的倾诉。

6.1.5　完全限定列名

同学们，参考刚刚的故事，现在我们要结合其中的内容，为例句（9）增添一些注解：

```
SELECT Shipper. ship_contact(泰勒王子) FROM Shipper(什普王国) WHERE Shipping.
Ship_code(库德的哥哥) IN
(SELECT Booking. Ship_code(库德) FROM Booking(布克王国) WHERE Booking.
book_num(纳伯的弟弟) IN
(SELECT Summary. book_num(纳伯) FROM Summary(萨摩利王国) WHERE Summary.
container(萨茉莉公主) = 'OCU-058'));
```

　　大家可以看到，我们对故事中主要人物的角色进行了标记：从后往前，事情的起因源于忧郁的萨茉莉公主向外交官纳伯吐露心事，而纳伯又将公主的心事告诉了自己的弟弟。因此，纳伯兄弟就是建立子查询的第一位中间人。不过由于纳伯兄弟的活动范围有限，所以这件事又陆续传达给了库德和他的哥哥。这样一来，库德兄弟就成了第三位中间人。没错，因为将承上启下的布克王国视为第二位中间人，更加便于我们理解。

　　除此以外，相信同学们都注意到了，我们还对例句（9）含有的列名进行了拓展，例如Shipper.ship_code和Booking.ship_code。不难发现，Shipper.ship_code和Booking.ship_code就像一对同名不同姓的孪生兄弟。因为它们的后缀都是"ship_code"。事实上，这对孪生兄弟都是"ship_code"的完全限定列名。

　　完全限定列名的作用是标记某一列的所属。因此，它的书写格式为"表名.列名"，例如"ship_contact"和"container"的完全限定列名就是"Shipper. ship_contact"和"Summary. container"。不过我们一般不会对"ship_contact"和"container"这类普通列使用完全限定列名，即使它们在童话中扮演的角色是王子和公主。因为"ship_contact"和"container"不是"奥蕾莉亚列"。

　　要知道，使用完全限定列名是为了指代明确，从而让MySQL清楚自己的操作对象。举例来讲，由于Shipper和Booking两张表中都含有一个名为"ship_code"的列，因此在有些情景中，当两个"ship_code"同时出现在一条SQL语句中时，我们就要使用完全限定列名来让它们相互区别。

一般情况下，我们只会对"奥蕾莉亚列"使用完全限定列名，原因是只有它们才具有多义性。当然这并不绝对，在建立自联结时，我们也会对普通列使用完全限定列名来避免歧义。大家将在以后接触到。

　　没错，正是如此。不过我们要告诉大家，例句（9）并非完全限定列名的必要使用环境。也就是说，例句（9）中的每一个列名都没有必要使用完全限定列名（使用了也无妨）。事实上，完全限定列名的必要使用环境一般是建立联结。

好了，以上就是本节内容的主要知识点，最后我们来简单总结一下。

1．子查询就是建立在查询中的查询，它可以同时操作多张表。但前提是各张表之间要存在关联的基础——"奥蕾莉亚列"。

2．虽然本节使用的子查询都用于操作多张表，但其实有些时候，我们从单张表中获取数据也会利用子查询进行过滤，这同样是因为过滤条件不够直接。

3．利用子查询进行过滤是对表的关联的运用。通过对本节内容的学习，相信大家会感受到，关联不仅是一种联系，也是实现数据共享的一种机制。

4．其实充当过滤条件并非子查询在SQL语句中扮演的唯一角色。也就是说，利用子查询进行过滤只是子查询的用途之一。事实上，子查询能够介入的使用环境有很多，例如在SELECT语句中或是在FROM语句中。除此以外，在INSERT、UPDATE和DELETE语句中也能使用子查询，这是3种数据更新操作，我们将在后续的学习中逐渐遇到这些情况。

6.2　初识联结的建立：拆分表的逆向操作

本节将介绍一项非常重要的操作，就是利用关联来建立联结。在学习具体操作之前，我们首先要考查关联背后的设定机制。事实上，要想讲清楚这其中的来龙去脉，我们还是得从"奥蕾莉亚列"说起……

6.2.1　理解主键和外键

相信同学们都还记得上节内容中的纳伯兄弟（book_num）和库德兄弟（ship_code）。没错，他们都是"奥蕾莉亚列"，而"奥蕾莉亚列"总是成双成对地出现。例如，ship_code同时存在于Shipper和Booking两张表中，它在前者中的完全限定列名是Shipper. ship_code，而在后者中的完全限定列名则是Booking. ship_code。

事实上，对于库德兄弟来讲，他们两人在各自属地的身份和称呼也不同，下面让我们来听听奥蕾莉亚是怎么说的。

由于库德哥哥（Shipper.ship_code）在本国身居要职，所以ship_code在Shipper表中的角色是主键（Primary Key）。

然而库德弟弟（Booking.ship_code）被委派到了布克王国担任外交官，所以ship_code在Booking表中的角色是外键（Foreign Key）。

　　瞧，站在Shipper表的角度来讲，ship_code列是它的主键。而站在Booking表的立场来看，ship_code列是它的外键。通过这一点我们就可以判断出，"主键"和"外键"是对"奥蕾莉亚列"在不同表中的不同称呼。下面，我们就来详细介绍主键和外键这两个重要的概念。

　　相信同学们一定还记得，我们在学习DISTINCT的时候简单介绍过主键，现在是时候来正式认识它了。首先，我们来看看主键的作用。

简单来讲，主键就是一张表中的特殊列，其中含有的列值被称为主键值。由于表中的每一行数据都会对应不同的主键值，所以主键可以被视为一组标识，它就像"指纹"一样用来区别行与行，使得每一行都成为表中唯一的存在。

　　没错，如果我们准备用一张表来记录一个班的学生信息，且每位学生的信息将占用一行。那么为了让每位学生都可以成为表中独一无二的存在，我们就会将"学生表"中的某一列定义为主键。接着，我们再来谈谈主键中含有的内容。

虽然主键值会让每一行信息都成为表中唯一的存在，但是通过之前的操作大家会发现，其实主键一般不会记录客观存在的信息，例如名称、地址、质量、年龄、长度等。事实上，主键中含有的内容往往是我们人为设定的编号。这些编号一般由数字或字母组成，它们一旦脱离了表就没什么实际的意义了。

　　更形象地来讲，主键值就好比你工作证件上的ID号，当你下班离开公司之后，它们就不能再作为识别你身份的依据了。因此，主键中含有的信息往往是我们主观设定的内容。

　　当我们为"学生表"指定主键时，一般不会将学生的姓名、年龄、喜欢的体育明星或者糟糕的考试成绩指定为主键。因为这类客观数据都有重复出现的可能，而主键中是不能含有重复值的。所以在这种情况下，我们就会人为制造出一系列有规律的编号，即使这些编号的实际意义并不大。然后就像给机器人打上出厂编码那样，把各个编号与不同的学生——对应起来，它们就成了学号。最后将学号指定为

"学生表"的主键，供老师在日后使用。

通过以上讲述，相信同学们会知道，被指定为主键的列，必须同时满足以下两个前提：第一，不得含有空值；第二，不得含有重复值。如果违反了任何一个前提，主键就不再具备唯一标识的功能了。

在实际操作中，如果我们将允许存在空值的列指定为主键，那么MySQL就会报错，进而导致操作失败。同样地，如果我们在更新表中的数据时为主键提供了重复值，MySQL也将报错，进而导致更新失败。MySQL就是如此立场坚定。

除此以外，大家还要知道，一张表中可能会含有多个主键。在这种情况下，主键值就是多个主键的组合值，这些组合值中同样不能含有空值和重复值。其实Summary表中就含有两个主键：book_num列和book_item列。大家不妨自己查看一下，虽然这两列中都含有重复值，但它们的组合值却是唯一的，且不含有空值。

关于主键的介绍，我们还有最后一点内容需要补充：为一张表指定主键往往是在创建这张表时完成的操作。当然，我们也可以在表完成创建以后再指定主键。而且为了满足不断变化的需求，主键是可以被撤销和更换的。这些操作我们将在后续章节中为大家详细讲述。

好了，以上就是我们对主键的介绍。接下来，我们再来瞧瞧如何理解外键。

和主键一样，外键也是一张表中的特殊列。但与主键不同的是，并非每张表中都会含有外键。除此以外，外键中可以含有重复值。事实上，外键中的内容是另一张表的全部或部分主键值。

虽然以上对外键的介绍只有简单的几句话，但这其中却蕴藏着非常丰富的内涵。

1. 并非每一张表中都会含有外键。这句话表明，外键并不是一张关联表的必要组成部分。但是如果一张表要想主动地与其他表产生关联，那么它必须含有主键。

如果大家仔细观察就会发现，其实我们熟悉的Shipper表中就不含有外键，但它却是与Booking表产生关联的发起方。因为Shipper表委派了自己的主键ship_code前往Booking表充当外键，这才让两张表产生了关联。

2. 外键中可以含有重复值。举例来讲，Booking表的外键Booking.ship_code就含有重复值，这是因为一位顾客下了多个订单，为了让这些订单都与顾客对应起来，Shipper表就会多次委派这位顾客的主键Shipper.ship_code前往Booking表中充当外键。

　　事实上，外键含有重复值可被视为一种对应痕迹。这种痕迹正是在关联表之间存在数据"一对多"情况的体现，而且这种情况比较普遍，不然我们也不会用关联表来记录信息。请同学们想象一下，如果每一位顾客都只对应一个订单，也就是Shipper和Booking两张表中的数据始终是一一对应的。那我们为什么不用单张表来记录顾客信息和订单信息呢？要知道，单张表更便于我们操作。

　　3. 外键中的内容是另一张表的全部或部分主键值。简单来讲，这句话表明，外键值是主键值下的蛋，也就是说，外键值全都源于主键值。然而大家只理解到这个程度还不够，因为"部分"一词还表明，外键和主键含有的内容并非完全对等。

　　请大家想象一下，如果Booking表只负责记录近期的订单信息，而Shipper表中却含有以往下过订单的全部顾客的信息。那么由于不是所有顾客都会在近期下单，所以Booking表的外键（Booking.ship_code）就只含有Shipper表主键（Shipper.ship_code）的部分内容。

6.2.2　关联的设定机制

　　当大家对主键和外键有所了解以后，我们就可以考查关联的设定机制了。

$$\text{Shipper} \xrightarrow{\text{ship\_code}} \text{Booking} \xrightarrow{\text{book\_num}} \text{Summary}$$

依次延伸

　　事实上，关联表之所以能彼此关联，全都依赖主键和外键产生的关系纽带。而这种纽带又基于一种"委派"行为，即委派主键充当外键。

 　　瞧，Shipper表将自己的主键ship_code委派到Booking表中充当外键；而Booking表也会继续委派自己的主键book_num前往Summary表中充当外键。这种"委派"行为的延伸，就会将各个关联表连接成一个整体。

　　关联的产生就好比国家之间建立外交关系。如果我们把主键看作外交部，那么外交官就是主键值，而外键就是大使馆：A国将自己外交部的外交官a委派到了B国，那么外交官a就会住在本国开设在B国的大使馆里，且a的身份也会由主键值变成外键值。而B国也有自己的外交部，且B国也会委派自己的外交官b前往本国开设在C国的大使馆。当A、C两国需要交流时，中间国B就可以从中协调。

说得真棒！其实"委派主键"正是关联的设定机制，也是关联产生的根本原因。因为有了这一步作为前提，才会有成对出现的"奥蕾莉亚列"。而有了"奥蕾莉亚列"，我们才能对关联进行运用，比如建立子查询和联结。

事实上，"委派主键充当外键"也是梳理关联表层级关系的重要依据。等大家学到"外键约束"时，我们还会做系统的论证。

以上就是我们对主键和外键的介绍，以及对关联设定机制的剖析。相信同学们通过日后的学习和思考，可以有更加深刻的认识和理解。有了以上内容作为铺垫，我们就可以正式建立联结了。

6.2.3 使用WHERE建立联结

我这次的需求非常简单，老兄。我想查看各个工厂各自生产的货物信息。

瞧，乔治又提出了新的问题。事实上，Shipper表中的顾客并不会自己制造货物，他们会委托工厂进行生产。工厂信息存储于Factory表，货物信息则存储于Cargo表。

结合需求来看，这就意味着，乔治一方面要从Factory表中检索出fac_name（工厂名称），另一方面还要从Cargo表中检索出对应的cargo_name（货物名称）：

```
SELECT fac_name, cargo_name FROM Cargo, Factory ...
```

表名与列名在书写顺序上不用严格对应。

然而仅仅从两张表中检索出工厂名称和货物名称还不够，因为更重要的是让这两类信息相互对应起来。要想实现这一效果，我们就要在两张表之间建立联结：

```
WHERE Factory.fac_code(主键) = Cargo.fac_code(外键)
```

一般情况下，联结只能通过主键和外键来建立，例如此处的fac_code。然而fac_code为Factory和Cargo两张表所共有，所以为了让它们在同一条语句中相互区别，我们必须使用它们各自的完全限定列名。

事实上，这才是完全限定列名的必要使用情况，也是我们一般只会对"奥蕾莉亚列"使用完全限定列名的原因（不加所属的"奥蕾莉亚列"具有多义性）。这样一来，完整的查询语句就是这样的：

```
（1）SELECT fac_name, cargo_name FROM Cargo, Factory
    WHERE Factory.fac_code = Cargo.fac_code;
```

理解到这个程度还不够。事实上，虽然从表面上看，例句（1）的操作对象是Factory表和Cargo表。但实际上，它的直接操作对象是一张经过联结处理后的虚拟表。准确来讲，通过在"Factory.fac_code"和"Cargo.fac_code"之间画上等号，MySQL会在我们看不见的地方利用主、外键中的对等值，对Factory和Cargo两张表中含有的数据信息进行整合。因此，整合后的关联大表才是例句（1）的直接操作对象。

由于SQL是一种建立在"眼见为实"基础上的语言，所以要想透彻理解例句（1），我们就必须亲眼见到这张整合后的关联大表：

```
SELECT * FROM Cargo, Factory WHERE Factory.fac_code = Cargo.fac_code;
```

cargo_code	cargo_name	fac_code	fac_code	fac_name	fac_email
CELED-7877	台灯	CELED	CELED	很明亮灯具有限公司	Daniel@celed.com
KENE-0547	积木	KENEK	KENEK	超有趣玩具生产厂	Ivy@KENEK.com
KENE-3511	玩具坦克	KENEK	KENEK	超有趣玩具生产厂	Ivy@KENEK.com
KENE-3716	卡通公仔	KENEK	KENEK	超有趣玩具生产厂	Ivy@KENEK.com
MARN-3438	海魂衫	MARN	MARN	独具匠心纺织厂	Daisy@marn.com
MARN-5864	牛仔裤	MARN	MARN	独具匠心纺织厂	Daisy@marn.com
MARN-7458	时尚板鞋	MARN	MARN	独具匠心纺织厂	Daisy@marn.com
TOLEK-6600	唇膏	TOLEK	TOLEK	永葆青春化妆品	Lindy@tolek.com
TOLEK-7104	面霜	TOLEK	TOLEK	永葆青春化妆品	Lindy@tolek.com

瞧，这才是例句（1）的直接操作对象。也就是说，例句（1）就是从这里抓取fac_name和cargo_name两列含有的信息的。

现在就请大家执行一遍上述例句吧，你的亲身感受比我们解释很多次都管用。

6.2.4　什么是笛卡儿积

通过以上讲解和动手练习，相信同学们会感受到，在这个案例中，其实所谓的建立联结就是通过对主、外键画上等号来向MySQL传达既存的关联关系。这样MySQL就会根据主、外键中的对等值让两张表中的数据对应起来，进而编织出一张关联大表供我们使用。如果大家对操作Excel有一定的经验，那么就会发现，其实建立联结与VLOOKUP函数的使用很相似，因为它们都是在利用"对等值"做文章。

讲到这里可能会有同学会问：既然关联表都存在于同一个数据库中，那为什么还要我们手动来向MySQL告知这种内在联系呢？难道它自己感受不到吗？这是一个好问题。现在我们不妨做一个简单的小测试，看看手动建立联结是否真的有必要。测试方法就是去掉例句（1）中的联结，执行后观察结果的变化。现在请同学们自己执行例句（2）：

```
（2）SELECT fac_name, cargo_name FROM Cargo, Factory;
```

相信同学们已经发现了，虽然例句2的书写要比例句（1）简洁不少，但它返回的数据却比例句（1）多得多，而且这些数据看起来似乎毫无关联！（由于数据过多，此处不给出执行结果，请同学们自行操作并观察结果）

事实上，这是因为例句（2）产生了笛卡儿积。那么笛卡儿积为什么会返回这么多的数据呢？不会是MySQL在刁难我们吧？为了回答这个问题，我们首先来计算一下例句（2）究竟返回了多少行数据：

```
SELECT COUNT(*) AS 笛卡儿积行数 FROM Cargo, Factory;
```

笛卡儿积行数
36

瞧，结果表示当Cargo和Factory两张表产生笛卡儿积时，一共返回了36行数据。然而我们依然不清楚这个结果究竟是怎样得来的。不过这很有可能与两张表本身的行数有关，毕竟羊毛出在羊身上。为了证实这一猜测，我们会继续使用COUNT函数，分别查看两张表中含多少行数据：

```
SELECT COUNT(*) AS 货物表行数 FROM Cargo;
```

货物表行数
9

```
SELECT COUNT(*) AS 工厂表行数 FROM Factory;
```

工厂表行数
4

哦？Cargo和Factory表中分别含有9行和4行数据，而两张表产生的笛卡儿积行数为36。瞧，这正好是两张表行数的乘积：$9 \times 4 = 36$。

不错的分析思路，看来你就要抓住狐狸的尾巴了！事实上，在没有建立联结的情况下，我会让每一个工厂名称和每一个货物名称都互相配对。这是没有办法的事情，谁让你不告诉我对应规则呢？看来我干了一件吃力不讨好的事情……

6.2.5　等值行与不等值行

同学们可以看到，MagicSQL表示它会让每一个工厂名称和每一个货物名称都互相配对。这句话该如何理解呢？下面我们将借助一个场景进行说明。

何世钧、杨曼桢和陈叔惠在同一家公司上班，他们的职务分别是工程师、会计师和经理助理。那么正确的对应关系应该是这样的。

姓名	职务
何世钧	工程师
杨曼桢	会计师
陈叔惠	经理助理

可如果我们没有事先告知MySQL这种对应规则，那么它就会把可能存在的对应关系全部罗列出来，即产生笛卡儿积。

姓名	职务
何世钧	会计师
何世钧	经理助理
何世钧	工程师
杨曼桢	会计师
杨曼桢	经理助理
杨曼桢	工程师
陈叔惠	会计师
陈叔惠	经理助理
陈叔惠	工程师

瞧，这样一来，每个人都会与每一种职务进行匹配。事实上，在这个结果中（笛卡儿积）既有遵循对应关系产生的等值行（左图），也有不遵循对应关系而返回的不等值行（右图）。

姓名	职务
何世钧	工程师
杨曼桢	会计师
陈叔惠	经理助理

姓名	职务
何世钧	会计师
何世钧	经理助理
杨曼桢	经理助理
杨曼桢	工程师
陈叔惠	会计师
陈叔惠	工程师

等值行就是基于等值联结返回的结果，它们遵循数据间的对应关系。例如，何世钧对应的职务是工程师，陈叔惠对应的职务是经理助理。

其实例句（1）返回的结果全部都是等值行，因为在建立联结时，我们使用的是"="。

不等值行则是"张冠李戴"的结果。例如，公司的会计师原本只有杨曼桢一人，但不等值行会显示公司的所有员工都是会计师，且杨小姐本人也身兼数职。

事实上，例句（2）返回的结果就是等值行与不等值行的集合。也就是说，例句（2）返回的结果包含例句（1）返回的结果。

读到这里同学们就会清楚，其实例句（2）比例句（1）多返回的信息都是不等值行。正是由于大量不等值行的加入，笛卡儿积的体量才变得如此庞大。

我们还可以让MySQL单独返回例句（2）结果中的不等值行，方法就是在建立联结时使用"<>"：

```
（3）SELECT fac_name, cargo_name FROM Cargo, Factory
     WHERE Factory.fac_code <> Cargo.fac_code;
```

除此以外，我们还可以细分这些不等值行。方法同样很简单，只需要将例句（3）中的"<>"分别换成">"和"<"：

```
（4）SELECT fac_name, cargo_name FROM Cargo, Factory
     WHERE Factory.fac_code > Cargo.fac_code;
```

```
（5）SELECT fac_name, cargo_name FROM Cargo, Factory
     WHERE Factory.fac_code < Cargo.fac_code;
```

大家不妨亲自动手尝试一下，观察它们各自的返回结果。通过笛卡儿积的产生，大家就会知道，在一般情况下，MySQL不会自发地帮我们建立联结（它不喜欢多管闲事），所以这项操作要由我们自己来手动完成。

而且从某种意义上来讲，其实例句（1）中的WHERE从句也是用于进行某种过滤操作的，因为它将不等值行给过滤掉了。相信同学们还记得"韦尔集团"与"海威公司"之间的较量，此时此刻，路易吉·万帕有话要对他的竞争伙伴说。

在座的各位，你们都看见了，这正是我们公司的另一项核心技术。海威公司对此只能望尘莫及！这项技术能让关联表中的数据找到正确的对应关系，就像这样……他用两根香肠粗细的手指，在空气中画出了一道弯弯的彩虹，表示在关联表之间建立起了"明媚的"等值联结。路易吉·万帕又恢复了他傲慢的本色。

6.2.6 内部联结的语法

看来路易吉·万帕又有些飘飘然了。其实联结的建立并不只是"韦尔集团"的独门秘籍，因为建立联结的语法并不唯一，我们完全可以不使用WHERE从句。所以接下来，我们将向大家介绍另一种联结方式——内部联结（INNER JOIN）。

为了方便对比，我们先将例句（1）引入：

```
（1）SELECT fac_name, cargo_name FROM Cargo, Factory
    WHERE Factory.fac_code = Cargo.fac_code;
```

接着，我们再来看如何使用内部联结语法来实现相同的查询效果：

```
（6）SELECT fac_name, cargo_name
    FROM Cargo INNER JOIN Factory ON Factory.fac_code = Cargo.fac_code;
```

内部联结的语法是INNER JOIN…ON，它取代了WHERE从句。事实上，书写上的改变代表了一种新的表述思路。

在"Factory.fac_code = Cargo.fac_code"的基础上（ON），建立Cargo和Factory两张表间的内部联结（INNER JOIN），然后检索出相应的内容。当然，这是我自己的理解。如果你能总结出更贴切的表述思路就更棒了！

其实我们在介绍LIMIT语法时就与大家聊过关于表述思路的重要性。如果你不清楚一种语法的表述思路，那你就很难脱口而出正确的语句。因为"拿来主义"并不能解决你遇到的所有问题。当没有葫芦做参照来画瓢时，你就需要发挥自己的创造力了。

没错，所以学习SQL语法可不能靠死记硬背，我们要揣测语法背后的表述思路，这样才能融会贯通。事实上，基础语法的组合也能解决很多较为复杂的问题，大家以后就会知道。

不过话说回来，例句（6）之所以能实现同例句（1）一样的查询效果，根本原因是它们有着相同的直接操作对象。也就是说，两种联结方式会整合出一张相同的关联大表：

```
SELECT * FROM Cargo INNER JOIN Factory ON Factory.fac_code =
Cargo.fac_code;
```

cargo_code	cargo_name	fac_code	fac_code	fac_name	fac_email
CELED-7877	台灯	CELED	CELED	很明亮灯具有限公司	Daniel@celed.com
KENE-0547	积木	KENEK	KENEK	超有趣玩具生产厂	Ivy@KENEK.com
KENE-3511	玩具坦克	KENEK	KENEK	超有趣玩具生产厂	Ivy@KENEK.com
KENE-3716	卡通公仔	KENEK	KENEK	超有趣玩具生产厂	Ivy@KENEK.com
MARN-3438	海魂衫	MARN	MARN	独具匠心纺织厂	Daisy@marn.com
MARN-5864	牛仔裤	MARN	MARN	独具匠心纺织厂	Daisy@marn.com
MARN-7458	时尚板鞋	MARN	MARN	独具匠心纺织厂	Daisy@marn.com
TOLEK-6600	唇膏	TOLEK	TOLEK	永葆青春化妆品	Lindy@tolek.com
TOLEK-7104	面霜	TOLEK	TOLEK	永葆青春化妆品	Lindy@tolek.com

清楚并看到整合之后的关联大表，是大家分析和掌握联结的重要手段。以后我们还将反复为同学们证明这种分析思路的重要性。

6.2.7　子查询和联结的区别

通过以上内容，相信大家对建立联结都有了一定的认识。那么借此机会，我们不妨趁热打铁，一起来聊聊关于子查询和联结的区别。

在6.1节中，乔治为了找到集装箱号OCU-058对应的顾客电话，他建立了一条这样的子查询：

```
SELECT ship_contact FROM Shipper WHERE ship_code IN
(SELECT ship_code FROM Booking WHERE book_num IN
(SELECT book_num FROM Summary WHERE container = 'OCU-058'));
```

由于已知信息OCU-058存在于Summary表中，而目标信息ship_contact又存在于Shipper表中，所以乔治会利用子查询进行过滤。

没错，使用子查询进行过滤就像展开一场信息接力赛，它的关键思路在于，将前一条检索语句返回的结果，当作下一条检索语句的过滤条件。由此同学们可以感受到，这条语句有一种逐层向上传递的感觉，而且它的查询步骤很清晰：首先是利用箱号找到订单号；接着再通过订单号找到顾客编号；最后才是用顾客编号找到对应的联系电话。这就好比一位探险家先根据最初的线索找到了藏宝图，然后在藏宝图的指引下找到了一把关键的钥匙，最后通过这把钥匙打开了封闭宝藏的大门。

事实上，建立联结也能实现相同的查询效果。那么动手时间到，现在请你开动脑筋，尝试使用联结来找到集装箱号OCU-058对应的顾客电话，无论是使用WHERE还是使用INNER JOIN都可以。请勇敢尝试，不要怕写错。（请先遮住下面的答案）

我们先来看看如何通过WHERE建立联结并实现上述目的：

```
（7）SELECT ship_contact FROM Shipper, Booking, Summary
     WHERE Shipper.ship_code=Booking.ship_code
     AND Booking.book_num = Summary. book_num
     AND container = 'OCU-058';
```

瞧，由于已知信息和目标信息分散在了Summary和Shipper两张表中，且它们并不直接关联，所以需要"中间人"Booking表的介入。因此我们会将Shipper、Booking和Summary这3张表全部安置在FROM的后面，然后根据它们含有的主、外键去建立联结。

我想你已经注意到了，这条语句从表面上看并不像子查询那样有层层递进的感觉。虽然它们都能实现相同的查询效果，但彼此对应的操作逻辑各有不同。事实上，建立联结就是将几张关联表中含有的数据进行合并，目的是整合出一张关联大表供你们使用。

其实合并表就是拆分表的逆向操作。相信大家还记得这个例子：

学 号	姓 名	学 科	成 绩	班 级	性 别
101	杨曼桢	算术	93	A班	女
101	杨曼桢	体育	89	A班	女
101	杨曼桢	绘画	86	A班	女
102	何世钧	算术	81	B班	男
102	何世钧	体育	96	B班	男
102	何世钧	绘画	65	B班	男
103	陈叔惠	算术	96	C班	男
103	陈叔惠	体育	82	C班	男
103	陈叔惠	绘画	70	C班	男
104	唐翠芝	算术	68	D班	女
104	唐翠芝	体育	80	D班	女
104	唐翠芝	绘画	97	D班	女

由于在单张表中存在大量一对多的情况，所以我们就对它进行了拆分，并由此得到了两张关联表。

建立联结是拆分表的逆向操作。以例句（7）为例，MySQL会根据主、外键中的对等值，对Shipper、Booking和Summary这3张表含有的数据进行合并，整合出一张关联大表。当然，关联大表会重新体现一对多的情况。

学 号	学 科	成 绩
101	算术	93
101	体育	89
101	绘画	86
102	算术	81
102	体育	96
102	绘画	65
103	算术	96
103	体育	82
103	绘画	70
104	算术	68
104	体育	80
104	绘画	97

学 号	姓 名	班 级	性 别
101	杨曼桢	A班	女
102	何世钧	B班	男
103	陈叔惠	C班	男
104	唐翠芝	D班	女

其实关联大表一点儿也不神秘，大家仅需要在建立联结的基础上使用*进行检索就可以看到它了，执行例句（8）：

```
（8）SELECT * FROM Shipper, Booking, Summary
    WHERE Shipper.ship_code = Booking.ship_code
    AND Booking.book_num = Summary. book_num;
```

而且如果我们以此为根据对例句（7）进行简化，那么整条语句就会变得非常平易近人：

```
SELECT ship_contact FROM 关联大表 WHERE container = 'OCU-058';
```

瞧啊，一旦抹掉和联结有关的部分，这其实就是一条非常基础的检索语句。MySQL首先会根据container = 'OCU-058'对整张大表中的数据进行过滤，不满足要求的行就会被筛掉。接着MySQL再找到保留行对应的ship_contact，最后返回显示就大功告成了！

正是如此！其实对于很多涉及联结的检索语句，我们都可以采用类似的分析方法：首先找到合并后的关联大表，然后试着对整条语句进行简化，因为简化后的语句更容易被我们理解。好了，现在我们再来瞧一瞧如何使用内部联结来解决同样的问题：

```
（9）SELECT ship_contact FROM Booking
    INNER JOIN Shipper ON Shipper.ship_code=Booking.ship_code
    INNER JOIN Summary ON Booking.book_num=Summary.book_num
    AND container = 'OCU-058';
```

瞧，使用内部联结语法与使用WHERE建立联结有所区别：由于Summary和Shipper两张表并不直接关联，所以需要Booking表来充当桥梁，因此Booking表这一次会单独出现在FROM的后面。

事实上，例句（9）对应的完整表述思路是：在Shipper.ship_code＝Booking.ship_code和Booking.book_num＝Summary. book_num的基础上（ON），通过中间表Booking建立起与Summary和Shipper之间的内部联结（INNER JOIN），并根据已知信息container = 'OCU-058'，从ship_contact列中找到对应顾客的联系电话。

除此以外，INNER JOIN之所以能实现与WHERE一样的执行效果，是因为它也会整合出一张几乎相同的关联大表，只是列的显示顺序有所不同。同学们不妨自己动手，观察例句（8）与例句（10）的返回结果。

```
（10）SELECT * FROM Booking
     INNER JOIN Shipper ON Shipper.ship_code=Booking.ship_code
     INNER JOIN Summary ON Booking.book_num=Summary.book_num;
```

例句（9）同样可以被简化为以下形式：

```
SELECT ship_contact FROM 关联大表 WHERE container = 'OCU-058';
```

事实上，很多看似复杂的检索语句经简化之后，其主要框架一般都由我们最熟悉的"SELECT...FROM..."句式构成。因为无论怎样，检索的操作对象都是表中的数据，而这无外乎有两种情况：直接从整张表中抓取数据；对表中的数据进行编排和整理，然后寻找相应的信息。我们以后还会用这种办法去分析更多的检索语句。

以上就是本节的主要内容，我们总结如下。

1. "委派主键，充当外键"是关联的设定机制，由此而产生的"奥蕾莉亚列"则是关联的基础。无论是利用子查询进行过滤还是建立联结，"奥蕾莉亚列"都是绝对的主角！

2. 利用子查询进行过滤和建立联结都是对关联进行运用。其实建立联结的过程就是通过"奥蕾莉亚列"将关联告知MySQL的过程。事实上，MySQL对一条语句中联结的数量并没有过多的限制，只要表之间存在关联即可。

3. 在建立联结时，为了避免"奥蕾莉亚列"的多义性，我们会使用主、外键各自的完全限定列名。然而这并不是完全限定列名的唯一必要使用环境。在有些情况下，SELECT后面也必须要使用完全限定列名。例如，如果我们要求在例句（1）的基础上额外返回工厂编号，那么对应的语句就要这样写：

```
SELECT fac_name, cargo_name, Factory.fac_code FROM Cargo, Factory
WHERE Factory.fac_code = Cargo.fac_code;
```

如果我们仅使用fac_code进行检索，那么MySQL就会报错。这是因为Cargo和Factory两张表中都含有一个名为"fac_code"的列。所以为了向MySQL准确传达究竟是检索哪张表中的fac_code，我们就必须要使用它的完全限定列名，Factory.fac_code和Cargo.fac_code都可以。

4. 通过笛卡儿积返回的结果，我们会知道联结分为等值联结和不等值联结，前者返回等值行，后者返回不等值行。

等值联结是利用主、外键中的对等值实现的，所以我们会通过使用"="让关联表中的数据产生对应关系，进而返回等值行。在实际操作中，我们建立的大部分联结都是等值联结，因为我们一般需要的都是等值行。

不等值联结就是刻意忽略主、外键中的对等值。为此我们会使用"＜＞"、"＞"或"＜"来建立联结，这就将返回不等值行。事实上，不等值行并非总是一无是处。我们会在实战章节为大家介绍如何寻找中位数，你将看到不等值行大显神通！

5. 在普遍情况下，我们只能通过主、外键建立联结。这是因为一般只有主键值和外键值才会被两张关联表所共享。然而这并不意味着联结的建立只能依靠主键和外键。事实上，只要是含有对等值的列，一般都能被用来建立联结。

6. 建立联结是我们掌握SQL的必备技能，它真的非常重要。因为使用关联表存储数据是关系数据库的重要特征，而我们的已知信息和目标信息很有可能不在同一张表中。

6.3 自联结与自然联结：巧妙的复制

在上一节中，我们学习了使用WHERE来建立联结和内部联结的语法，本节我们将继续学习联结这个非常重要的操作。事实上，除了前面介绍的两种联结方式，自联结、自然联结和外部联结同样值得大家学习和掌握。

6.3.1 建立自联结：巧妙的复制

"丁零零，丁零零！"角落里传来一阵急促的电话铃声，像是突然松开了一只拧过头的发条。麦克里尼连忙赶过去按下接听键。

"坏消息，先生！昨晚海关抽箱查验，他们发现一批货物的苯含量超标！"报关员马丁在电话那头说道，"现在海关要求检测这家工厂出运的所有货物！"

这可真是糟糕透了，麦克里尼心想。货物检测出问题不仅会影响公司的声誉，弄不好还会上海关的黑名单。这可能导致被查验的概率增加，延长通行时间，并增加一系列的额外费用。不过这些还是后话，现在最紧急的是配合海关工作。麦克里尼在喝过一口茶后，问道：

"告诉我这批货物的编号，马丁。我会尽快查到这家工厂出运的所有货物，然后打电话告诉你。"

"KENE-3511，先生，是一批玩具坦克！"马丁回复说。

"好的，等我消息，小伙子！"说完，麦克里尼就挂断了电话。

想都不用想，此时麦克里尼的目光一定集中在了乔治身上，这让乔治感到后背一阵灼热。不过话说回来，要想解决这个问题，乔治首先要做的就是了解货物清单，也就是了解Cargo表中含有的大致内容。

cargo_code	cargo_name	fac_code
CELED-7877	台灯	CELED
MARN-3438	海魂衫	MARN
MARN-5864	牛仔裤	MARN

举例来讲，第一行信息表示该货物是由fac_code为"CELED"的工厂生产的台灯，编号为CELED-7877。不过这还不算完，因为一家工厂可能会生产多种货物。例如第2行和第3行信息就显示，编号为"MARN-3438"和"MARN-5864"的海魂衫和牛仔裤都由"MARN"工厂生产。

这样一来，乔治首先要利用马丁提供的货物编号（cargo_code），找到该货物对应的工厂编号（fac_code）：

（1）`SELECT fac_code FROM Cargo WHERE cargo_code = 'KENE-3511';`

fac_code
KENEK

接着，乔治会利用返回的工厂编号回过头去查找该工厂生产的所有货物的信息：

（2）`SELECT fac_code, cargo_name, cargo_code FROM Cargo WHERE fac_code = 'KENEK';`

fac_code	cargo_name	cargo_code
KENEK	积木	KENE-0547
KENEK	玩具坦克	KENE-3511
KENEK	卡通公仔	KENE-3716

瞧，结果显示该工厂不仅生产了玩具坦克，还生产了积木和卡通公仔。现在麦克里尼就可以打电话给报关员马丁，告知他这些信息了。

通过这个例子，同学们会发现，在过滤条件不够直接的情况下，即便在同一张表中查找信息，我们可能也要经历多次检索才能得到最终结果。为了减少麻烦，我们不妨建立子查询来一步到位：

```
（3）SELECT fac_code, cargo_name, cargo_code FROM Cargo WHERE fac_code =
(SELECT fac_code FROM Cargo WHERE cargo_code = 'KENE-3511');
```

方法就是将整个例句（1）当作例句（2）的过滤条件。相信同学们都注意到了，在之前的案例中，我们建立的子查询都是利用关联操纵多张表的，然而这条子查询的操作对象就只有Cargo表，且例句（3）对Cargo表操作了两次。

要我说，这归根结底是因为报关员马丁在一开始提供的查询条件不够直接，所以我们会先绕一段弯路去查找玩具坦克对应的工厂编号（fac_code），然后回过头来将工厂编号当作查询条件，进而找到该工厂生产的全部货物。

其实整个查询过程就像Cargo表在照一面神奇的镜子。镜子里的它首先会根据已知信息cargo_code='KENE-3511'找到对应的fac_code，然后将这条线索传递给镜子前的Cargo表。最后，镜子前的Cargo表再根据fac_code找到目标信息。

真是形象的比喻！看来正是事先寻找fac_code增加了我们的工作量。那么有没有一种办法可以绕过这一步呢？这样我们就可以根据马丁提供的cargo_code（KENE-3511）一步到位找到商品信息了呀！

方法当然有，不过在详细介绍之前，我们要先做一番铺垫性的讲解。请看以下简易表。

颜色	水果
红色	苹果
红色	草莓

X表

颜色	水果
红色	苹果
红色	草莓

Y表

X表和Y表有着完全相同的结构和内容。如果我们想让X、Y两张表通过水果列含有的对等值来建立联结，那么合并后的数据集就会是这样的。

颜色	水果	颜色	水果
红色	苹果	红色	苹果
红色	草莓	红色	草莓

这就像让两张表中的水果互相寻找自己的同类伙伴。所以从横向上看，它们要遵循的规则就是"X.水果=Y.水果"。由于只有两种组合方式满足这个规则，所以合并后的数据集只会返回两行信息。可如果我们改让X、Y两张表通过颜色列含有的对等值来建立联结，则合并后的数据集就会发生变化。

颜色	水果	颜色	水果
红色	苹果	红色	苹果
红色	苹果	红色	草莓
红色	草莓	红色	苹果
红色	草莓	红色	草莓

瞧，这一次返回了4行信息。原因是按照对等颜色进行匹配的规则为"X.颜色=Y.颜色"，此时就会有4种不同的组合方式来满足这项规则。

好了，有了这部分内容作为铺垫，现在同学们就可以思考一下，如果我们能想办法对Cargo表中含有的信息进行如下整合：

cargo_code	cargo_name	fac_code
KENE-0547	积木	KENEK
KENE-3511	玩具坦克	KENEK
KENE-3716	卡通公仔	KENEK

cargo_code	cargo_name	fac_code	cargo_code	cargo_name	fac_code
KENE-0547	积木	KENEK	KENE-0547	积木	KENEK
KENE-0547	积木	KENEK	KENE-3511	玩具坦克	KENEK
KENE-0547	积木	KENEK	KENE-3716	卡通公仔	KENEK
KENE-3511	玩具坦克	KENEK	KENE-0547	积木	KENEK
KENE-3511	玩具坦克	KENEK	KENE-3511	玩具坦克	KENEK
KENE-3511	玩具坦克	KENEK	KENE-3716	卡通公仔	KENEK
KENE-3716	卡通公仔	KENEK	KENE-0547	积木	KENEK
KENE-3716	卡通公仔	KENEK	KENE-3511	玩具坦克	KENEK
KENE-3716	卡通公仔	KENEK	KENE-3716	卡通公仔	KENEK

也就是以fac_code列含有的数据作为对等值进行匹配（fac_code类似于简易表中的颜色列），那么无论使用"KENE-3511"对哪一边的cargo_code列进行过滤，我们都将在另一边筛选出工厂生产的全部货物：

cargo_code	cargo_name	fac_code	cargo_code	cargo_name	fac_code
KENE-0547	积木	KENEK	KENE-0547	积木	KENEK
KENE-0547	积木	KENEK	KENE-3511	玩具坦克	KENEK
KENE-0547	积木	KENEK	KENE-3716	卡通公仔	KENEK
KENE-3511	玩具坦克	KENEK	KENE-0547	积木	KENEK
KENE-3511	玩具坦克	KENEK	KENE-3511	玩具坦克	KENEK
KENE-3511	玩具坦克	KENEK	KENE-3716	卡通公仔	KENEK
KENE-3716	卡通公仔	KENEK	KENE-0547	积木	KENEK
KENE-3716	卡通公仔	KENEK	KENE-3511	玩具坦克	KENEK
KENE-3716	卡通公仔	KENEK	KENE-3716	卡通公仔	KENEK

↓

cargo_code	cargo_name	fac_code	cargo_code	cargo_name	fac_code
KENE-0547	积木	KENEK	KENE-0547	积木	KENEK
KENE-0547	积木	KENEK	KENE-3511	玩具坦克	KENEK
KENE-0547	积木	KENEK	KENE-3716	卡通公仔	KENEK
KENE-3511	玩具坦克	KENEK	KENE-0547	积木	KENEK
KENE-3511	玩具坦克	KENEK	KENE-3511	玩具坦克	KENEK
KENE-3511	玩具坦克	KENEK	KENE-3716	卡通公仔	KENEK
KENE-3716	卡通公仔	KENEK	KENE-0547	积木	KENEK
KENE-3716	卡通公仔	KENEK	KENE-3511	玩具坦克	KENEK
KENE-3716	卡通公仔	KENEK	KENE-3716	卡通公仔	KENEK

也就是说，我们仅需要通过cargo_code='KENE-3511' 对合并表中的数据过滤一次，就可以筛选出目标信息了。

理论上来讲，这个办法确实行得通。但我们究竟要怎样操作才能整合出这样的数据模板呢？事实上，在这种情况下，我们需要让Cargo表根据fac_code来建立自联结：

```
（4）SELECT 藤井树.fac_code, 藤井树.cargo_code, 藤井树.cargo_name
    FROM Cargo AS 藤井树, Cargo AS 渡边博子
    WHERE 藤井树.fac_code = 渡边博子.fac_code
    AND 渡边博子.cargo_code = 'KENE-3511';
```

顾名思义，自联结就是一张表与自己建立的联结。所以请不要被例句（4）眼花缭乱的外表所误导了，它其实与普通联结没什么两样。相信逐行阅读下来你会发现，例句（4）并不含有陌生语法。

确实如此，其实在铺垫性讲解中，我们就是在利用X表和Y表做类似的操作。那么，在实际操作中，怎样才能让一张表与它自己建立联结呢？

相信同学们一定还记得，若想在A、B两张表之间建立联结，那么它们首先要彼此关联。准确来讲，A、B两张表中要含有共同的"奥蕾莉亚列"。例如，Shipper和Booking两张表的关联基础就是共同含有ship_code列。

没错，现在请同学们发挥想象力：如果我们可以将A表"复制"一份，并为它取名为A+，那么A表和A+表之间便存在关联的基础，因为它们有着完全相同的结构和内容。其实这就是建立自联结的思路。

我想你一定很好奇，究竟要怎样做才能将一张Cargo表"复制"成两张呢？其实这一点儿也不困难，我们仅需要使用AS对一张Cargo表进行两次重命名即可：

```
Cargo AS 藤井树, Cargo AS 渡边博子
```

你可别小瞧了这一步。这样一来，我们就把单一的Cargo表区分成了"藤井树"和"渡边博子"两张表用于操作，而藤井树和渡边博子被称作表别名。在电影《情书》中，藤井树和渡边博子是两个容貌相同的女人，她们就像彼此的"复制粘贴"。

读到这里，同学们就会清楚：其实我们并没有对Cargo表进行真正的复制，而是通过两次命名对它偷换了概念。也就是说，我们通过重命名的方式得到了"藤井树"和"渡边博子"两张一模一样的表，它们与Cargo表有着完全相同的结构和内容。当这一步完成后，我们就可以利用"藤井树"和"渡边博子"来建立联结了：

```
WHERE 藤井树.fac_code = 渡边博子.fac_code
```

事实上，如果我们去掉使用AS命名的部分，然后将"藤井树"和"渡边博子"看作两张名为T1和T2的表，那么例句（4）就会被简化为：

```
SELECT T1.fac_code, T1.cargo_code, T1.cargo_name
FROM T1, T2
WHERE T1.fac_code = T2.fac_code
AND T2.cargo_code = 'KENE-3511';
```

瞧，其实从表面上看，这就是在T1和T2两张表之间建立的普通联结而已。与普通联结一样，清楚并看到整合之后的关联大表是我们分析例句（4）的关键。现在请

大家自己动手执行一下例句（5）。相信你会发现，合并后的结果与我们之前设想的一样。由于此处是通过fac_code建立联结的，所以除了两边的fac_code正确对应，其他列的对应关系几乎就是笛卡儿积。

```
（5）SELECT * FROM Cargo AS 藤井树, Cargo AS 渡边博子
    WHERE 藤井树.fac_code = 渡边博子.fac_code;
```

我有一个问题，在一般情况下，联结会通过主键和外键来建立，这是因为只有它们才含有对等值。然而"藤井树"和"渡边博子"却有着完全相同的列和列值，那么是不是任何一列都可以用来建立联结呢？

没错，自联结可以使用任何一列来建立，而且每一种联结方式可能会对应不同的合并效果。就像X表和Y表根据水果和颜色会整合出不同的数据集。但是请同学们不要忘了，我们建立联结是为了解决实际问题。事实上，在这个案例中，工厂编号fac_code才是那座关联已知信息和目标信息的桥梁。因此，若想得到正确答案，我们就只能选择用fac_code来建立联结。

正是这样！除此以外，同学们还要知道，我们为什么一定要在例句（4）的检索和过滤中使用完全限定列名呢？原因其实很简单。虽然在合并后的结果中，每一列信息都出现了两次，且列名相同，但它们实际上隶属于不同的表，所以过滤条件的所属列和检索对象就必须使用完全限定列名。

cargo_code	cargo_name	fac_code	cargo_code	cargo_name	fac_code
KENE-0547	积木	KENEK	KENE-0547	积木	KENEK
KENE-0547	积木	KENEK	KENE-3511	玩具坦克	KENEK
KENE-0547	积木	KENEK	KENE-3716	卡通公仔	KENEK
KENE-3511	玩具坦克	KENEK	KENE-0547	积木	KENEK
KENE-3511	玩具坦克	KENEK	KENE-3511	玩具坦克	KENEK
KENE-3511	玩具坦克	KENEK	KENE-3716	卡通公仔	KENEK
KENE-3716	卡通公仔	KENEK	KENE-0547	积木	KENEK
KENE-3716	卡通公仔	KENEK	KENE-3511	玩具坦克	KENEK
KENE-3716	卡通公仔	KENEK	KENE-3716	卡通公仔	KENEK

举例来讲，如果我们将左边红色表和右边绿色表分别视为"藤井树"和"渡边博子"，那么例句（4）对应的查询思路就是：根据右边"渡边博子"表中的cargo_code编号进行过滤，从而在左边的"藤井树"表中筛选出对应的目标信息。

（4）SELECT 藤井树.fac_code, 藤井树.cargo_code, 藤井树.cargo_name
　　FROM Cargo AS 藤井树, Cargo AS 渡边博子
　　WHERE 藤井树.fac_code = 渡边博子.fac_code
　　AND 渡边博子.cargo_code = 'KENE-3511';

cargo_code	cargo_name	fac_code	cargo_code	cargo_name	fac_code
KENE-0547	积木	KENEK	KENE-0547	积木	KENEK
KENE-0547	积木	KENEK	KENE-3511	玩具坦克	KENEK
KENE-0547	积木	KENEK	KENE-3716	卡通公仔	KENEK
KENE-3511	玩具坦克	KENEK	KENE-0547	积木	KENEK
KENE-3511	玩具坦克	KENEK	KENE-3511	玩具坦克	KENEK
KENE-3511	玩具坦克	KENEK	KENE-3716	卡通公仔	KENEK
KENE-3716	卡通公仔	KENEK	KENE-0547	积木	KENEK
KENE-3716	卡通公仔	KENEK	KENE-3511	玩具坦克	KENEK
KENE-3716	卡通公仔	KENEK	KENE-3716	卡通公仔	KENEK

当然，如果我们想反过来根据左边"藤井树"表中的cargo_code编号进行过滤，进而从右边的"渡边博子"表中筛选出目标信息，那么例句（4）就会被调整为：

（6）SELECT 渡边博子.fac_code, 渡边博子.cargo_code, 渡边博子.cargo_name
　　FROM Cargo AS 藤井树, Cargo AS 渡边博子
　　WHERE 藤井树.fac_code = 渡边博子.fac_code
　　AND 藤井树.cargo_code = 'KENE-3511';

cargo_code	cargo_name	fac_code	cargo_code	cargo_name	fac_code
KENE-0547	积木	KENEK	KENE-0547	积木	KENEK
KENE-0547	积木	KENEK	KENE-3511	玩具坦克	KENEK
KENE-0547	积木	KENEK	KENE-3716	卡通公仔	KENEK
KENE-3511	玩具坦克	KENEK	KENE-0547	积木	KENEK
KENE-3511	玩具坦克	KENEK	KENE-3511	玩具坦克	KENEK
KENE-3511	玩具坦克	KENEK	KENE-3716	卡通公仔	KENEK
KENE-3716	卡通公仔	KENEK	KENE-0547	积木	KENEK
KENE-3716	卡通公仔	KENEK	KENE-3511	玩具坦克	KENEK
KENE-3716	卡通公仔	KENEK	KENE-3716	卡通公仔	KENEK

我想大家应该都明白了，自联结其实就是将一张表区分成不同的表别名进行操作。虽然每一列都可以用来建立联结，但我们要找到那个真正关联已知信息和目标信息的桥梁。只有通过它建立起联结，才能得到准确的结果！

的确如此，虽然自联结有它的特殊之处，但归根结底，它依然是在根据对等值

进行数据的合并。所以，把握住合并后的数据集（关联大表）依然是我们分析自联结的重要思路和手段，这一点请同学们不要忘记。

好了，现在就请大家执行一遍上述例句吧！接下来我们会介绍另一种建立联结的方式——自然联结（NATURAL JOIN）。

6.3.2　建立自然联结：不走寻常路的简洁

同学们都知道，在一般情况下，联结就是根据对等值合并数据。例如，如果我们要将Shipper和Booking两张表合二为一，那么已知的实现方式有两种：

```
（7）SELECT * FROM Shipper, Booking
    WHERE Shipper.ship_code = Booking.ship_code;

（8）SELECT * FROM Shipper INNER JOIN Booking
    ON Shipper.ship_code = Booking.ship_code;
```

ship_code	ship_name	ship_address	ship_contact	ship_email	ship_country	book_num	book_date	ship_code
105	Carol	伦敦牛津街12号	044-2512162	Frank@UKPALA.com	UK	BOK-05734	2021-08-15	105
105	Carol	伦敦牛津街12号	044-2512162	Frank@UKPALA.com	UK	BOK-68851	2021-08-12	105
102	Owen	洛杉矶日落大道307号	213-5152857	Owen@USASPIM.com	usa	BOK-70339	2021-08-07	102
101	Leonardo	西西里维多利亚大街23号	039-925298	Leonardo@ITABUGAME.com	ITA	BOK-72306	2021-08-02	101
104	Felipe	巴塞罗那格兰大道241号	0034-353425	Felipe@ESPZTG.com	ESP	BOK-75695	2021-08-10	104

瞧，例句（7）和例句（8）返回了一样的结果，而且ship_code列在其中出现了两次。这是因为Shipper和Booking两张表中都含有ship_code列，所以它就被合并后的数据集重复保留了。虽然这无伤大雅，但是去掉一列ship_code能节约一些显示空间。下面我们就使用自然联结来解决这个问题：

```
（9）SELECT * FROM Shipper NATURAL JOIN Booking
    WHERE Shipper.ship_code = Booking.ship_code;
```

ship_code	ship_name	ship_address	ship_contact	ship_email	ship_country	book_num	book_date
105	Carol	伦敦牛津街12号	044-2512162	Frank@UKPALA.com	UK	BOK-05734	2021-08-15
105	Carol	伦敦牛津街12号	044-2512162	Frank@UKPALA.com	UK	BOK-68851	2021-08-12
102	Owen	洛杉矶日落大道307号	213-5152857	Owen@USASPIM.com	usa	BOK-70339	2021-08-07
101	Leonardo	西西里维多利亚大街23号	039-925298	Leonardo@ITABUGAME.com	ITA	BOK-72306	2021-08-02
104	Felipe	巴塞罗那格兰大道241号	0034-353425	Felipe@ESPZTG.com	ESP	BOK-75695	2021-08-10

可以看到，ship_code列在结果中不再重复出现了。没错，这正是自然联结的第一个特点：去掉重复返回的列。除此以外，大家还会发现，自然联结的语法是NATURAL JOIN，并没有使用ON，而是保留了WHERE。事实上，整条WHERE从句都可以去掉不要，例句（10）将返回和例句（9）一样的结果：

```
（10）SELECT * FROM Shipper NATURAL JOIN Booking;
```

在大部分情况下，我都需要你通过类似于"Shipper.ship_code= Booking. ship_code"这样的语句来明确告知匹配规则，否则就会产生笛卡儿积。然而自然联结无须这样。事实上，例句（10）将返回和例句（9）一样的结果。动手试一试，你就知道我没有说谎。

这正是自然联结的第二个特点。好了，自然联结就介绍到这里。在下一节中，我们将一起学习一个重要知识点：外部联结（OUTER JOIN）。

6.4　外部联结：向左走，还是向右走

本节我们将要一起学习如何建立外部联结。由于主键和外键含有的数据并不总是完全对等的，所以掌握外部联结这项操作就显得非常重要。归根结底，这是因为外部联结可以整合出一份与内部联结不一样的数据集（关联大表），对经外部联结处理后的关联大表进行操作，我们将实现内部联结无法达成的效果。

6.4.1　不同于以往的关联大表

大家都知道，如果乔治想查看各个订单对应的顾客信息，那么他就会利用ship_code，在Shipper和Booking两张表之间建立联结。根据目前掌握的操作来看，乔治甚至可以用3种不同的方式来达成这一目的：

```
（1）SELECT Shipper. ship_code, ship_name, book_num
    FROM Shipper INNER JOIN Booking ON Shipper.ship_code = Booking.ship_code;

（2）SELECT Booking. ship_code, ship_name, book_num
    FROM Shipper, Booking WHERE Shipper.ship_code = Booking.ship_code;

（3）SELECT ship_code, ship_name, book_num FROM Shipper NATURAL JOIN Booking;
```

非常优秀！乔治依次使用了INNER JOIN、WHERE和NATURE JOIN这3种方式来建立联结。不过我还是要简单地提一句，由于ship_code为两张表所共有，所以为了指向明确，你们在检索的时候要使用它的完全限定列名——Shipper. ship_code或Booking. ship_code。当然，自然联结还是一如既往地简洁，它不仅省略了联结语句，还无须在SELECT后使用ship_code的完全限定列名。

MagicSQL说得对。事实上，这3条例句将返回一样的结果。现在乔治可以骄傲地把这份"成绩单"交给麦克里尼了。

ship_code	ship_name	book_num
101	Leonardo	BOK-72306
102	Owen	BOK-70339
104	Felipe	BOK-75695
105	Carol	BOK-05734
105	Carol	BOK-68851

真是好样的，乔治！不过你只返回了下订单的顾客信息，我还想知道哪些顾客在近期没有下过订单。这些被你漏掉的信息非常关键，因为我要给他们打回访电话，询问近期没有下订单的原因。

瞧，麦克里尼表示，他还想额外查看哪些顾客在近期没有下过订单。其实这个要求很在理，因为在有些情况下，"没有"比"有"更值得一探究竟。所以在想办法解决麦克里尼的问题之前，我们要先搞明白，为什么以上3条例句都没有返回订单量为0的顾客信息。

首先同学们要清楚，乔治写下的3条检索语句之所以能实现相同的查询效果，归根结底是因为，以上3种联结方式会根据Shipper和Booking两张表含有的对等值列ship_code，整合出相同的数据集（关联大表）：

ship_code	ship_name	ship_address	ship_contact	ship_email	ship_country	book_num	book_date	ship_code
105	Carol	伦敦牛津街12号	044-2512162	Frank@UKPALA.com	UK	BOK-05734	2021-08-15	105
105	Carol	伦敦牛津街12号	044-2512162	Frank@UKPALA.com	UK	BOK-68851	2021-08-12	105
102	Owen	洛杉矶日落大道307号	213-5152857	Owen@USASPIM.com	usa	BOK-70339	2021-08-07	102
101	Leonardo	西西里维多利亚大街23号	039-925298	Leonardo@ITABUGAME.com	ITA	BOK-72306	2021-08-02	101
104	Felipe	巴塞罗那格兰大道241号	0034-353425	Felipe@ESPZTG.com	ESP	BOK-75695	2021-08-10	104

也就是说，以上3条检索语句的直接操作对象都是这样一张关联大表。大家可以看到，因为在整合后的关联大表中根本就不包含订单量为0的顾客信息，所以把它当作操作对象就无法满足麦克里尼的要求。读到这里，同学们就会明白，问题出在了信息的整合方式上。

不过话又说回来，为什么通过以上3种联结方式整合出的数据集都不包含订单量为0的顾客信息呢？

原因其实很简单，因为这些顾客的ship_code在Booking表中没有对等值。

没错，由于这些顾客在近期没有下过订单，所以就没有委派他们的主键（Shipper.ship_code）去Booking中担任外键（Booking.ship_code）。因此，这些顾客的编号就仅存在于Shipper表中，他们的相关信息也仅为Shipper表所独有。当MySQL在根据对等值合并数据时，就会发现这类顾客在Booking表中根本就没有相关数据，所以他们就没有出现在整合后的数据集中。我们可以参照以下对话进行理解。

糟糕！那些近期没有下订单的家伙在我这里找不到对应的信息！

这种小事请别放在心上，我知道他们的ship_code在你那里找不到对等值。既然如此，那我们整合以后干脆就不显示他们的信息了吧。多一事不如少一事。

好了，在清楚了其中的缘由之后，我们就要着手解决这个问题了。事实上，要想满足麦克里尼的查看要求，乔治依然要根据Shipper和Booking两张表含有的对等值列ship_code来建立联结。只不过这一次，我们会改用外部联结来进行操作：

```
（4）SELECT Shipper. ship_code, ship_name, ship_contact, book_num
    FROM Shipper LEFT OUTER JOIN Booking
    ON Shipper.ship_code = Booking.ship_code;
```

ship_code	ship_name	ship_contact	book_num
101	Leonardo	039-925298	BOK-72306
102	Owen	213-5152857	BOK-70339
103	Yoshimura	081-4511845	NULL
104	Felipe	0034-353425	BOK-75695
105	Carol	044-2512162	BOK-05734
105	Carol	044-2512162	BOK-68851

瞧，愿望达成了！使用外部联结返回的结果中不仅包含下过订单的顾客信息，还包含订单量为0的顾客信息。这条外部联结语句之所以能达成这一目的，归根结底是因为它能整合出不一样的数据集：

```
（5）SELECT * FROM Shipper LEFT OUTER JOIN Booking
    ON Shipper.ship_code = Booking.ship_code;
```

ship_code	ship_name	ship_address	ship_contact	ship_email	ship_country	book_num	book_date	ship_code
105	Carol	伦敦牛津街12号	044-2512162	Frank@UKPALA.com	UK	BOK-05734	2021-08-15	105
105	Carol	伦敦牛津街12号	044-2512162	Frank@UKPALA.com	UK	BOK-68851	2021-08-12	105
102	Owen	洛杉矶日落大道307号	213-5152857	Owen@USASPIM.com	usa	BOK-70339	2021-08-07	102
101	Leonardo	西西里维多利亚大街23号	039-925298	Leonardo@ITABUGAME.com	ITA	BOK-72306	2021-08-02	101
104	Felipe	巴塞罗那格兰大道241号	0034-353425	Felipe@ESPZTG.com	ESP	BOK-75695	2021-08-10	104
103	Yoshimura	北海道南龙町96号	081-4511845	Yoshimura@JPNLUCKY.com	JPN	NULL	NULL	NULL

瞧，同样是根据Booking和Shipper两张表含有的对等值列ship_code进行数据整合，外部联结与内部联结整合出的关联大表不一样。同学们可以看到，这个数据集中本身就包含订单量为0的顾客信息，所以例句（4）把它用作操作对象就能满足麦克里尼的查看需要。

不过话说回来，为什么外部联结具备这个本领呢？下面我们先来瞧瞧这条联结语句在两张表间引发了怎样的讨论。

喂，老兄！还是照老样子进行整合吗？订单量为0的顾客在我这边依然找不到对应信息呀！

这次可不成！外部联结要求我们既要求同，也要存异。所以这次要以我含有的信息范围为标准来整合数据。即使你那里没有关联行也无妨，你只需要配合显示空值即可！

瞧，这一次Shipper表很硬气！它向Booking表说明，要以它含有的信息范围为标准来整合数据。那么这句话又该怎样理解呢？现在让我们直接将例句（4）中的LEFT换成RIGHT，也就是将左外部联结换成右外部联结，然后观察结果的变化：

```
（6）SELECT Shipper. ship_code, ship_name, ship_contact, book_num
    FROM Shipper RIGHT OUTER JOIN Booking
    ON Shipper.ship_code = Booking.ship_code;
```

ship_code	ship_name	book_num
101	Leonardo	BOK-72306
102	Owen	BOK-70339
104	Felipe	BOK-75695
105	Carol	BOK-05734
105	Carol	BOK-68851

哦？我们只是改动了一个词，结果就发生了变化？返回的结果中并不包含订单量为0的顾客信息。毫无疑问，这肯定因为右外部联结整合出了与内部联结相同的数据集，验证如下：

（7）SELECT * FROM Shipper RIGHT OUTER JOIN Booking
　　ON Shipper.ship_code = Booking.ship_code;

ship_code	ship_name	ship_address	ship_contact	ship_email	ship_country	book_num	book_date	ship_code
105	Carol	伦敦牛津街12号	044-2512162	Frank@UKPALA.com	UK	BOK-05734	2021-08-15	105
105	Carol	伦敦牛津街12号	044-2512162	Frank@UKPALA.com	UK	BOK-68851	2021-08-12	105
102	Owen	洛杉矶日落大道307号	213-5152857	Owen@USASPIM.com	usa	BOK-70339	2021-08-07	102
101	Leonardo	西西里维多利亚大街23号	039-925298	Leonardo@ITABUGAME.com	ITA	BOK-72306	2021-08-02	101
104	Felipe	巴塞罗那格兰大道241号	0034-353425	Felipe@ESPZTG.com	ESP	BOK-75695	2021-08-10	104

果不其然！下面我们就来为大家详细解释外部联结的使用原理。

不妨将LEFT和RIGHT视为两个方位词，它们的作用是指定主表。举例来讲，例句（4）和（5）使用的方位词是LEFT，所以左边的Shipper表就是主表，而例句（6）和（7）使用的方位词是RIGHT，因此右边的Booking表就变成了主表。当主表指定完成以后，另一边的那张表自然就成了副表。

没错，外部联结正是通过指定主表来控制数据集（关联大表）的内容范围的，且副表必须配合。在例句（5）中，由于左边的Shipper表是主表，所以整合数据集的内容范围由它控制。那么这样一来，Shipper表中含有的每一位顾客都会出现在关联大表中，即使订单量为0的顾客在Booking表中没有关联行，它也将配合显示空值。

不过在后来的例句（7）中，我们把方位词从LEFT换成了RIGHT，因此右边的Booking表就变成了主表，整合数据集的内容范围就由它说了算。这就导致订单量为0的顾客被排除在外，因为这些信息仅为Shipper表所独有。其实例句（7）只是碰巧返回了一份与内部联结相同的数据集。

正是如此！读到这里同学们就会清楚，其实选择建立左外部联结还是右外部联结并不十分重要，重要的是你要指定一张表为主表。LEFT和RIGHT仅仅是方位词而已，如果乔治执意要通过右外部联结来满足麦克里尼的查看要求，那么他仅需要在例句（6）的基础上，对换Booking和Shipper两张表的位置即可，也就是重新将Shipper表指定为主表：

（8）SELECT Shipper. ship_code, ship_name, ship_contact, book_num
　　FROM Booking RIGHT JOIN Shipper
　　ON Shipper.ship_code = Booking.ship_code;

ship_code	ship_name	ship_contact	book_num
101	Leonardo	039-925298	BOK-72306
102	Owen	213-5152857	BOK-70339
103	Yoshimura	081-4511845	NULL
104	Felipe	0034-353425	BOK-75695
105	Carol	044-2512162	BOK-05734
105	Carol	044-2512162	BOK-68851

这样一来，例句（8）对应的表述思路就是：在Shipper.ship_code= Booking.ship_code的基础上，建立以Shipper表为主表，以Booking表为副表的右外部联结，然后检索出相应的顾客信息和订单号。没错，关键词OUTER可以省略。

好了，以上就是我们对外部联结的介绍。现在就请同学们自己执行一下上述例句吧！

6.4.2　不同联结方式的比较

掌握联结操作非常关键，我们在此安排了两道练习题，用来比较不同的联结方式。

1. 需求总是递进的，麦克里尼现在想让乔治统计出各个顾客（不包含订单量为0的顾客）对应的订单量。请你用尽可能多的方法来帮助乔治得到如下结果。

ship_name	ship_code	订单量
Leonardo	101	1
Owen	102	1
Felipe	104	1
Carol	105	2

2. 麦克里尼的好奇心总是愈演愈烈，现在他又要求结果中包含订单量为0的顾客信息。请你用尽可能多的方法来帮助乔治对上一个结果进行扩充。

ship_name	ship_code	订单量
Leonardo	101	1
Owen	102	1
Yoshimura	103	0
Felipe	104	1
Carol	105	2

相信大家都写出了自己的答案，现在我们一起来分析一下这两道题。

由于大部分SQL语句的操作对象都是表中的数据，所以请同学们记住，当我们在解读需求时，首要目标就是弄清楚你的操作对象是哪（几）张表。在这个案例中，由于麦克里尼需要得到顾客信息和订单量的汇总结果，所以我们的操作对象依然是大家最为熟悉的Shipper和Booking两张表。

不过要想将两张表中包含的内容整合进一张表中显示，就要在检索之前对它们包含的内容进行合并。而合并这项操作一般只能通过建立联结来实现，所以当确定了操作对象是Shipper和Booking两张表之后，我们接下来要思考的问题就是选择哪种联结方式。

毫无疑问，在练习1中，由于麦克里尼不要求结果显示出订单量为0的顾客信息，因此按照一般思路来讲，在合并之初两张表中就不应该含有这些内容。这样一来，我们就会选择以内部联结为代表的合并方式：

```
SELECT * FROM Shipper INNER JOIN Booking
ON Shipper.ship_code = Booking.ship_code;
```

ship_code	ship_name	ship_address	ship_contact	ship_email	ship_country	book_num	book_date	ship_code
105	Carol	伦敦牛津街12号	044-2512162	Frank@UKPALA.com	UK	BOK-05734	2021-08-15	105
105	Carol	伦敦牛津街12号	044-2512162	Frank@UKPALA.com	UK	BOK-68851	2021-08-12	105
102	Owen	洛杉矶日落大道307号	213-5152857	Owen@USASPIM.com	usa	BOK-70339	2021-08-07	102
101	Leonardo	西西里维多利亚大街23号	039-925298	Leonardo@ITABUGAME.com	ITA	BOK-72306	2021-08-02	101
104	Felipe	巴塞罗那格兰大道241号	0034-353425	Felipe@ESPZTG.com	ESP	BOK-75695	2021-08-10	104

当我们得到检索的直接操作对象（关联大表）之后，相信后面的操作大家就非常熟悉了。没错，我们只需要让这些数据以ship_code为单位进行分组，即GROUP BY ship_code，目的是让聚集函数COUNT以组为单位统计出各组包含的订单号（book_num）个数，即COUNT(book_num)，这样就能间接返回各个顾客的订单量了。当然，为了让结果显示更加直观，我们还要再检索出顾客姓名（ship_name）。因此，完整的SQL语句应该这样书写：

```
SELECT ship_name, Shipper.ship_code, COUNT(book_num) AS 订单量 FROM
Shipper INNER JOIN Booking ON Shipper.ship_code = Booking.ship_code
GROUP BY Shipper.ship_code;
```

ship_name	ship_code	订单量
Leonardo	101	1
Owen	102	1
Felipe	104	1
Carol	105	2

可以看到，由于ship_code为两张表所共有，且它们在关联大表中的显示名称相同，所以在检索和指定分组依据时，我们就需要使用它们的完全限定列名：Shipper.ship_code或Booking.ship_code。

除此以外，由于WHERE从句、自然联结，以及将Booking表指定为主表的外部联结，都能整合出与内部联结一样的关联大表。因此，以下4条SQL语句都能实现相同的查询要求：

```
SELECT ship_name, Shipper.ship_code, COUNT(book_num) AS 订单量
FROM Shipper, Booking
WHERE Shipper.ship_code = Booking.ship_code
GROUP BY Shipper.ship_code;

SELECT ship_name, ship_code, COUNT(book_num) AS 订单量
FROM Shipper NATURAL JOIN Booking
GROUP BY ship_code;

SELECT ship_name, Shipper.ship_code, COUNT(book_num) AS 订单量
FROM Shipper RIGHT OUTER JOIN Booking ON Shipper.ship_code =
Booking.ship_code
GROUP BY Shipper.ship_code;

SELECT ship_name, Shipper.ship_code, COUNT(book_num) AS 订单量
FROM Booking LEFT OUTER JOIN Shipper ON Shipper.ship_code = Booking.ship_code
GROUP BY Shipper.ship_code;
```

　　同样的思路也适用于练习2。由于不堪忍受好奇心的百般折磨，麦克里尼进一步要求结果中要包含订单量为0的顾客信息。在这种情况下，以内部联结为代表的整合方式就无能为力了，因为它们严格依赖两张表中含有的对等值。根据大家目前已了解的操作来看，我们只能依靠外部联结来满足麦克里尼的好奇心了。准确来讲，我们要建立以Shipper表为主表的外部联结：

```
SELECT ship_name, Shipper.ship_code, COUNT(book_num) AS 订单量
FROM Shipper LEFT OUTER JOIN Booking ON Shipper.ship_code = Booking.ship_code
GROUP BY Shipper.ship_code;
```

　　或使用如下语句：

```
SELECT ship_name, Shipper.ship_code, COUNT(book_num) AS 订单量
FROM Booking RIGHT OUTER JOIN Shipper ON Shipper.ship_code = Booking.ship_code
GROUP BY Shipper.ship_code;
```

ship_name	ship_code	订单量
Leonardo	101	1
Owen	102	1
Yoshimura	103	0
Felipe	104	1
Carol	105	2

相信同学们都已经想到了，其实对这个结果中的数据进行过滤，我们一样能得到练习1的显示效果。方法是在语句的末尾追加使用HAVING，因为HAVING能以组为单位进行过滤：

```
SELECT ship_name, Shipper.ship_code, COUNT(book_num) AS 订单量
FROM Booking RIGHT OUTER JOIN Shipper ON Shipper.ship_code = Booking.ship_code
GROUP BY Shipper.ship_code
HAVING 订单量 <> '0';
```

ship_name	ship_code	订单量
Leonardo	101	1
Owen	102	1
Felipe	104	1
Carol	105	2

以上就是本节的主要知识点。我们不妨在最后做一番总结。

1. 建立（等值）联结就是对关联表中的信息进行合并。由于信息合并的依据一般源自主、外键中的对等值，所以在普遍情况下，联结的建立只能依赖主键和外键。自联结是个例外。

2. 由于不同的联结方式可以产生不同的合并结果，所以我们要从合并结果入手去选择联结方式。也就是说，选择何种联结方式，取决于我们想要得到怎样的合并结果。

3. 由于以内部联结为代表的合并方式严重依赖主、外键中的对等值，所以没有对等值的相关信息不会出现在合并结果中。准确来讲，如果某个数据为主键单方面所独有，那么与它相关联的信息将不会被整合进关联大表。因为这个数据在外键中没有对等值。

4. 由于外部联结的建立并不完全依赖主、外键中的对等值，所以如果主表含有的内容相较于副表而言更加丰富，那么合并后的数据会更加完整。换句话说，仅主键独有的相关信息同样会被整合进关联大表。

5. 清楚并查看合并后的关联大表是我们分析和掌握联结的重要思路。

6.5 关联子查询的建立：另一只看不见的手

本节将介绍关于子查询的特殊运用，就是关联子查询。不过在学习具体操作之前，我们先来聊聊关联子查询和一般子查询的区别。

6.5.1　标量子查询

在6.1节中，我们为大家详细介绍了如何利用子查询进行过滤。简单来讲，这个操作其实就是将一条单独的检索语句当作另一条检索语句的过滤条件。

举个例子来看，何世钧、杨曼桢、陈叔惠和唐翠芝在学生时期是同班同学。以下这张名为Student的表记录了他们4人在某一次考试中的各科分数：

姓名	学科	分数
何世钧	语文	81
何世钧	数学	97
何世钧	英语	75
杨曼桢	语文	88
杨曼桢	数学	86
杨曼桢	英语	96
陈叔惠	语文	73
陈叔惠	数学	100
陈叔惠	英语	89
唐翠芝	语文	87
唐翠芝	数学	73
唐翠芝	英语	100

可以看到，这张表记录的主要信息有姓名、学科和分数。如果我们现在想知道他们4人中谁的成绩最好，则可以通过平均分进行比较。现在我们要做的事情很简单，那就是分别计算出4人在此次考试中取得的平均分。

毫无疑问，最有效的方法就是使用AVG函数并搭配GROUP BY进行数据分组。对应的SQL语句和结果如下：

```
（1）SELECT 姓名, AVG(分数) AS 平均分 FROM Student
    GROUP BY 姓名 ORDER BY 平均分 DESC;
```

姓名	平均分
杨曼桢	90.0000
陈叔惠	87.3333
唐翠芝	86.6667
何世钧	84.3333

瞧，我们只需通过GROUP BY将姓名指定为分组的依据，那么AVG函数自然就会分组计算出4人的平均分了，这4个聚集结果正是分组计算的产物。除此以外，虽然GROUP BY自带排序效果，但它并不是每一次都能正确返回结果。所以排序这项任务最好还是交给专职的ORDER BY为妙，它需要写在GROUP BY的后面。

以上只是计算平均分的方法之一，另一种计算方法是在不进行数据分组的情况下单独使用AVG函数：

（2）SELECT AVG(分数) AS 总平均分 FROM Student;

总平均分
87.0833

可以看到，由于AVG函数是以整列分数为单位进行均值计算的，所以我们就将结果取名为"总平均分"。

接着，如果我们要将4人的平均分与总平均分进行比较，并返回高于总平均分的相关信息，就需要利用子查询进行过滤了：

（3）SELECT 姓名，AVG(分数) AS 平均分 FROM Student GROUP BY 姓名
HAVING 平均分 > (SELECT AVG(分数) AS 总平均分 FROM Student);

姓 名	平均分
陈叔惠	87.3333
杨曼桢	90.0000

瞧，我们只需要将例句（2）当作例句（1）的过滤条件即可，在HAVING从句中也能使用子查询进行过滤。除此以外，相信大家还发现了，在此前的案例中，我们一般使用的都是IN或=连接子查询，然而此处使用的是一个比较运算符>。

事实上，对于可以被=、<>、>、<连接的子查询，我们普遍称之为标量子查询。所谓标量，其实就是"单一"的含义。因此，对于标量子查询来讲，它们只能返回单一的结果，否则将无法被=、<>、>、<拿来使用。这其实并不难理解，请同学们想象一下，假如例句（2）返回了两个均值（这当然不可能，只是假设），那么后面究竟该与哪一个均值做比较呢？这就会产生混淆，就好比我们都知道5比3大，所以会记作5>3，然而比5小的数还有很多，比如2，可我们并不会这样记录：5>3、2。

6.5.2 利用关联子查询进行过滤

相信同学们都能很轻松地理解以上操作。接下来，我们要继续在平均分这一话题上做文章。

妈妈从小就告诉我，人要和自己比较才会进步，所以接下来我想返回4人高于各自平均分的相关学科信息。

举例来讲，何世钧在3门考试中的平均分是84.3333分，那么他高于平均分的学科就是数学，分数是97分。不过话说回来，究竟要怎样操作才能实现这一效果呢？

同学们都知道，操作只是我们实现需求的手段而已，其背后的思路更为关键。也就是说，操作只是思路的演绎。

着眼此处，既然我们需要筛选出4人高于各自平均分的相关学科信息，那么对应的实现方法一定还是要围绕数据的过滤展开。事实上，这只是换了一种比较的方式而已，所以我们还会建立子查询并搭配比较运算符>。

首先，由于我们的目标是从Student表中筛选出相关信息，因此整条SQL语句的框架就会这样书写：

```
SELECT * FROM Student WHERE 分数 >...
```

瞧，这是一条非常基础的过滤查询语句，只不过此时的WHERE从句还不完整，因为我们还没有为它添加过滤条件。事实上，为这条框架语句寻找过滤条件正是本案例的重点。请同学们思考一下，既然我们要通过比较分数与平均分来进行过滤，那么过滤条件其实就是上述结果中的平均分。因此我们可以在书写上再迈进一步：

```
SELECT * FROM Student WHERE 分数 > (SELECT AVG(分数)
FROM Student GROUP BY 姓名);
```

大家可以看到，我们先是对例句（1）进行了简化，去掉了ORDER BY及检索姓名信息和重命名聚集结果的步骤。然后将简化后的整条例句（1）当作过滤条件。相信同学们都还记得，在上一条子查询中，例句（1）是检索框架，而它在这里却成了过滤条件，这是因为换了一种比较方式。

然而直接执行这条SQL语句并不会得到我们想要的结果，原因是我们还没有通过它将需求表述清楚，尽管整条语句在书写和语法上都没有任何错误。那么，我们究竟遗漏了那一项重要的需求呢？

不要忘了，你是需要让4位学生的分数与他们自己的平均分做比较呀。好好瞧一瞧，你有在SQL语句中体现这一点吗？

MagicSQL说得对！可以将两条SELECT语句看作两只看不见的手，虽然它们都从Student表中抓取数据，但只负责执行各自的任务。在此基础上，我们还要通过SQL语句让这两只看不见的手彼此关联，这样才能实现手拉手传递信息的效果。没错，既然是要产生关联，那么满足方式就是建立联结：

```
（4）SELECT * FROM Student AS 藤井树 WHERE 分数 >
    (SELECT AVG(分数) FROM Student
    AS 渡边博子 WHERE 藤井树.姓名 = 渡边博子.姓名 GROUP BY 姓名);
```

姓 名	学 科	分 数
何世钧	数学	97
杨曼桢	英语	96
陈叔惠	数学	100
陈叔惠	英语	89
唐翠芝	语文	87
唐翠芝	英语	100

相信同学们都还记得我们在介绍自联结时所创建的两张表：藤井树和渡边博子。瞧，它们又一次登场了。我们在此处沿用这两个表别名的原因，是因为从某种角度来讲，例句（2）也是对自联结的运用。由于两条SELECT语句的操作对象都是Student表，所以就需要创建不同的表别名进行区分，进而建立等值联结。

除此以外，值得说明的是，虽然自联结几乎可以使用任何一列来建立，但你可不能随便挑选一列。在这个案例中，由于你的目的是将4位学生的分数与他们自己的平均分进行比较，所以就只能选择代表具体学生的姓名列来建立联结。

没错，正是如此。不过看到这里，想必有些同学会感到疑惑，为什么联结语句一定要写在子查询中，而不是写在检索的框架内呢？就像这样：

```
SELECT * FROM Student AS p1 WHERE P1.姓名 = P2.姓名 AND 分数 >
(SELECT AVG(分数) FROM Student AS p2 GROUP BY 姓名);
```

这其中的原因并不复杂，我们在介绍子查询时讲过：MySQL的执行顺序与我们的书写顺序相反。也就是说，MySQL将从最末端的检索语句开始执行，从后往前。因为一条检索语句（前端语句）总要先得到过滤条件才能进行后续的筛选，所以建立联结的语句就要写在子查询中，这样才能在第一时间打下关联的基础。

6.5.3 关联子查询与一般子查询的共性与区别

前面，我们通过同一个案例创建了两条子查询语句：

```
（3）SELECT 姓名, AVG(分数) AS 平均分 FROM Student GROUP BY 姓名
```

```
HAVING 平均分 > (SELECT AVG(分数) AS 总平均分 FROM Student);
```

```
（4）SELECT * FROM Student AS 藤井树 WHERE 分数 >
(SELECT AVG(分数) FROM Student AS 渡边博子 WHERE 藤井树.姓名 =
渡边博子.姓名 GROUP BY 姓名);
```

例句（3）建立的是一般子查询（具体讲是标量子查询），而例句（4）建立的是关联子查询。虽然它们在书写及匹配的需求上都有所区别，不过结合具体案例，相信同学们可以感受到两者的共性与区别。

其实关联子查询与一般子查询在应用场景上并没有明显区别，两者扮演的角色都是过滤条件，子查询就像一只被委派去执行任务的手。只不过在一般子查询中，它只负责完成自己的任务，也就是只管找出自己的目标信息，至于这些信息与其他查询语句返回的信息之间是否存在联系，它可不在乎。但是对于关联子查询来讲，它在找出目标信息之后，还会进一步考虑关联性。下面我们再通过另外一个案例来加深大家的理解。

6.5.4　在检索中使用子查询

相信同学们都还记得，在上一节中，麦克里尼要求乔治想办法得到所有顾客的订单量，目标效果如下图所示。

ship_name	ship_code	订单量
Leonardo	101	1
Owen	102	1
Yoshimura	103	0
Felipe	104	1
Carol	105	2

事实上，除了可以通过建立外部联结实现这样的显示效果，还有一种特殊的方法也能达成这一愿景，就是建立关联子查询。现在让我们逐步实现这种方法。

我们在没有建立联结的情况下仅对Shipper表执行一条简单的检索语句，把顾客姓名和编号找了出来：

```
SELECT ship_name, ship_code FROM Shipper;
```

ship_name	ship_code
Leonardo	101
Owen	102
Yoshimura	103
Felipe	104
Carol	105

虽然这条语句返回的结果很简单，但仔细观察就会发现，它其实正是目标效果的部分内容。现在请同学们思考，如果我们能想办法让这个结果与它对应的订单量进行拼接，不也能满足麦克里尼的查看需求吗？就像这样。

ship_name	ship_code
Leonardo	101
Owen	102
Yoshimura	103
Felipe	104
Carol	105

+

订单量
1
1
0
1
2

=

ship_name	ship_code	订单量
Leonardo	101	1
Owen	102	1
Yoshimura	103	0
Felipe	104	1
Carol	105	2

没错，从理论上来讲确实如此。不过我们要怎么操作才能实现这样的拼接效果呢？很简单，我们可以在SELECT语句中追加使用一条子查询，就像这样：

```
SELECT ship_name, ship_code,
(SELECT COUNT(book_num) FROM Booking) AS 订单量
FROM Shipper;
```

大家可以看到，我们在原有的基础上插入了一条子查询。不过这条子查询扮演的角色可不是过滤条件，而是SELECT语句中的一条表达式。由于订单量信息需要对Booking表进行操作才能找到，所以我们需要再委派一只看不见的手去完成这项任务，然后将统计结果单独以显示栏的形式输出。

ship_name	ship_code	订单量
Leonardo	101	5
Owen	102	5
Yoshimura	103	5
Felipe	104	5
Carol	105	5

不过根据返回结果来看，虽然子查询计算出了订单量，但它并没有按顾客进行分配，所以每一位顾客对应的都是订单总量。

那么在这种情况下，我们就需要对这条子查询进行改良了，让它的计算结果与主查询的结果产生关联：

```
SELECT ship_name, ship_code,
(SELECT COUNT(*) FROM Booking WHERE
Shipper.ship_code = Booking.ship_code) AS 订单量
FROM Shipper;
```

ship_name	ship_code	订单量
Leonardo	101	1
Owen	102	1
Yoshimura	103	0
Felipe	104	1
Carol	105	2

瞧，我们依然会通过建立联结来实现这一效果，而且联结语句同样要写在子查询中。当然了，Shipper和Booking两张表的联结需要利用主、外键来建立，而ship_code刚好就是各个顾客的唯一身份编号。

这样就大功告成了！不得不说，相较于上一节的外部联结，这种解决方案确实有它自己的独到之处。到目前为止，我们已经接触到了利用子查询进行过滤，以及在SELECT语句中使用子查询。事实上，子查询能够介入的使用环境还不止如此。在下一节中，同学们将看到在FROM语句中建立子查询。

好了，以上就是本节的全部知识点，感谢大家的阅读。在结束之前，还要请同学们亲自动手操作一番，感受一下关联子查询的魅力！

6.6 使用视图：飘逸灵动的胶片机

在本章的最后一节，我们将要一起学习一个非常实用且容易上手的小工具，就是视图（View）。视图究竟是什么？我们又会在什么情况下创建并使用视图呢？下面就让我们从大家熟悉的子查询开始讲起吧！

6.6.1 利用子查询进行过滤的限制

首先来看以下两张表。

学 号	学 科	分 数
101	语文	81
101	数学	97
101	英语	75
102	语文	88
102	数学	86
102	英语	96
103	语文	73
103	数学	100
103	英语	89
104	语文	87
104	数学	73
104	英语	100

学 号	姓 名	性 别
101	何世钧	男
102	杨曼桢	女
103	陈叔惠	男
104	唐翠芝	女

我们对此前的Student表进行了拆分，将学生的个人信息与分数信息分别放在了两张表中。不过拆分后的一张表依然叫Student，而另一张表则是新的Scores。大家可以看到，由于这两张表是在合力记录同一个事件，所以它们就要彼此关联，实现方式就是Student表委派了自己的主键（Student.学号）前往Scores表中去充当外键（Scores.学号）。

现在我们要做的事情很简单——找到那位在英语考试中取得最高分的学生。相信以同学们目前掌握的技能来讲，这个问题难不倒大家。方法之一就是先从Scores表中找到这位学生的学号：

（1）SELECT 学号 FROM Scores WHERE 学科 = '英语' ORDER BY 分数 DESC LIMIT 1;

学号
104

实现方式非常简单。首先我们会通过WHERE从句将"英语"以外的其他学科给过滤掉。然后通过ORDER BY将"分数"指定为排序的依据，并按照分数从高到低排列（降序：DESC）。最后通过LIMIT来限制结果的输出行数，也就是只返回在英语学科中取得最高分学生的学号：104。

接着，我们将这个学号当作过滤条件，再次前往Student表中进行查询：

（2）SELECT * FROM Student WHERE 学号 = '104';

学号	姓名	性别
104	唐翠芝	女

瞧，经过两步查询，我们就找到了这位名叫唐翠芝的学生，她在本次英语考试中取得了最高分。读到这里，相信同学们都会想到建立子查询，因为例句（1）的返回结果正是例句（2）的过滤条件，而这正是利用子查询进行过滤的适用场景。所以我们不妨对其进行组合，方法就是将整条例句（1）当作例句（2）的过滤条件：

（3）SELECT * FROM Student WHERE 学号 =
　　(SELECT 学号 FROM Scores WHERE 学科 = '英语' ORDER BY 分数 DESC LIMIT 1);

学号	姓名	性别
104	唐翠芝	女

大家可以看到，由于例句（1）只会返回一个结果（学号104），所以可供例句（2）使用的过滤条件是唯一的，因此这就是一条标量子查询，我们可以使用"="进行连接。下面我们将=换成IN，看看会有什么样的反馈：

（4）SELECT * FROM Student WHERE 学号 IN
    (SELECT 学号 FROM Scores WHERE 学科 = '英语' ORDER BY 分数 DESC LIMIT 1);

> Error Code: 1235. This version of MySQL doesn't yet support 'LIMIT & IN/ALL/ANY/SOME subquery'

哦？MySQL报错了，它反馈的错误原因是暂不支持在子查询中使用诸如LIMIT等的关键词。这该怎么办呢？

6.6.2　从子查询到视图：在FROM语句中建立子查询

事实上，在上面这种情况下，我们可以再嵌套一层子查询：

（5）SELECT * FROM Student WHERE 学号 IN
    (SELECT 学号 FROM (SELECT 学号 FROM Scores WHERE 学科 = '英语'
    ORDER BY 分数 DESC LIMIT 1) AS 最高分);

学 号	姓 名	性 别
104	唐翠芝	女

例句（5）和例句（4）的区别在于增加的红色语句。现在我们不妨来梳理一下例句（5）的结构。首先，黑色部分是整条SQL语句的主要框架，即之前的例句（2），它其实只是一条基础的过滤查询语句，过滤条件由子查询担任。接着，在充当过滤条件角色的红色子查询内部，我们再次嵌套了一条蓝色子查询语句，即之前的例句（1）。没错，由于蓝色子查询出现在了FROM语句之后，所以它扮演的角色就是一张表，或者说是一张虚拟表。概括来讲，红色子查询的操作对象是蓝色子查询的检索结果。

除此以外，需要指出的是，对于写在FROM之后的子查询，需要对其设定名称，方法就是使用AS，这与之前取列别名和表别名一样。例句（5）中的"AS 最高分"就是在为蓝色子查询命名。

不过读到这里，大家可能对例句（5）的认识还是有些模糊。没关系，现在我们对它进行拆解，分步执行并观察结果：

（6）SELECT 学号 FROM (SELECT 学号 FROM Scores
    WHERE 学科 = '英语' ORDER BY 分数 DESC LIMIT 1) AS 最高分;

学 号
104

（1）SELECT 学号 FROM Scores WHERE 学科 = '英语' ORDER BY 分数 DESC LIMIT 1;

学 号
104

瞧，两条语句返回了一样的结果。其中的原因是蓝色子查询只会返回单一的结果，而这个单一的结果又将作为红色语句的唯一操作对象，所以例句（6）也将返回同样的结果。我们不妨将例句（6）中的红色学号换成*进行验证：

（7）SELECT * FROM (SELECT 学号 FROM Scores WHERE 学科 = '英语'
    ORDER BY 分数 DESC LIMIT 1) AS 最高分；

学号
104

好了，通过以上操作，相信同学们可以感受到：一次检索返回的结果其实可以被视为一个新的数据集，进而被当作另一条检索语句的操作对象。我们此前曾多次表示，检索语句的操作对象是表中的数据，而不能简单地认为只是表。因为表中的数据在经整理之后会形成新的数据集供使用。事实上，这正是本节主角视图的适用场景：

（8）CREATE VIEW 例句1 AS
    SELECT 学号 FROM Scores WHERE 学科 = '英语' ORDER BY 分数 DESC LIMIT 1；

执行例句（8）之后，我们就会将蓝色子查询的返回结果制作成一个名为"例句1"的视图。当然，执行例句（8）不会有结果返回。那么当这个名为"例句1"的视图创建成功之后，我们就可以将它应用在例句（5）中了：

（5）SELECT * FROM Student WHERE 学号 IN (SELECT 学号 FROM 例句1)；

瞧，例句（5）的书写得到了极大的简化！因为此前蓝色子查询扮演的角色是一张虚拟表，也就是一个经整理后的数据集。在将它制作成视图之后，视图中就会保留这个数据集，所以在后续操作中，我们就能轻松地对它进行引用了。

通过这个案例，我们向大家介绍了从子查询过渡到视图的原理。不得不说，对于写在FROM语句后的子查询来讲，由于它扮演的角色是一张虚拟表，所以这类子查询可以被视为一个一次性使用的视图。然而这并不代表视图总是与子查询有关。接下来，我们将通过另外一个案例为大家详细介绍视图的使用。

6.6.3 创建视图

今天是九月的最后一天，风和日丽。上午麦克里尼收到了码头寄送过来的月度账单。他仔细地对照着上面的金额，并时不时敲打几下计算器。终于在临近午饭时，麦克里尼提高嗓门对准了乔治："拖车费用上涨了，乔治！你赶紧把YCL-273号集装箱的顾客电话给找出来，我需要给他打电话商量开具补收账单的事情！"

瞧，乔治又来活儿了。其实对于麦克里尼的这个需求，我们已经非常熟悉了。已知信息"container =YCL-273"存储在Summary表中，而目标信息又是Shipper表中的顾客姓名和电话。这样一来，乔治可以通过建立联结来获取答案：

```
（9）SELECT ship_name, ship_contact, container
    FROM Shipper, Booking, Summary
    WHERE Shipper.ship_code = Booking.ship_code
    AND Booking.book_num = Summary.book_num
    AND container = 'YCL-273';
```

ship_name	ship_contact	container
Felipe	0034-353425	YCL-273

这种查询方法确实非常奏效。不过话说回来，虽然例句（9）返回了正确的结果，但我可不想书写这么长的SQL语句。瞧瞧那一长串的联结语句，它简直和抹香鲸一样庞大！我希望能简化一下书写，得到短小精悍又行之有效的SQL语句。

这种提议好像不太容易办到，相信同学们还记得我们此前曾多次说过：书写SQL语句的过程，就是用SQL这门语言来表达需求的过程。而且我们必须要将需求表述到位，这样MySQL才会明白我们的意思。

其实简化书写并不意味着一定会让需求缩水。事实上，如果麦克里尼通过集装箱号去查找联系人和联系方式是一种常态，那么这就意味着例句（9）中的大部分内容都是固定不变的。

没错，其实乔治写下的例句（9）就像一个模板，仅需更换末尾处的过滤条件就能满足麦克里尼不同的查询需要。现在请同学们思考一下，如果我们可以对模板中固定不变的部分进行适当的简化，那么整条SQL语句不就变得更加简洁了吗？其实这正是视图的适用场景。下面我们根据例句（9）创建一个视图：

```
（10）CREATE VIEW 爪子先生 AS
    SELECT ship_name, ship_contact, container
    FROM Shipper, Booking, Summary
    WHERE Shipper.ship_code = Booking.ship_code
    AND Booking.book_num = Summary.book_num;
```

瞧呀，例句（10）在开头处使用了新的句式：CREATE VIEW…AS…，它就好比创建视图的开场白。

事实上，关键词CREATE正是创建型SQL语句的引导词，它的地位就如同检索语句中的SELECT。

除此以外，"爪子先生"是我们为这个视图取的名字。我们在创建一个视图时总会为它命名。

当然，大家完全可以根据自己的喜好来对视图指定名称。不过请注意，在同一个数据库中不能出现两个重名的视图。这与在同一个数据库中不能出现两张名称相同的表是一个道理。

好了，那么剩余部分相信同学们都很清楚了，因为我们几乎是照搬了整条例句（9）的内容：从SELECT开始，一直到使用WHERE建立联结。例句（10）只省去了末尾处的过滤要求，因为如果保留该部分，那么"爪子先生"中含有的数据量就会大大缩水，原因是不满足container = 'YCL-273' 的行都被过滤掉了。事实上，一个优秀的视图也会像表一样被反复使用，所以我们需要在一定程度上让爪子先生中"含有"更多的信息。

现在就请同学们在电脑中完成对爪子先生的创建吧，也就是执行例句（10），然后别忘了测试一下：

```
(11) SELECT * FROM 爪子先生 WHERE container = 'YCL-273';
```

6.6.4　更新视图

相信同学们已经发现了，例句（11）返回了和例句（9）一样的结果，而且它的书写明显要简洁很多，我们只使用了基础的检索语句就达到了目的。事实上，视图爪子先生中"含有"的信息正是3张表联结后的数据集。也就是说，例句（10）的操作对象就是例句（12）的整合结果：

```
(12) SELECT ship_name, ship_contact, container
     FROM Shipper, Booking, Summary
     WHERE Shipper.ship_code = Booking.ship_code
     AND Booking.book_num = Summary.book_num;
```

读到这里，我要悄悄告诉大家，其实视图中并不含有数据。虽然表面上你是在对视图进行检索，就像例句（11）那样，但归根结底你还是在调取表中的信息。也就是说，视图仅仅是在映射一个被我们选中的数据集而已。

没错！因此一旦表中的数据有所变动，与之相关的视图也会相应地改变内容。如果我们把句式"CREATE VIEW…AS…"看作一个胶片机，那么视图就是一张被它固定下来的影像，而这张影像映射的内容往往是一个经过处理的数据集。

不过，其实视图的使用和表并没有太大区别。我们甚至可以直接把视图当作一张表来操作。例如，EGY-225和EGY-397号集装箱也增加了拖车费用，而麦克里尼同样要找到对应的顾客开具补收账单，那么乔治只需执行这样一条语句：

```
（13）SELECT * FROM 爪子先生 WHERE container = 'EGY-225' OR container =
    'EGY-397';
```

瞧啊，书写同样简单明了，使用一条基础的检索语句就达到了目的。同学们不妨这样理解："爪子先生"一方面代表的是视图名称，也就是一个在检索语句中行之有效的代词；另一方面代表的是一长串被隐藏的SQL语句。

由于爪子先生中只"包含"Shipper、Booking和Summary这3张表合并后的部分内容（ship_name、ship_contact、container），所以如果我们想额外检索出ship_email，或者是想通过其他列进行过滤，这都是行不通的。不过我们可以想办法让爪子先生中"含有"更多的内容，也就是对它映射的数据集进行扩充，就像这样：

```
（14）CREATE OR REPLACE VIEW 爪子先生 AS
    SELECT ship_name, ship_contact, container, ship_email
    FROM Shipper, Booking, Summary
    WHERE Shipper.ship_code = Booking.ship_code
    AND Booking.book_num = Summary.book_num;
```

其实例句（14）只在例句（10）的基础上进行了改良，目的是让爪子先生中"含有"的信息更多。不过既然你想沿用"爪子先生"作为视图的名称，那么开场白也要相应地进行调整：CREATE OR REPLACE...VIEW。这表示新建或替换原有的视图，也就是对原视图进行更新。

正是如此！读到这里，同学们就会清楚，其实视图的创建和使用与建立联结的思路非常相似，重点都是厘清你想要对一个怎样的数据集进行操作。当然，视图的创建并不总是与联结有关的，你完全可以将一个基础的过滤结果或检索结果也制作成视图。

创建视图的要点并不在于语法的使用，而在于如何整理出你需要的数据集。只要清楚了这一点，视图使用起来就会更加得心应手。下面我们将通过麦克里尼的另一个案例，为大家诠释这种思路的重要性。

6.6.5 灵活创建的数据集

爪子先生简直太棒了，乔治！它让我想起了我侄女养的那只折耳猫。不过你能不能让它含有的内容再丰富一些呢？我知道这肯定难不倒你。事实上，虽然例句（14）已经扩充了一定的内容，但我还有两点要求：第一，让顾客的姓名和编号合并显示；第二，计算出每个集装箱对应的港杂费（每立方米3元）。当你完成这项任务之后，我会把我侄女连同她那只可爱的折耳猫一起介绍给你！要知道，瑞秋可是班花级的人物！

不得不说，虽然麦克里尼的要求总是层出不穷，但乔治毕竟只是个凡人。既然有一位班花级的女孩在不远处向他招手，别说创建视图了，就是徒步穿越太平洋他也在所不辞。那么现在就让我们帮乔治梳理一下思路吧。

首先同学们要清楚，乔治对爪子先生进行大改造的目的是让它能够"含有"更加丰富的内容。然而视图本身并不含有信息，它的作用只是映射一个数据集。因此，丰富视图的内容其实就是丰富数据集的内容。

由于爪子先生映射的数据集源自3张关联表Shipper、Booking和Summary，而且结合麦克里尼的要求来看，合并显示顾客名称和编号的信息将由Shipper表提供；计算港杂费的基础数据又存在于Summary表中，所以这场声势浩大的改良运动将不会影响到Booking表。

好了，思路梳理完毕，现在就该同学们动手操作了。

第1步，我们要根据Shipper表中的内容整理出一个数据集：

```
（15）SELECT *, CONCAT(ship_name,'(',ship_code,')') AS 名称编号 FROM Shipper;
```

ship_code	ship_name	ship_address	ship_contact	ship_email	ship_country	名称编号
101	Leonardo	西西里维多利亚大街23号	039-925298	Leonardo@ITABUGAME.com	ITA	Leonardo(101)
102	Owen	洛杉矶日落大道307号	213-5152857	Owen@USASPIM.com	usa	Owen(102)
103	Yoshimura	北海道雨龙町96号	081-4511845	Yoshimura@JPNLUCKY.com	JPN	Yoshimura(103)
104	Felipe	巴塞罗那格兰大道241号	0034-353425	Felipe@ESPZTG.com	ESP	Felipe(104)
105	Carol	伦敦牛津街12号	044-2512162	Frank@UKPALA.com	UK	Carol(105)

第2步，将这个结果（数据集）制作成一个名为"毛茸茸"的视图：

```
CREATE VIEW 毛茸茸 AS
SELECT *, CONCAT(ship_name,'(',ship_code,')') AS 名称编号 FROM Shipper;
```

第3步，在检索整张Summary表的基础上，额外创建一个名为"港杂费"的计算栏，港杂费的收费标准是每立方米3元：

```
SELECT *, cbm*3 AS 港杂费 FROM Summary;
```

book_num	book_item	cbm	kgs	container	cargo_code	港杂费
BOK-05734	1	59.39	2194.87	HAP-145	TOLEK-6600	178.17
BOK-68851	1	66.24	4564.86	EGY-225	KENE-3511	198.72
BOK-68851	2	57.6	2278.63	EGY-397	KENE-3716	172.8
BOK-68851	3	66.14	3522.75	EGY-458	KENE-0547	198.42
BOK-70339	1	57.12	6063.87	OCU-058	CELED-7877	171.36
BOK-72306	1	53.17	2384.18	MIC-754	MARN-3438	159.51
BOK-72306	2	60.53	2579.43	MIC-027	MARN-5864	181.59
BOK-75695	1	46.41	2129.95	YCL-273	MARN-3438	139.23

第4步，将这个结果制作成一个名为"蹦蹦"的视图：

```
CREATE VIEW 蹦蹦 AS
SELECT *, cbm*3 AS 港杂费 FROM Summary;
```

这样一来就大功告成了！

6.6.6　删除视图

在上一个案例中，我们为了更新爪子先生中的内容，使用的语句是"CREATE OR REPLACE...VIEW"。事实上，为了沿用"爪子先生"这一名称，我们还可以先将之前的视图删除，再重新创建。删除视图的语句为：

```
DROP VIEW 爪子先生;
```

接下来，由于重新创建的视图要包含港杂费，以及顾客名称和编号的合并显示内容。所以这一次，爪子先生要依赖毛茸茸和蹦蹦两个视图，以及Booking表来完成创建。对应的SQL语句如下：

```
（16）CREATE VIEW 爪子先生 AS
     SELECT 名称编号, ship_contact, Booking.book_num, book_date, 港杂费
     FROM 毛茸茸, Booking, 蹦蹦
     WHERE 毛茸茸.ship_code = Booking.ship_code
     AND 蹦蹦.book_num = Booking.book_num;
```

同学们可以看到，由于视图毛茸茸映射的数据源于Shipper表，视图蹦蹦映射的数据源于Summary表，所以这两个视图依然可以与Booking表建立联结。当然，大家可以根据实际需要来更改蓝色语句的部分。不过现在乔治只想拿着这个视图去找麦克里尼兑现他的承诺：

```
SELECT * FROM 爪子先生;
```

名称编号	ship_contact	book_num	book_date	港杂费
Carol(105)	044-2512162	BOK-05734	2021-08-15	178.17
Carol(105)	044-2512162	BOK-68851	2021-08-12	198.72
Carol(105)	044-2512162	BOK-68851	2021-08-12	172.8
Carol(105)	044-2512162	BOK-68851	2021-08-12	198.42
Owen(102)	213-5152857	BOK-70339	2021-08-07	171.36
Leonardo(101)	039-925298	BOK-72306	2021-08-02	159.51
Leonardo(101)	039-925298	BOK-72306	2021-08-02	181.59
Felipe(104)	0034-353425	BOK-75695	2021-08-10	139.23

这就是艺术品！（麦克里尼看到结果以后，毫不吝啬自己的赞美）有什么能比既实用又充满美感的作品更配叫艺术品呢？如果卢浮宫想要展出它，我一点儿都不会感到惊讶，蒙娜丽莎看到这个视图后会笑得更加灿烂！好了，乔治，我会兑现我的承诺。今天下午三点半我会去幼儿园接我的侄女，你可以一起来。别忘了给小瑞秋准备一个甜甜圈，那是她最喜欢的甜品！

看来麦克里尼的班花级侄女还在读幼儿园，不过乔治能得到一个纯真又友善的笑容也不虚此行了。好了，亲爱的同学们，以上就是本节的主要知识点。下面我们将做一番简单的总结。

1. 视图的创建非常简单，重点是搞清楚你想要对一个怎样的数据集进行操作。数据集可以是一张合并后的关联大表，也可以是一个检索后的返回结果。

2. 更新或改造一个视图的"内容"，其实是在调整一个数据集的内容。因此，视图的更新要点与创建视图一样，都是想办法整理出你需要的数据集。

3．如果大家准备对一个陌生的视图进行操作，那么首先需要了解它的创建过程和映射的内容。为此只需要执行"SHOW CREATE VIEW 视图名"就可以看到创建该视图的SQL语句了。了解这些"内幕"会让你的思路更加清晰。

4．视图中"含有"的数据源于表，这就像梦境源于现实一样。但是与我们可以在梦中添油加醋地对现实进行改编不同，视图完全忠于表。因此，一旦表中的数据发生了变化，视图映射的内容也会相应地改变。

第7章
表的创建与数据更新

　　本章将围绕表的创建与数据更新展开。事实上，表的创建与信息查询一样，它们都是通过执行相应的SQL语句来实现的。而且表中的数据不会一成不变，它们还会随着记录对象的发展而发展。因此概括来讲，本章的主要内容包括创建表、调整表及更新表中的数据。

　　毫无疑问，使用SQL语句来创建表是首要学习目标。因为表是数据的直接载体，没有表就没有地方盛放数据。然而比起按下执行键去创建表，其实表的设计才是关键。创建表的SQL语句很容易模仿，因为它几乎不涉及晦涩难懂的语法知识。但是在理想情况下，表在创建以后就要承担起记录核心数据的重任，所以它在后续的使用中必须稳定地运转。要做到这一点，前期在设计表时就要考虑周全。

　　设计表的过程就像将一本小说改编成一部舞台剧，我们都是围绕"记录"和"呈现"这两个关键词进行思考的：哪些剧情需要被删改或者保留？哪些角色值得像主键一样被委以重任？到底是选择独幕剧还是多幕剧进行演绎？这些问题，大家将在本章第一节中找到答案。至于其他几节的内容，概括来讲包括：如何更换表名和列名，如何添加列和删除列，以及如何插入、删除、修改表中的数据。

7.1 创建表：非凡药剂师协会

本节将介绍如何使用SQL语言来创建表。概括来讲，创建表就是草拟一份结构化的清单，以保证我们需要的信息数据可以被更好地记录在案，以供后续使用。事实上，创建表的难点并不在于SQL语句的书写，而在于表结构的设计。因为创建表对应的SQL语句很容易理解和模仿，只要我们清楚自己想要创建什么样的表，以及这些表预备容纳什么样的信息数据，写下相应的SQL语句就是顺水推舟的事情。那么接下来，我们就完整地为大家讲述一张表从无到有的创建过程。

7.1.1 考查数据源

非凡药剂师协会：彭派特荣获"金试管"奖

《胶囊时报》专栏作家彼得·帕撰稿

昨天（12月31日）晚上八点半，非凡药剂师协会宣布了当年"金试管"奖的得主是彭派特，并以此表彰他在缓解药物依赖方面所做出的努力——研制了"欢欣剂"。非凡药剂师协会是全球公认的最具权威的药剂测验机构，成立于1775年。但直到目前，该机构的总部地址也未曾向外界公开。而"金试管"奖是非凡药剂师协会提供的最高荣誉，其次是"银烧瓶"奖和"铜天平"奖。这些奖项一般在每年的12月至次年的1月公布。

事实上，彭派特早在1992年就首次公开了欢欣剂的实验报告及其制作配方。但其中具有代表性的两项原料——普烈薄荷和花旗参令一些业内专家感到忧虑。愈合领域的著名药剂师法里奥博士此前这样表示："药物依赖是由药物与生物机体相互作用造成的一种精神状态，它有时会让用药者感到舒适，并由此对所服用的药剂成瘾。我很少会同时使用普烈薄荷与花旗参，即使它们在抑制神经兴奋方面都很出色。事实上，普烈薄荷与花旗参一起熬制时会产生大量的薑（一种以植物名称命名的植物碱），而薑对我们的肝脏并不友好，长期服用或摄入量较大都可能对人体造成损伤。因此我认为欢欣剂在量产之前，彭派特最好能拿出足够的证据来证明他这项发明的可靠性。"法里奥博士现年85岁，他曾在1989年凭借狼疮喷雾获得"铜天平"奖。这种喷雾一经问世就被旅行家们争相购买，因为它在两小时内对狼人的咬伤有着非同凡响的治疗效果。这主要归功于法里奥博士对狼首乌头和月见草两种原料的巧妙搭配与沉淀处理。要知道，人们以前几乎要穿着盔甲才敢经过狼人出没的森林。

直到两年以后的1994年，经过彭派特的数次改良，这款用来缓解药物依赖的欢欣剂终于在灵长目公司（Primate., Ltd）的担保下开始量产。"这绝不是匆匆看几页实验报告就一拍脑门做的决定！从药剂研发伊始，我们就委派了专家组进行持续的调研，并积极参与了每一个周期的实验。不瞒你说，我弟弟罗兰佐就曾对吗啡上瘾，但服用了欢欣剂以后情况有了明显改善。"灵长目公司时任CEO丹尼尔在记者面前说道。到目前为止，欢欣剂上市已经超过15年，它不仅经受住了时间的考验，还让数以万计的药物依赖患者得到了解脱。

除此以外，今年与彭派特一起获奖的还有麦克·欧菲尔德与铃木秀树。前者凭借笑眠霜（一种用来提高睡眠质量的擦拭性面霜，代表原料为越南黄苑）和回忆熏香（治疗非物理撞击造成的暂时性失忆，可以唤起回忆，代表原料是天仙子）斩获了"银烧瓶"奖；后者则靠尼采魔芋（一种用来治疗妄想症的净化药水，代表原料同样为普烈薄荷）获得了"铜天平"奖的殊荣！不仅如此，只要是获得非凡药剂师协会所颁发奖项的药剂师，他们都将成为该机构的荣誉会员。

好了，亲爱的同学们。其实在日常操作中，基础数据源会以形形色色的面貌呈现。它可以是一张友好的贺卡，也可以是一份糟糕透顶的成绩单，还有可能是一辆过气的老爷车。但无论怎样，我们首先要做的都是选择记录的信息数据。

以这则新闻为例，如果我们要使用表来记录并呈现其中的主要内容，那么药剂师、药剂名称、奖项、主要功效和代表原料，这些信息都会被保留，因为我们需要对这一事件做较为完整的描述。

药剂师：彭派特、法里奥、麦克·欧菲尔德、铃木秀树。
获奖药剂：欢欣剂、狼疮喷雾、笑眠霜、回忆熏香、尼采魔芋。
奖项："金试管"奖、"银烧瓶"奖、"铜天平"奖。
主要功效：缓解药物依赖、治疗狼人咬伤、提高睡眠质量、唤起回忆、治疗妄想症。
代表原料：普烈薄荷、花旗参、狼首乌头、月见草、越南黄苑、天仙子、普烈薄荷。

7.1.2　进行合理的数据拆分

当梳理出主要信息之后，我们就可以对它们稍加整理，试着将这些内容塞进一张表中。

非凡药剂师协会

药剂师	获奖药剂	奖项	主要功效	代表原料
彭派特	欢欣剂	"金试管"奖	缓解药物依赖	普烈薄荷、花旗参
法里奥	狼疮喷雾	"铜天平"奖	治疗狼人咬伤	狼首乌头、月见草
麦克·欧菲尔德	笑眠霜	"银烧瓶"奖	提高睡眠质量	越南黄苑
麦克·欧菲尔德	回忆熏香	"银烧瓶"奖	唤起回忆	天仙子
铃木秀树	尼采魔芋	"铜天平"奖	治疗妄想症	普烈薄荷

瞧，表中出现了一对多的情况。这其实并不是理想的记录方式。所以我们最好对这些数据进行拆分。

没错！其实在很多情况下，拆分数据就是为了避免一对多的情况发生。例如在上表中，有两个地方出现了一对多的情况。首先是一位药剂师可能会凭借多种药剂获奖，因此我们不妨专门创建一张表用来容纳药剂师。

药剂师
彭派特
法里奥
麦克·欧菲尔德
铃木秀树

获奖药剂	奖项	主要功效	代表原料
欢欣剂	"金试管"奖	缓解药物依赖	普烈薄荷、花旗参
狼疮喷雾	"铜天平"奖	治疗狼人咬伤	狼首乌头、月见草
笑眠霜	"银烧瓶"奖	提高睡眠质量	越南黄苑
回忆熏香	"银烧瓶"奖	唤起回忆	天仙子
尼采魔芋	"铜天平"奖	治疗妄想症	普烈薄荷

大家可以看到，当我们把药剂师拆分出来之后，原表的记录压力就得到了一定的释放。同样地，由于一种药剂可能会包含多项代表原料，所以我们最好再单独创建一张表用来盛放它们。

药剂师
彭派特
法里奥
麦克·欧菲尔德
铃木秀树

获奖药剂	奖项	主要功效
欢欣剂	"金试管"奖	缓解药物依赖
狼疮喷雾	"铜天平"奖	治疗狼人咬伤
笑眠霜	"银烧瓶"奖	提高睡眠质量
回忆熏香	"银烧瓶"奖	唤起回忆
尼采魔芋	"铜天平"奖	治疗妄想症

代表原料
普烈薄荷
花旗参
狼首乌头
月见草
越南黄苑
天仙子
普烈薄荷

瞧！这样一来，原有的一张表就被拆分成了3张表。不过话说回来，药剂师表和代表原料表含有的内容有些单薄，所以接下来我们可以贴近实际需要，对3张表含有的信息数据进行扩充和调整。这样一来，整个事件也将被记录得更加贴切和完整。

药剂师				
会员编号	姓名	奖项	获奖时间	人物简介
101	彭派特	"金试管"奖	2005-12-31	1980年毕业于剑桥大学，在校期间与好友马特·科夫曼一起验证了花旗参对神经兴奋的抑制效果，二人成功将其应用于实践。
102	法里奥	"铜天平"奖	1989-01-15	意大利免疫学家，17岁进入罗马大学，主修生物学。毕业后留校任教直到80岁高龄。代表著作：《免疫药剂》和《溶液理论》。
103	麦克·欧菲尔德	"银烧瓶"奖	2005-12-31	1965年生于英国伦敦，早年从事化学研究。后师从著名药剂师康奈尔·辛，誓言要解决困扰人们日常生活的100个生理难题。
104	铃木秀树	"铜天平"奖	2005-12-31	日本药剂师协会首席专家，早稻田大学教授。曾提出著名的"药剂映射理论"。潜心研究精神性病症数十年，擅长诱导性治疗。

获奖药剂

药剂编码	药剂名称	主要功效	量产时间	禁忌对象	会员编号
1001	欢欣剂	缓解药物依赖	1994-03-09	肝肾功能障碍者	101
1002	狼疮喷雾	治疗狼人咬伤	1988-07-11	无	102
1003	笑面霜	提高睡眠质量	2001-10-24	皮肤过敏者	103
1004	回忆熏香	唤起回忆	1999-08-31	严重的鼻炎患者	103
1005	尼采魔芋	治疗妄想症	1996-06-08	向往太空旅行者	104

代表原料

药剂编码	原料名称	产地	属性	剂量
1001	普烈薄荷	美洲西部	土	3.24
1001	花旗参	欧洲南部	风	5.78
1002	狼首乌头	亚洲北部	火	4.12
1002	月见草	中东地区	水	9.33
1003	越南黄苑	亚洲东南部	土	6.49
1004	天仙子	大洋洲南部	风	5.09
1005	普烈薄荷	美洲西部	土	7.57

瞧，我们不仅对表中的信息进行了扩充和整理，还为它们安排了主键，并委派了主键去充当外键。事实上，分担单张表的记录压力是实现高效记录事件的重要思路。那么现在，就让我们用SQL语句来创建它们吧！

7.1.3　表与列的命名规则

其实创建表的SQL语句依然是在进行记录，只不过它记录的是我们对表的要求。下面我们将逐步书写创建表的SQL语句。

第一步是为表取名。大家可以看到，创建表与创建视图一样，它们都需要由关键词CREATE来引导：

```
1. CREATE TABLE 药剂师
2. CREATE TABLE 获奖药剂
3. CREATE TABLE 代表原料
```

第二步是创建列，这同样非常简单。我们只需要在后面写上各个列的名称，然后用英文逗号隔开即可：

```
1. CREATE TABLE 药剂师
   会员编号,
   姓名,
   奖项,
   获奖时间,
   人物简介,
```

```
2. CREATE TABLE 获奖药剂
     药剂编码,
     药剂名称,
     主要功效,
     量产时间,
     禁忌对象,
     会员编号,

3. CREATE TABLE 代表原料
     药剂编码,
     原料名称,
     产地,
     属性,
     剂量,
```

　　想必不用说大家也很清楚，对于表名和列名来讲，最重要的就是要直观地体现含义。在这一前提下，我们还要遵循一定的命名规则。首先在一般情况下，表名和列名允许使用汉字、英文字母、数字及下画线（＿），但是不支持使用诸如!、?、@、%、＾、&这样的符号（各个RDBMS的具体要求不同）。接着，如果要使用字母与数字的组合对表或列进行命名，最好将数字写在字母的后面，就像Table1，而不是1Table。最后一点，相信大家都清楚，在同一个数据库中不能存在两个名称相同的表。同样地，在同一张表中也不能存在两个名称相同的列。

7.1.4　常用的数据类型

第三步非常关键，因为我们要对各个列指定数据类型。在后续的使用中，各个列只接受符合自身数据类型的信息，否则将会报错。

```
1. CREATE TABLE 药剂师
     会员编号 int,
     姓名 char(50),
     奖项 char(50),
     获奖时间 date,
     人物简介 char(200),
```

　　我们首先来看会员编号对应的数据类型int。int属于数值型数据，它的特点在于只接收整数，例如1、22、303等。

接着我们再来聊聊获奖时间对应的数据类型date。date属于时间日期型数据，它接收的日期格式为YYYY-MM-DD（年-月-日）。除了date，常用的时间日期型数据还有datetime和time。datetime接收的时间刻度范围更广，为YYYY-MM-DD HH:MM:SS（年-月-日 时:分:秒）；而time接收的时间刻度就只有HH:MM:SS（时:分:秒）。

```
2. CREATE TABLE 获奖药剂
   药剂编码 int,
   药剂名称 char(50),
   主要功效 varchar(50),
   量产时间 date,
   禁忌对象 char(50),
   会员编号 int,
```

同学们可以看到，药剂名称和主要功效两列对应的数据类型分别是char和varchar。char和varchar其实都属于字符串型数据。相较于数值型数据和时间日期型数据而言，字符串型数据的使用频率更高，因为我们用表记录的信息普遍类似于姓名、地点等。字符串型数据又分为定长串和变长串两种。如果我们将一个单元格看作一个容器，那么定长串就是容积固定的容器，而变长串则是容积可变的容器。

char就是定长串。我们将药剂名称指定为char(50)，这就表示该列允许存储的最大字符串长度为50。如果某种药剂的名称超过了该长度，那么该药剂将不被允许录入该列。当然，如果我们忘记指定最大长度，那么MySQL则默认最大长度为1。

除此以外，由于char是定长串，所以无论一种药剂的名称的原本长度是多少（前提是小于50），录入后其名称长度都会被空格补足为50（容积固定）。例如，如果某种药剂原本的名称长度是10，那么它在录入以后，剩余的40个单位长度就会被空格占用，目的是将长度统一成50。

varchar的用法与char类似，它也需要指定允许存储的最大字符串长度。例如，我们将主要功效指定为varchar(50)，这同样表示该列允许存储的最大字符串长度为50，超过该长度将不被接受。然而与char是定长串不同，varchar是变长串（容积可变）。所以当某个长度为10的数据被录入以后，它的长度依然是10，并不会像char(50)那样被空格补足成50。概括来讲，定长串与变长串的区别在于：在未达到预设的最大长度之前，前者会通过空格将字段长度补足为最大长度，而后者则不会这样做。

值得大家注意的是，MySQL处理定长串的速度要优于变长串，所以char的使用频率比varchar更高。事实上，我们也可以将主要功效指定为char(50)。

除此以外，这里还有一点需要向大家说明，如果某列需要记录以"0"开头的编码，例如一串电话号码0124-15427，那么该列就不能使用数值型数据来记录，因为开头的"0"会被抹去，所以最好将其类型指定为char或者varchar。

```
3. CREATE TABLE 代表原料
   药剂编码 int,
   原料名称 char(50),
   产地 char(50),
   属性 char(50),
   剂量 decimal(5,2),
```

最后我们再为大家介绍一种常用的数据类型decimal。decimal和int一样，它们都属于数值型数据。然而与int只接收整数不同，decimal可以接收小数。例如，我们将剂量指定为decimal(5,2)，这就表示该列的每一个单元格允许含有5位数字，且其中的两位是小数，例如213.79。

7.1.5　空值的指定

创建表的第四步是向列指定它能否含有空值。如果我们将表视为一份调查问卷，那么选填项就是"NULL"，而必填项则是"NOT NULL"。所以空值的指定标准非常简单，即该列的内容是否为必要信息。

```
1. CREATE TABLE 药剂师
   会员编号 int NOT NULL,
   姓名 char(50) NOT NULL,
   奖项 char(50) NOT NULL,
   获奖时间 date NOT NULL,
   人物简介 char(200) NULL,

2. CREATE TABLE 获奖药剂
   药剂编码 int NOT NULL,
   药剂名称 char(50) NOT NULL,
   主要功效 varchar(50) NOT NULL,
   量产时间 date NOT NULL,
   禁忌对象 char(50) NOT NULL,
   会员编号 int NOT NULL,

3. CREATE TABLE 代表原料
   药剂编码 int NOT NULL,
   原料名称 char(50) NOT NULL,
```

```
产地 char(50) NULL,
属性 char(50) NULL,
剂量 decimal(5,2) NOT NULL,
```

请大家注意，如果我们忘记对某列指定空值，那么MySQL将默认该列允许存在空值。

7.1.6 定义主键

创建表的第五步是定义主键，也就是选择某列来扮演PRIMARY KEY。

```
1. CREATE TABLE 药剂师
   会员编号 int NOT NULL AUTO_INCREMENT,
   姓名 char(50) NOT NULL,
   奖项 char(50) NOT NULL,
   获奖时间 date NOT NULL,
   人物简介 char(200) NULL,
   PRIMARY KEY(会员编号)


2. CREATE TABLE 获奖药剂
   药剂编码 int NOT NULL AUTO_INCREMENT,
   药剂名称 char(50) NOT NULL,
   主要功效 varchar(50) NOT NULL,
   量产时间 date NOT NULL,
   禁忌对象 char(50) NOT NULL,
   会员编号 int NOT NULL,
   PRIMARY KEY(药剂编码)


3. CREATE TABLE 代表原料
   药剂编码 int NOT NULL,
   原料名称 char(50) NOT NULL,
   产地 char(50) NULL,
   属性 char(50) NULL,
   剂量 decimal(5,2) NOT NULL,
   PRIMARY KEY(药剂编码,原料名称)
```

代表原料

药剂编码	原料名称	产 地	属 性	剂 量
1001	普烈薄荷	美洲西部	土	3.24
1001	花旗参	欧洲南部	风	5.78
1002	狼首乌头	亚洲北部	火	4.12
1002	月见草	中东地区	水	9.33
1003	越南黄苑	亚洲东南部	土	6.49
1004	天仙子	大洋洲南部	风	5.09
1005	普烈薄荷	美洲西部	土	7.57

大家可以看到，我们对代表原料表的主键定义要特殊一些。这是因为一种药剂可能会对应多种代表原料，因此药剂编码就会出现重复；一种代表原料又可能会被不同的药剂所使用，所以原料名称也有重复出现的可能。但是大家都知道，主键是不允许出现重复值的。所以在此处，我们可以将药剂编码和原料名称共同定义为主键，这两列信息的组合就是主键值，它们的组合值不能重复出现。

除此以外，关于主键的定义，还有3点要向大家提及。

1. 主键不一定要在创建表时定义。事实上，主键还可以在表创建后再回头定义，对应的SQL语句为：ALTER TABLE 表名 ADD PRIMARY KEY 主键列名。所以一张表可以在没有主键的情况下创建成功。

2. 主键是可以被更换的，但更换的前提是删除主键。删除对应的SQL语句为：ALTER TABLE 表名 DROP PRIMARY KEY。然后利用上条语句去定义新的主键。

3. 同学们都知道，在很多表中，其实主键并不记录客观信息，它往往是我们人为创建的一串数字编码。这些编码一旦脱离了表就没有什么实际意义了，它们的作用只是用来区别行与行，使得每一行信息都成为表中唯一的存在。然而每次都提供一个独一无二的数字编码会很麻烦。我们一方面希望这些编码可以呈现出一定的规律，另一方面又不想自己动手提供。那么在这种情况下，我们就会对主键列指定一个额外的功能：AUTO_INCREMENT。请大家考虑以下两个对话场景。

有记者问球王贝利："请问你最满意自己踢进的哪一个球？"
球王幽默地回答道："下一个！"

乔治假装天真地问麦克里尼："你最喜欢的订单是哪一个？"
麦克里尼同样回答说："下一个！"

没错！其实AUTO_INCREMENT的作用就是自动填充下一个数值。例如，如果上一个主键值是101，那么MySQL就会自动将下一个主键值填充为102，无须我们自己动手。

7.1.7 选择引擎

创建表的第六步是安装引擎。在MySQL支持的几种引擎中，最常用的就是InnoDB和MyISAM。它们的区别在于：MyISAM支持全文本搜索，但不支持事务处理；InnoDB则刚好相反，它不支持全文本搜索，但支持事务处理。根据本例的用途来看，以上3张表都将选择安装InnoDB引擎。

1. CREATE TABLE 药剂师
   (
   会员编号 int NOT NULL AUTO_INCREMENT,
   姓名 char(50) NOT NULL,
   奖项 char(50) NOT NULL,
   获奖时间 date NOT NULL,
   人物简介 char(200) NULL,
   PRIMARY KEY(会员编号)
)ENGINE = InnoDB;

2. CREATE TABLE 获奖药剂
   (
   药剂编码 int NOT NULL AUTO_INCREMENT,
   药剂名称 char(50) NOT NULL,
   主要功效 varchar(50) NOT NULL,
   量产时间 date NOT NULL,
   禁忌对象 char(50) NOT NULL,
   会员编号 int NOT NULL,
   PRIMARY KEY(药剂编码)
)ENGINE = InnoDB;

3. CREATE TABLE 代表原料
   (
   药剂编码 int NOT NULL,
   原料名称 char(50) NOT NULL,
   产地 char(50) NULL,
   属性 char(50) NULL,
   剂量 decimal(5,2) NOT NULL,
   PRIMARY KEY(药剂编码,原料名称)
)ENGINE = InnoDB;

如果我们把引擎视为汽车的发动机，那么不同发动机对应的功能就会存在差别。例如有的发动机重视低转速的扭矩输出，而有的发动机则强调高转速区间的动力延展，正所谓鱼和熊掌不可兼得。同样的事情也发生在了MyISAM和InnoDB这两个MySQL最常用的引擎身上。

1. MyISAM仅支持全文本搜索。简单来讲，全文本搜索是一项专门针对文本列（text）进行的模糊查询。它有自己的操作语法和查询技巧。但是由于全文本搜索在实际操作中运用得并不是十分普遍，而且我们之前介绍的LIKE和REGEXP也能对文本列进行模糊查询，所以本书没有专门为大家介绍全文本搜索。

2. InnoDB引擎仅支持事务处理。概括而言，事务处理是一项配合数据更新使用的技能，它非常实用。我们将在本章的最后一节为大家详细介绍。

好了，以上就是本节的主要知识点。那么在最后，请大家自己将这3张表在电脑中完成创建。

7.2 调整表及外键约束：先有鸡，还是先有蛋

在7.1节中，我们学习了如何使用SQL语言来创建表。当表完成创建并投入使用以后，我们可能还要根据实际需要对它进行一些调整和改良。所以在本节中，我们要一起学习如何对现有表进行调整。这将包括增加列、删除列及重命名列等操作。除此以外，本节还要介绍外键约束，这是一个重点。

7.2.1 重命名表和删除表

相信同学们都还记得，我们在学习自联结的时候使用了关键词AS对Cargo表进行了两次命名，并因此得到了两个临时表别名：藤井树和渡边博子。但如果想要彻底修改表的名称，我们要使用关键词RENAME。例如，我们想把药剂师表的名称修改为Pharmacist，那么对应的SQL语句就是：

（1）RENAME TABLE 药剂师 to Pharmacist;

删除表和删除视图一样，我们也会用到关键词DROP。例如，如果我们想把药剂师表给删掉，那么对应的SQL语句就是：

（2）DROP TABLE 药剂师;

由于删除表的操作是不可逆的，因此要谨慎使用。相信大家都发现了，比起创建表，删除表的语句可以说非常简洁。这与生活中的许多场景都很相似。例如，渔夫蒂姆在海上和黑鲔鱼搏斗了近5小时才把它拉上船，可如果他此时大发慈悲，那么只需花30秒就可以让鱼重获自由。

7.2.2　增加列、重命名列与删除列

在理想情况下，一张表在创建完成以后，我们一般不会再对它的结构做重大调整。但理想和现实的差距总是无处不在，所以增加列是我们必须要掌握的一项操作。例如，如果我们想为药剂师表增加一个用来显示性别的新列——gender，那么对应的SQL语句就是：

（3）**ALTER TABLE** 药剂师 ADD COLUMN gender char (10) NULL;

瞧，增加列同样需要指定数据类型和能否存在空值，这是列的两个基本要素。

既然可以对表进行重命名，那么自然也可以对列进行重命名。例如，如果我们想将药剂师表中的获奖时间列更名为"happytime"，那么对应的SQL语句就是：

（4）**ALTER TABLE** 药剂师 CHANGE 获奖时间 happytime date NOT NULL;

大家可以看到，与增加列一样，在重命名列的时候，我们同样要指定数据类型及能否存在空值。

删除列是增加列的逆向操作。例如我们要把刚刚插入药剂师表中的gender列给删掉，那么对应的SQL语句就是：

（5）**ALTER TABLE** 药剂师 DROP gender;

7.2.3　外键约束和定义外键

好了，亲爱的同学们，正餐时间到！在接下来的内容里，我们将详细考查什么是外键约束。事实上，外键约束与数据更新的关系非常紧密，而下节内容就要学习如何更新表中的数据了，所以在此之前，大家必须对外键约束有一个较为全面的理解。不过请同学们放轻松，其实外键约束理解起来一点儿也不困难，只是对于初学者来讲，大家还没有机会接触这样的操作。下面我们就一步步地为大家解释这其中的来龙去脉。在最开始，我们要先从外键约束与定义外键的关系聊起。

按照我的理解，定义外键是一项操作，通过它会设立一个机制，这个机制就是外键约束。

不错，同学们首先要梳理出这样一个逻辑：外键约束只是一个机制，这个机制是通过定义外键实现的。也就是说，外键约束本身不是一项操作，我们需要通过定义外键这项操作来实现它。不过话说回来，我们为什么需要设立外键约束这个机制呢？

也许"约束"一词听起来会让人感到不自在。事实上，设立外键约束是为了维护关联表的数据完整性。换句话来讲，外键约束是用来维护关联表数据完整性的一种重要手段。

哦？关联表的数据完整性？这又是什么意思呢？外键约束又是如何维护数据完整性的呢？下面让我们先来聊聊如何理解数据完整性。请同学们考虑以下故事场景。

7.2.4　数据的完整性：合理的信息记录

场景1：

今天是不请自来的星期一，天气晴朗。事实上，麦克里尼此时的心情同样阳光明媚："好消息，各位！锂矿商弗兰克终于和我们签约了！按照现有的货量计算，他每周将从我们这里托运100个集装箱，但我相信这只是开始。因为弗兰克表示下半年的矿石产量将会持续增加！请拿好了，亲爱的乔治，这是弗兰克下的第一个订单的文件，你赶紧把上面的信息录入表中吧。今晚我们要好好庆祝一下！"

瞧，麦克里尼兴高采烈地表示，有一位新的顾客刚刚下了一个新的订单。这就意味着，乔治需要对Shipper、Booking和Summary这3张表进行更新才能完整地记录这一事件的发生。新的顾客信息将被记录在Shipper表中，而新的订单信息又将被记录在Booking和Summary这两张表中。

场景2：

麦克里尼和我们一样，从来都只会把好消息当作朋友对待，因为它说的话能让人感到高兴！至于被冷落在一旁的坏消息嘛，我们总是唯恐避之不及。然而坏消息也想找麦克里尼交个朋友，并希望他能分担一些自己的烦恼。就在麦克里尼就着甜甜圈喝下第三杯朗姆酒的时候，坏消息鼓起勇气钻进了他的耳朵："什么？有一个集装箱未被放行？这话说得可真不够朋友！乔治，你赶快把那个订单信息从表里删掉吧。"

大家可以看到，就在麦克里尼开怀畅饮时，不甘被冷落的坏消息告诉他有一个集装箱未被放行，因此取消运送了。所以乔治需要将这个订单的信息从表中删掉。然而订单信息是由Booking和Summary两张表共同记录的，所以它们都将是乔治的删除对象。

好了，通过以上两个故事场景，相信同学们会发现，由于我们是用多张关联表来共同记录一个事件的发展的，所以更新数据的操作往往会牵一发而动全身。

也就是说，当我们在更新（增加或减少）表中的数据时，往往需要对多张表进行操作才能实现，否则信息数据的记录就会不完整。举个例子，在场景1中，如果乔治只在Booking和Summary两张表中录入了新的订单信息，而忘记在Shipper表中录入新的顾客信息，那么这就会导致在后续的使用中，麦克里尼找不到该订单对应的顾客。找得到订单却找不到对应的下单顾客，这样的信息记录一定是不完整的，因为它不合乎情理。

所以读到这里，同学们就会知道，其实从某种角度来看，数据的完整性与合理的信息记录是一回事。也就是说，数据是否记录完整的判断依据，正是信息是否记录合理。因此，我们只需要保证信息记录合理，就能在一定程度上维护好数据的完整性。

然而问题又来了，我们究竟要怎样操作才能保证信息记录合理呢？事实上，合理记录信息的前提就是按照一定的顺序对各个关联表进行操作，而这一顺序与主键的委派方向有关。

Shipper　　→ ship_code → 　Booking　　→ book_num → 　Summary

箭头的指向与主键的委派方向一致

相信大家还记得，在场景1中，乔治需要对Shipper、Booking和Summary这3张表录入数据才能完整地记录事件，然而乔治并不能任意挑选一张表入手。请大家想象一下，如果乔治先往Booking表中录入了订单信息，那么这就意味着Booking表会先于Shipper表含有一个新的顾客编号：Booking.ship_code。事实上，这样的信息记录就算不上合理，因为外键值存在的前提是先有对应的主键值：Shipper.ship_code。

这其中的道理其实很简单。大家都知道，外键值源于主键值，所以外键含有的内容不可能多于主键。也就是说，外键不应当含有主键中尚不存在的数据。此处，虽然ship_code一方面是Shipper表的主键，另一方面是Booking表的外键，但如果乔治让Booking表先于Shipper表含有了一个新的ship_code，那么在MySQL看来，它就会认为我们是在为一个尚不存在的顾客录入订单信息，因此该信息会被判定为不合理的信息记录。

同样的道理，如果乔治先向Summary表中录入了订单信息，那么Summary表就会先于Booking表含有一个新的订单号：Summary.book_num，这就使得外键含有了一项主键中尚不存在的数据。然而按照逻辑来讲，

Summary. book_num要经Booking. book_num委派以后才会存在，因此这条信息记录也不合理。事实上，在MySQL眼中，乔治是在为一个尚不存在的订单做细节描述。

综上所述，乔治正确的操作顺序就是：

$$Shipper \longrightarrow Booking \longrightarrow Summary$$

话说回来，其实一张表委派自己的主键去其他表中充当外键这个行为，向MySQL传递了一条非常重要的信息，即外键值源于主键值。换句话来讲，外键值只是主键值下的蛋。这条信息又隐藏着一个非常重要的规则：外键含有的内容不能多于主键。也就是说，外键值存在的前提是先有对应的主键值，因此外键中不应当含有主键中不存在的数据。否则在MySQL看来，有违这个规则的信息录入操作就会牵扯出不合理的信息记录。

这其实并不难理解，请同学们想象一下，如果有一位渔民正在海上垂钓，那么在自然状态下，他是不可能从海里钓到兔子的，因为大海根本就不出产兔子。而如果你看见隔壁的老太太从超市买回一串葡萄，那么你一点儿也不会感到惊讶，因为超市里卖水果是再正常不过的事情了。

讲到这里，相信大家就会知道，"外键值源于主键值"正是对各个关联表操作顺序的判断依据。而我们要做的就是，保证外键不含有主键中不存在的数据，即外键含有的数据不能多于主键。下面我们再来请教一下MagicSQL，看看在场景2中，乔治需要如何操作。

在场景2中，乔治需要彻底删除订单信息。那么他将对Booking和Summary这两张表进行操作。但是与数据录入的操作顺序相反，删除操作要先从Summary表下手，然后才是Booking表。

没错，如果乔治先从Booking表中删掉了订单信息。那么该订单对应的订单号还存在于Summary表中。也就是说，此时的Booking. book_num已经不存在了，可是经它委派的Summary. book_num却还在Summary表中睡大觉，这样的信息记录就算不上合理，因为此时外键含有了主键中不存在的数据。

正是这样！不过想必同学们听了以上的讲解，还是会感到有些困惑：既然我们的目的只是合理且完整地记录信息，那么只需保证最终对各个表更新到位即可，为什么偏偏要按照一定的顺序对表进行操作呢？这样的要求未免有些苛刻了吧？

没错，站在我们的角度来思考，确实是这样。但是大家不要忘了，我们是通过MySQL对表进行操作的。事实上，我们以上谈到操作顺序，其实就是在解决"是先有主键值还是先有外键值"这样一个问题，而这就像在和MySQL讨论"是先有鸡，还是先有蛋？"

当然在我们看来，先有主键值还是先有外键值都无关紧要。但是我们的数据库管理员——MySQL并不认同这一观点，它会固执地认为应先有主键值。因为在MySQL看来，外键值是主键值下的蛋。因此要先有鸡，后有蛋。所以一旦外键含有了主键中不存在的数据，那么MySQL就会认为该信息记录不合理，进而做出判断：关联表中的数据完整性存在缺陷。这将导致MySQL不予执行该更新操作。

那么讲到这里，同学们可能又会问：咱们聊了这么多，但我依然不知道外键约束是如何维护数据完整性的。事实上，"强迫"我们必须按照顺序对关联表进行更新操作，就是外键约束引发的后果。也就是说，在更新表中的数据时，外键约束会要求我们按照顺序对表进行操作。如果操作顺序正确则更新成功，如果操作顺序有误则更新失败。

7.2.5 外键约束的后果

我们接下来不妨进行一个小测试，看看如果违反了外键约束规定的操作顺序，MySQL是否真的不予执行。不过在测试之前，我们需要先为药剂师、获奖药剂和代表原料这3张表定义外键。因为外键约束只是一个机制，它的实现要通过定义外键来完成。

（6）ALTER TABLE 获奖药剂 ADD CONSTRAINT fk_获奖药剂_药剂师 FOREIGN KEY
（会员编号）REFERENCES 药剂师(会员编号)；
（7）ALTER TABLE 代表原料 ADD CONSTRAINT fk_代表原料_获奖药剂 FOREIGN KEY
（药剂编码）REFERENCES 获奖药剂(药剂编码)；

瞧，定义外键这项操作就好比让两张表签订一份"契约"。它表示两张表就"委派主键充当外键"这一行为达成了共识，并互相遵守由此产生的外键约束。所以走到这一步，我们创建关联表的工作才算是真正完成。

没错！虽然在7.1节中，我们对单张表进行了拆分，并获得了3张关联表。但其实按照严格意义来讲，在定义外键之前，那3张表都还只是在形式上有所关联而已。

正是这样！虽然我们在7.1节中已经进行了主键的委派，但药剂师、获奖药剂和代表原料这3张表，它们还没有因此而成为一个相互关联的记录共同体。原因很简单，举一个生活化的例子：如果A国准备委派自己的外交官前往B国任职，那么前提一定是先得到B国的认可，否则即使A国的外交官来到了B国，他也有可能不被承认。同样的道理，虽然A表已经委派了自己的主键入驻B表，但是A表委派主键是一回事，B表是否真正将其视为自己的外键又是另外一回事。不过一旦定义了外键，A、B两张表就算是建立了正式的外交关系。而建立外交关系的准则就是：承认外键的存在，并遵守由此而产生的外键约束。

好了，说了这么多，我们终于可以进行测试了！现在就让我们试着往获奖药剂表中录入一行数据，输入并执行例句（8）：

```
（8）INSERT INTO 获奖药剂(药剂编码，药剂名称，主要功效，量产时间，禁忌对象，
    会员编号)
    VALUES('1001', '欢欣剂', '缓解药物依赖', '1994-03-09', '肝肾功能
    障碍者', '101');
```

糟糕，MySQL报错了：Cannot add or update a child row: a foreign key constraint fails…

瞧瞧你都在做些什么，伙计！难道你想让我为一个尚不存在的药剂师录入他的获奖药剂吗？请你记住，外键值存在的前提是先有对应的主键值，这一点毋庸置疑！所以获奖药剂表不能先于药剂师表含有一项新的会员编号。

正是这样，所以在往获奖药剂表中录入数据之前，我们要先保证它含有的外键值已经存在于药剂师表中，否则录入数据就要先从药剂师表入手，就像这样：

```
（9）INSERT INTO 药剂师(会员编号，姓名，奖项，获奖时间，人物简介)
    VALUES('101', '彭派特', '"金试管"奖', '2005-12-31', '1980年毕业于剑桥大
    学，在校期间与好友马特·科夫曼一起验证了花旗参对神经兴奋的抑制效果，二人成功将
    其应用于实践。');
```

例句（9）被成功执行以后，我们就可以再回过头执行例句（8）了。

7.2.6　关联表的层次关系：上游表和下游表

根据主键的委派方向，我们又可以将关联表之间的层次关系理解为表的上游和下游。

药剂师　　会员编号　　获奖药剂　　药剂编码　　代表原料

箭头的指向与主键的委派方向一致

如果是增加关联表中的数据，那么在确定了操作对象以后，我们就要从最上游的表入手。所谓最上游的表，就是一系列委派主键行为的起点。

如果需要删除关联表中的数据，那么在确定了操作对象以后，我们则会从最下游的表开始进行，因为它是一系列委派关系的终点。

没错，如果我们确定了操作对象是药剂师、获奖药剂和代表原料这3张表，并准备往其中录入数据，那么药剂师表就是首先被操作的对象。因为它是委派主键这一行为的起点，然后依次往下游表中增加数据。可如果我们准备从药剂师、获奖药剂和代表原料这3张表中删除数据，那么代表原料表就会反过来成为首要操作对象。因为它是一系列委派关系的终点，我们需要依次在上游表中删除数据。

好了，以上就是本节内容的主要知识点，现在我们总结如下。

1. 定义外键是创建关联表的步骤之一，它是实现外键约束的一项操作。

2. 外键约束是一个维护数据完整性的机制。从某种角度来讲，数据的完整性与合理的信息记录是一回事。

3. 当我们在对关联表进行数据更新时，外键约束会"强迫"我们按照顺序对各个表进行操作。否则MySQL就会报错，进而执行失败。

4. 操作顺序与主键的委派方向有关。简而言之，就是保证外键含有的数据不能多于主键，否则在MySQL看来，这样的信息记录就不合理，进而判定数据的完整性存在缺陷。

5. 我们可以根据主键的委派方向梳理出表的上游和下游。如果要增加关联表中的数据，那么就要从最上游的表开始操作，因为它是委派行为的起点；如果要删除关联表中的数据，那么则需要从最下游的表着手进行，因为它是委派行为的终点。

6. 最后，大家要知道，其实判断信息记录是否合理，取决于我们对各个关联表的了解和认识。因为关联表是基于这些认识被设计出来的。下面我们以Shipper、Booking、Summary、Cargo和Factory这5张关联表为例进行说明，请大家参考以下4条叙述。

- 第一，由于不是每位顾客在近期都会下订单，所以根据Shipper.ship_code在Booking表中找不到对应的外键值是合理的。可如果根据Booking.ship_code在Shipper表中找不到对应的主键值，那么这一定是不合理的。因为只要有顾客下了订单，那他的信息一定会被记录在案。
- 第二，我们都知道，Summary表记录的是订单明细，所以每个Summary表中的订单号都一定会在Booking表中被找到，否则就不合理。可如果有人下了一个空白订单，那么即使这已经在Booking表中生成了订单号，它也没必要体现在Summary表中。所以Booking表含有Summary表没有的订单号是合理的。
- 第三，由于Summary表含有的货物信息全部源于Cargo表，所以Summary表含有的货物编号也一定全部源于Cargo表，否则就不合理。然而并不一定每种货物在近期都会出运，所以Cargo表比Summary表含有更丰富的货物编号是合理的。
- 第四，Cargo表中的货物都是由工厂生产的，而工厂信息存储在Factory表中。所以根据Cargo表中的fac_code在Factory表中找不到对应的工厂是不合理的。然而并不是每家工厂近来都会生产货物，所以根据Factory. fac_code在Cargo表中找不到对应货物是合理的。

之前我们用了两节内容为同学们详细讲述了如何设计表、如何创建表、如何调整表的结构和名称，以及如何理解外键约束。那么到这里，我们终于要学习如何更新表中的数据了。事实上，数据更新主要涉及3种句型：INSERT、DELETE和UPDATE。

在之前的内容中，为了避免造成不必要的注意力分散，我们使用的都是一些非常直白的语句，例如，往表中录入数据、增加表中的数据、删除表中的数据。事实上，像"录入""增加""删除"这样的字眼，它们并不足以准确概括我们将要学习的更新操作。所以在本节的开头，我们首先要抛出3大更新操作对应的准确描述。

1. 使用INSERT语句来插入行。
2. 使用DELETE语句来删除行。
3. 使用UPDATE语句来替换数据。

接下来，我们将逐一为大家介绍这些语句的功能和使用要点。

7.3 数据的插入：INSERT语句的使用

概括来讲，INSERT语句的功能是插入行，也就是以行为单位来插入数据。因此，使用INSERT语句会增加表中的行数，并增加表中的数据。那么INSERT语句都有哪些使用要点呢？我们来请教一下乔治。

7.3.1 插入行的两种方式

你好，伙计！真凑巧，我正准备往Shipper表中插入3行数据，它们分别来自3位不同的新顾客：James、Bond和Daniel。我会先插入其中的两行数据，并使用两种书写方式。你瞧好了！

```
（1）INSERT INTO Shipper
    VALUES(106, 'James', '0091-7815452', '孟买克拉巴区首宿路947号',
    'James@INDLALA.com','IND');
（2）INSERT INTO Shipper(ship_name, ship_contact, ship_address,
    ship_email, ship_country)
    VALUES('Bond', '507-305171', '巴拿马城圣何塞大街786号', 'Bond@PADIZ.
    com', 'PA');
```

同学们可以看到，这两种书写方式有一些共同点。

- 乔治都使用了INSERT INTO来引导整条插入语句，且后跟目标表的表名Shipper。

- VALUES引导插入的信息数据，且各个数据之间要使用逗号（英文格式）隔开。

- 大部分数据（字符型数据和时间日期型数据）会配合使用单引号，但数值型数据无须如此（被绿色标注的部分）。

相信大家还注意到了，例句（2）的书写要复杂一些，这是因为它额外提供了一份Shipper表的列清单。这种书写方式看起来可能不是最好的选择，但真的是这样吗？

并不是这样的，小老弟。下面我将使用例句（1）和例句（2）两者对应的书写方式来插入第3行数据，你可以自己比较一下谁更讨人喜欢。

```
（3）INSERT INTO Shipper VALUES (NULL, 'Daniel', NULL, NULL, NULL, 'NULL');
（4）INSERT INTO Shipper(ship_name) VALUES('Daniel');
```

哦？为何这两条例句都只录入了顾客名称呢？事实上，这是因为该顾客留给乔治的个人信息少得可怜，就只有他的名字（Daniel）而已。但是由于Shipper表在创建时允许大部分列存在空值，因此顾客Daniel依然能被该表所接纳。

除此以外，同学们可以看到，提供列清单的例句（4）反而比例句（3）要简单。原因究竟是什么呢？现在请大家先自己动手执行一遍上述4条例句，并观察结果。然后我们会对以上两种插入行的方式进行讲解。

7.3.2 提供列清单的重要性

现在我们来对以上两种INSERT语句的书写方式进行一番总结。

1. 如果我们想省去列清单的书写，就像例句（1）和例句（3）一样，那么就必须为每一列都提供对应的数据，即使该列对应的数据为空值（NULL），或被事先指定为AUTO_INCREMENT。

2. 虽然省去列清单有一定的书写便利性，但这种插入方式极有可能造成数据的错位。事实上，乔治在书写例句（1）时故意犯了一个错误，他把地址和电话号码写错位了。然而这并不会影响例句（1）被顺利执行。大家不妨再核实一下例句（1）执行后的结果。

3. 提供列清单有什么好处呢？首先，提供列清单可以有效地避免数据错位。例如，虽然例句（2）中的地址和电话号码也与Shipper表中的列顺序不一致，但我们只需让这些数据与列清单对应准确即可。大家可以再对比一下例句（1）和例句（2）的执行结果。其次，提供列清单可以让我们无须手动输入空值。例如，例句（4）的书写就非常简洁。不过反观没有提供列清单的例句（3），它就要求我们手动录入空值。

4. 通过例句（4），大家可以发现，列清单并不一定要含有目标表的所有列。而通过例句（2）大家会知道，列清单中列的顺序也不必与目标表中列的顺序保持一致。

5. 列清单一定要含有表中不能存在空值的列（AUTO_INCREMENT除外），因为它们是必填项。所以在插入数据时，我们必须为这些列提供相应的信息。

7.3.3 空值、默认值和AUTO_INCREMENT的插入方式

在我们所使用的表中，被指定可以存在空值的列，以及被指定自动填充"下一

个数值"的列都比较特殊。因此，我们在使用INSERT插入数据时还要注意两点。

空值的插入无须使用单引号，否则插入的就是"NULL"这个单词。你不妨再次观察例句（3）的执行结果。

我们为AUTO_INCREMENT列提供数据的方式有3种：第一种是手动赋值，就像例句（1）；第二种是输入空值，就像例句（3）；第三种则是隐式处理，就像例句（2）和例句（4），也就是不在INSERT语句中做具体说明。

没错！其实不管我们有没有为AUTO_INCREMENT列提供数据，哪怕提供的是空值，MySQL都会帮忙填充"下一个数值"。要知道，这种善解人意的举动并不常见。

事实上，除了空值和AUTO_INCREMENT列的插入方式比较特殊，还有一种情况需要说明，这种情况与默认值有关。现在请同学们来看这样一条语句：

```sql
CREATE TABLE Scores
(
  姓名 char(50) NOT NULL,
  学科 char(50) NOT NULL,
  分数 int NOT NULL DEFAULT 100
) ENGINE = InnoDB;
```

这是一条创建表的SQL语句。由于这是一张用来测试的简易表，所以我们没有为它指定主键。执行这条语句之后，我们将得到一张空表。

姓名	学科	分数

除此以外，相信同学们一定都注意到了，我们对创建的分数列做出了一项特殊的指定：DEFAULT 100（默认值为100）。它将产生这样的结果：当我们插入数据时，如果没有为该列赋值，那么MySQL将自动为其赋予默认值100。事实上，对于被指定存在默认值的列来讲，它们的数据插入方式也比较特殊。第一种是手动赋值，在我们自己提供了数据的前提下，MySQL将以我们输入的数据为准：

```sql
INSERT INTO Scores(姓名, 学科, 分数) VALUES('藤井树', '语文', '99');
```

姓名	学科	分数
藤井树	语文	99

第二种是隐式处理：

```
INSERT INTO Scores(姓名, 学科) VALUES('藤井树', '数学');
```

姓名	学科	分数
藤井树	语文	99
藤井树	数学	100

瞧，这一次列清单中根本就没有出现分数列。那么在这种情况下，MySQL就会自动为其赋予默认值100了，这与AUTO_INCREMENT列的数据插入方式一样。

第三种是指定填充默认值：

```
INSERT INTO Scores (姓名, 学科, 分数) VALUES('藤井树', '英语', DEFAULT);
```

姓名	学科	分数
藤井树	语文	99
藤井树	数学	100
藤井树	英语	100

第三种方式最为特殊，它表示我们接受默认值。同样地，MySQL也将心照不宣地接受我们的请求，直接插入默认值100。

7.3.4 同时插入多行数据

如果我们手上有大量的行（数据）准备插入，那么一行行地单独执行显然效率不高。所以接下来，我们将为大家介绍如何同时插入多行数据，这也有两种方法。

第一种方法非常简单，我们只需同时输入多条INSERT语句，并用分号隔开，然后执行即可。例如：

```
（5）INSERT INTO Shipper
    VALUES(106, 'James', '0091-7815452', '孟买克拉巴区首宿路947号',
    'James@INDLALA.com','IND');
    INSERT INTO Shipper(ship_name, ship_contact, ship_address,
    ship_email, ship_country)
    VALUES('Bond', '507-305171', '巴拿马城圣何塞大街786号',
    'Bond@PADIZ.com', 'PA');
```

第二种方法是只使用一条INSERT语句引导，我们仅需用逗号将不同行的数据隔开。就像这样：

```
(6) INSERT INTO Shipper(ship_name, ship_contact, ship_address,
    ship_email, ship_country)
    VALUES('James', '0091-7815452', '孟买克拉巴区首宿路947号',
    'James@INDLALA.com','IND'),
    ('Bond', '507-305171', '巴拿马城圣何塞大街786号',
    'Bond@PADIZ.com', 'PA');
```

没错，一条INSERT语句可以直接插入多行数据。但在日常操作中，一行数据往往单独用一条INSERT语句来引导插入。究竟选择何种方式全看大家的理解和使用习惯，只要保证插入的数据正确就行。不过从书写的简洁性上来看，例句（6）的写法显然更胜一筹，而且能避免数据错位。

7.3.5　在INSERT语句中使用子查询：数据导入

接下来我们要为大家介绍一种比较特殊的数据插入方式，它会将一次检索出来的结果插入表中。事实上，这种插入方式有些类似于数据的导入，而同学们将从中再次看到子查询的身影。在具体操作之前，我们需要先创建一张Customer表：

```
CREATE TABLE Customer
(
  cust_code int NOT NULL AUTO_INCREMENT ,
  cust_name char(50) NOT NULL,
  cust_address char(50) NULL,
  cust_contact char(50) NULL,
  cust_email char(50) NULL,
  cust_country char(50) NULL,
  PRIMARY KEY(cust_code)
) ENGINE = InnoDB;
```

其实Customer表与Shipper表有着完全相同的结构，只是表名和列名有所差异。此时的Customer表还不含有任何数据，所以现在我们就试着往其中导入Shipper表的前3行数据。对应的SQL语句为：

```
(7) INSERT INTO Customer (cust_code, cust_name, cust_address,
    cust_contact, cust_email, cust_country)
    SELECT ship_code, ship_name, ship_address, ship_contact,
```

```
  ship_email, ship_country FROM Shipper LIMIT 3;
```

瞧，SELECT取代了VAULES。既然是导入数据，就无须我们手动赋值了。不过由于Customer与Shipper两张表有着完全相同的结构，所以例句（7）还可以被进一步简化：

```
（8）INSERT INTO Customer (cust_code, cust_name, cust_address,
    cust_contact, cust_email, cust_country)
    SELECT * FROM Shipper LIMIT 3;
```

当然，如果去掉末尾处的LIMIT语句，那么这将为Customer表导入Shipper表含有的全部信息。同学们可以将其视为一种数据备份的方法。事实上，除了原封不动地从A表向B表中导入数据，这种操作还有更多更灵活的使用场景。举个例子，玩具商吉姆在上个月的产品销售情况如下表（Toy表）所示。

商品名	进价	卖价	个数
哈士奇布偶	50	45	50
遥控飞机	100	120	100
城堡积木	30	20	100

如果他想计算各类玩具的收益，那么他就会执行这样一条SQL语句，并返回如下结果：

```
SELECT 商品名, 个数*(卖价-进价) AS 收益 FROM Toy;
```

商品名	收益
哈士奇布偶	-250
遥控飞机	2000
城堡积木	-1000

相信同学们还记得，我们此前曾表示：一次检索返回的结果很可能就是一个新的数据集，因为不同的检索操作可能会带来不同的信息组合。没错，其实这个结果也能利用INSERT语句实现。当然，前提是创建一张结构合理的表：

```
CREATE TABLE Money
(
  商品名 char(50) NOT NULL,
  收益 decimal(7,2) NOT NULL
);
```

然后执行插入语句：

```
INSERT INTO Money (商品名，收益)
SELECT 商品名，个数*(卖价-进价) AS 收益 FROM Toy;
```

最后检索之前空空如也的Money表，大家就会看到相应的数据已经被成功插入了：

```
SELECT * FROM Money;
```

商品名	收益
哈士奇布偶	-250
遥控飞机	2000
城堡积木	-1000

7.4 数据的删除：DELETE语句的使用

本节我们将学习第二项更新操作，就是使用DELETE语句删除数据。在介绍具体操作之前，我们需要先详细了解关于DELETE语句的功能。

7.4.1 使用DELETE删除特定行

同学们要先搞清楚，DELETE语句和INSERT语句一样，它们都是以行为单位更新表中数据的。只不过后者会让表中的行数（数据）增加，而前者会让表中的行数（数据）减少。因此DELETE的功能是删除行，也就是以行为单位来减少表中的数据。那么删除行都有哪些注意事项呢，下面让我们再次把话筒交给乔治。

其实删除行就像在给表打扫卫生，丢掉不需要的过气杂物。然而没有人会愿意扔掉自己心爱的宝贝，例如一个年幼时使用过的转笔刀（不再锋利）、一封被推搡着挤出校园而未送出的情书（微微泛黄）、一双为打扮成大人模样而匆匆购买的黑色皮鞋（只擦不穿）。这些物件于我们而言是有价值的，所以要被珍藏在身边。那么同样的道理，我们也不希望表中有价值的数据被误删掉，所以在书写DELETE语句时，我们往往都会使用主键值进行定位。

没错！其实使用主键值进行定位就是为了避免误删一行有价值的数据。举例来讲，如果乔治要从Shipper表中删掉新顾客James的个人信息（通过上一节的例句

（1）插入Shipper表），那么对应的SQL语句就会这样书写：

```
（1） DELETE FROM Shipper WHERE ship_code = '106';
```

瞧，这是一种在搜索情况下完成的删除操作。事实上，DETELE语句的大部分使用情况都如此，也就是会与WHERE搭配使用。除此以外，相信同学们都还记得，我们在学习LIMIT时曾表示它可以搭配DELETE语句使用：

```
（2）DELETE FROM Shipper WHERE ship_code = '106' LIMIT 1;
```

在例句（1）的基础上追加使用LIMIT 1，可以在一定程度上提高效率。因为例句（1）的执行过程为：删除目标信息之后，继续扫描全表。而例句（2）的执行过程则是：删除目标信息之后，直接返回（结束）。所以相较而言，例句（2）的执行效率可能会更高。毕竟主键值是唯一的，因此DELETE语句只可能删除一行数据，在删除唯一的目标信息之后，就没有继续扫描全表的必要了。

7.4.2　删除表中的所有行：MySQL中的安全模式

想必你一定很好奇，如果我们在书写DELETE语句时没有使用主键值进行定位就匆忙按下了执行按钮，会发生什么事情呢？比如说这样：

```
（3） DELETE FROM Shipper;
```

这条语句将告知MySQL删除Shipper表中的所有行，也就是删掉Shipper表中的所有数据。

正是如此。所以说例句（3）的书写虽然很简单，但它却是一颗威力很大的炸弹。不过话说回来，真的稍不留神就会让整张表被"夷为平地"吗？现在请大家放心大胆地输入并执行例句（3），也就是在你的电脑中引爆这颗炸弹，看看会发生什么样的事情。

相信大家都发现了，其实MySQL并没有执行例句（3），而是报错了。事实上，MySQL这一次报错可不是和我们过不去。

恰恰相反，这一次是善解人意的报错。只要你仔细读过反馈——You are using safe update mode and you tried to update a table without a WHERE that uses a key column——就会知道我是在好心提醒你，你正在用一条没有使用WHERE搭配主键值进行定位的DELETE语句来更新表中的数据。

正因如此，MySQL在安全模式下向我们发出了警告。不过安全模式是可以被关闭和重新开启的，它们对应的SQL语句为：

```
（4） SET SQL_SAFE_UPDATES = 0;（关闭安全模式）
（5） SET SQL_SAFE_UPDATES = 1;（开启安全模式）
```

7.4.3　外键约束的开启和关闭

不过即使我们事先关闭了安全模式，要想让MySQL执行例句（3）还会遇到另外一层阻力。这层阻力就来自我们上节聊到的外键约束。

相信大家还记得，如果我们仅删掉Shipper表中的数据，那么这些顾客对应的订单信息还存在于Booking和Summary两张表中。这样一来，这些订单就会因找不到对应的顾客，而产生不合理的信息记录。所以MySQL就会认为关联表中的数据完整性存在缺陷，进而拒绝执行。

正是如此，现在我们不妨做一个小测试。ship_code为101的顾客在Booking和Summary两张表中都有对应的订单信息。此时我们如果执行例句（6），MySQL就将报错：

```
（6） DELETE FROM Shipper WHERE ship_code = '101';
```

这次依然是善解人意的报错：Cannot delete or update a parent row:a foreign key constraint fails…所以话说回来，如果你真的想要摆脱这位顾客的话，那么你必须遵守外键约束规定的顺序，对各个关联表依次执行DELETE语句——首先删掉Summary表中的订单明细；接着删掉Booking表中的订单；最后才是从Shipper表中删掉顾客信息。

没错！不过外键约束并非一个死板的规则。事实上，外键约束和安全模式一样，它们都可以被关闭和重新开启，对应的SQL语句为：

```
（7） SET FOREIGN_KEY_CHECKS = 0;（关闭外键约束）
```

（8）SET FOREIGN_KEY_CHECKS = 1;（开启外键约束）

也就是说，如果我们事先关闭了外键约束，那么例句（6）就会被MySQL直接执行成功，且无须先从Summary和Booking两张表中删掉对应的订单信息。不过这会引发不合理的信息记录，所以大家目前还不用尝试。等到学习事务处理的时候，我们会回过头来进行验证。

现在让我们再次回到删除整张表的话题上来。相信通过以上的讲解，大家会知道，如果我们真的需要执行一条不带主键值进行定位的DELETE语句，如DELETE FROM Shipper，那么就需要事先关闭安全模式和外键约束：SET SQL_SAFE_UPDATES = 0;SET FOREIGN_KEY_CHECKS = 0。这样整张Shipper表的数据才会被删除。

7.4.4　在DELETE语句中使用子查询

关于DELETE语句的使用，这里还有一点需要补充，这一点和子查询有关。因为DELETE语句在大部分使用场景中都是搜索型删除语句，所以子查询在其中依然有用武之地。

举个例子来看，面霜因出口量惨淡被下架了，因此也需要从Cargo表中将其删除。在这种情况下，我们就可以写出这样一条嵌有子查询的DELETE语句：

```
DELETE FROM Cargo WHERE cargo_code =
(SELECT cargo_code FROM Cargo WHERE cargo_name = '面霜');
```

由于我们习惯使用主键值进行定位来搭配DELETE语句，所以子查询的目的是找到商品面霜的cargo_code，然后将其当作删除条件传递给DELETE语句，这样就能保证删除操作万无一失了。不过这条语句并不会被MySQL顺利执行，它会发来反馈：You can't specify target table 'Caogo' for update in FROM clause。原因是子查询的操作对象和更新语句的操作对象是同一张表——Cargo。

解决办法很简单，我们可以再嵌套一层子查询，目的是改变子查询的操作对象，就像这样：

```
（9）DELETE FROM Cargo WHERE cargo_code =
    (SELECT Happy.cargo_code FROM (SELECT cargo_code FROM Cargo WHERE
    cargo_name = '面霜') AS Happy);
```

红色部分是新增的。大家可以看到，新增的子查询在外侧，它负责向上传递主键值，它的操作对象并不是Cargo表，而是一张名为Happy的虚拟表。Happy表中含有的内容就是内部子查询的查询结果。由于这个查询结果是唯一的，所以Happy的内容也是唯一的，即面霜的cargo_code。

除此以外，相信大家都还记得，乔治之前表示使用DELETE语句往往要搭配主键值进行定位，这是为了避免错误地删除一行有价值的数据。没错，然而这并不代表DELETE语句只能搭配主键值进行操作，且一次只能删除一行数据。因为在有些情况下，我们需要批量删除某些具有同一标签的数据，且这一标签不一定就是主键。举个例子来看，以下是一张简洁的订单表，其中的主要信息包括订单号、下单时间和购买商品。

订单号	下单时间	购买商品
101	2022-05-21	手机
102	2022-05-21	感冒灵颗粒
103	2022-05-21	钢笔
104	2022-05-22	柠檬
105	2022-05-22	笔记本
106	2022-05-22	台灯

事实上，订单号就是这张表的主键。现在请同学们思考，如果工作人员疏忽大意，将2022年5月22日的订单商品信息全部写错了，导致这一天的全部数据需要被删掉。那么在这种情况下，我们就不必使用主键值进行定位了，因为这样书写起来会很麻烦：

```
DELETE FROM 订单表 WHERE 订单号 IN (104,105,106);
```

想象一下，如果在2022年5月22日当天有100行数据需要被删除，那么这样的做法确实有些不太明智。事实上，我们在这种情况下只需使用下单时间进行定位即可，就像这样：

```
DELETE FROM 订单表 WHERE 下单时间 = '2022-05-22';
```

但是直接执行这条语句有可能会让MySQL报错，原因是我们没有使用主键值进行定位。那么在这种情况下，我们同样需要事先关闭安全模式。而且如果订单表与其他表存在关联，还需进一步考虑外键约束是否会进行干预。

好了，DELETE语句的使用要点就介绍到这里。下一节我们将要一起学习UPDATE语句的使用规范。

7.5 数据的替换：UPDATE语句的使用

亲爱的同学们，本节我们将要一起学习UPDATE语句的使用。事实上，UPDATE语句相较于此前的INSERT和DELETE语句来讲，使用情况会更加特殊，下面就让我们一起来看。

7.5.1 修改数据：替换已有数据

首先要知道，使用UPDATE语句更新表中的数据其实与使用INSERT和DELETE语句存在本质区别。主要是因为UPDATE不会让表中的行数发生变化。也就是说，UPDATE语句并不是以行为单位开展操作的。

没错！事实上，相较于INSERT插入行和DELETE删除行来讲，UPDATE语句的执行效果更加多元化。这是因为从操作思路上看，UPDATE语句就是在进行数据的替换，而不同的替换行为会对应不同的更新效果。

简单来讲，如果我们想要修改数据，那么就会用新数据来替换旧数据；而如果想增加数据，那么只需要用它替换空值即可。除此以外，如果我们想要删除数据，那么就会进行逆向操作，也就是用空值来替换原有的数据。

正是如此！所以读到这里，大家就会知道，UPDATE语句不仅可以增加表中的数据，还可以删除表中的数据，只是UPDATE语句不会以行为单位开展操作。下面就让我们先来学习如何修改数据。

修改数据非常简单，我们只需用新数据替换旧数据即可。举例来讲，在Booking表中，BOK-72306和BOK-70339号订单对应的book_date分别是2021-08-02和2021-08-07。如果我想把它们统一修改为2021-08-20，则可以这样书写UPDATE语句：

```
（1）UPDATE Booking SET book_date='2021-08-20' WHERE book_num = 'BOK-72306';
     UPDATE Booking SET book_date='2021-08-20' WHERE book_num = 'BOK-70339';
（2）UPDATE Booking SET book_date='2021-08-20' WHERE book_num IN
     ('BOK-72306', 'BOK-70339');
```

瞧，我们在书写UPDATE语句时也会搭配主键值进行定位，这还是为了避免更新错误。除此以外，值得同学们注意的是，例句（1）和例句（2）不会触发外键约束。也就是说，在开启外键约束的情况下，这两条语句会被MySQL顺利执行，这是因为两次更新行为没有影响到主键值。

然而这并不代表UPDATE语句不会触发外键约束。事实上，如果乔治要修改的不是订单时间，而是订单号，例如他想把"BOK-72306"和"BOK-70339"这两个订单

号修改成"TEN-72306"和"TEN-70339"，那么在开启外键约束的情况下，对应的
UPDATE语句就不会被MySQL执行：

```
（3）UPDATE Booking SET book_num = 'TEN-72306' WHERE book_num = 'BOK-72306';
    UPDATE Booking SET book_num = 'TEN-70339' WHERE book_num = 'BOK-70339';
```

 我当然不会执行！如果我照你说的做了，那么"BOK-72306"和"BOK-
70339"两个订单号还存在于Summary表中，但是它们在Booking表中却
已经不存在了！所以我会认为这是在为两个不存在的订单做细节描述。

没错，所以判断是否会引发外键约束的原则依然是：外键不能含有主键中不存
在的数据。如果更新行为不涉及主键值的变动，那么一般就不会触发外键约束。现
在就请同学们先动手执行以上例句，然后回来继续阅读。

7.5.2 增加数据：替换空值

下面我们将一起学习如何使用UPDATE语句来增加表中的数据。

 操作都是一样的，伙计！举个简单的例子，我们此前往Shipper表中插入
了一位名叫Daniel的新顾客。相信你还记得，由于Daniel当时只提供了自
己的名字，所以他所在的一行信息里的大部分数据都是空值。如果现在
我要为他录入电话号码和电子邮箱，则要这样书写：

```
（4）UPDATE Shipper SET ship_contact = '0541-745213' WHERE ship_code = '108';
    UPDATE Shipper SET ship_email = 'daniel@kwikspell.com'
    WHERE ship_code ='108';
（5）UPDATE Shipper SET ship_contact = '0541-745213', ship_email =
    'daniel@kwikspell.com'
    WHERE ship_code = '108';
    （主键值可能和大家的有所不同）
```

相信同学们还记得，空值一方面的含义是无值、不含有值，另一方面的含义是
信息未知且待定。所以当我们想要增加现有行的数据时，就需要用一个客观数据去
替换原本的空值。只不过从操作层面上来看，增加数据和修改数据的区别并不大，
毕竟我们使用的都是UPDATE语句。

除此以外，由于Daniel的电话号码和电子邮箱会填充进同一行，所以我们仅需使
用一条UPDATE语句来引导即可。大家不妨动手操作一遍。

7.5.3　删除数据：用空值替换已有数据

 使用UPDATE语句删除数据，其实就是增加数据的逆向操作。我们只需要反过来用空值替换已有数据即可。

不错，大家也可以将其理解为清空某一项数据。举例来讲，如果我们想把Daniel对应的电子邮箱给删掉，那么就会这样书写：

```
（6）UPDATE Shipper SET ship_email = NULL WHERE ship_code = '108';
```

瞧，这与INSERT语句一样，引用空值同样无须使用单引号，否则我们可能就会将一项原有数据修改成"NULL"这个单词。就像这样：

```
（7）UPDATE Shipper SET ship_email = 'NULL' WHERE ship_code = '108';
```

当然了，我们不能用空值去替换本就不接受空值的列信息，因为这些列信息是必填项，不能被删除。例如，如果乔治想要删掉顾客Daniel对应的ship_code：

```
（8）UPDATE Shipper SET ship_code = NULL WHERE ship_code = '108';
```

虽然例句（8）的语法完全正确，但MySQL不会执行。它会反馈：Column 'ship_code' cannot be null. 没错，因为ship_code是主键，它不接受空值。这项规则同样适用于那些不允许存在空值的列。

读到这里，想必有同学会问：如果我们在执行UPDATE语句时，没有使用主键值进行定位，这会产生怎样的后果呢？例如：

```
（9）UPDATE Shipper SET ship_contact = '0541-745213';
（10）UPDATE Shipper SET ship_email = NULL;
```

如果是这样，MySQL就会以列为单位来更新数据。

也就是说，例句（9）会将所有顾客的电话号码统一更新为0541-745213；而例句（10）则会删除所有顾客的电子邮箱数据。不过在开启安全模式的情况下，MySQL并不会执行以上例句，而是会像之前一样向我们发出警告：You are using safe update mode and you tried to update a table without a WHERE that uses a key column。换句话来讲，在一般情况下，如果我们想以列为单位更新数据，前提是关闭安全模式。

当然了，UPDATE语句也可以搭配子查询来使用，具体操作方法和使用环境与DELETE搭配子查询类似，在此就不做展开说明了。

7.5.4 同时更新多列数据

读到这里，相信同学们会发现，其实UPDATE和DELETE都是搜索型更新语句，它们在很多使用情况下都要搭配WHERE进行定位。举个例子来看，这是一张我们在7.4节使用过的订单表。

订单号	下单时间	购买商品
101	2022-05-21	手机
102	2022-05-21	感冒灵颗粒
103	2022-05-21	钢笔
104	2022-05-22	柠檬
105	2022-05-22	笔记本
106	2022-05-22	台灯

现在请同学们思考一下，如果工作人员在5月22日那天录入了错误的购买商品信息，将隐形墨水错误地录入成了柠檬、笔记本和台灯。那么在这种情况下，我们就不必搭配主键值进行数据修改了，就像这样：

```
UPDATE 订单表 SET 购买商品 = '隐形墨水' WHERE 订单号 IN (104,105,106);
```

事实上，我们只需要将下单时间当作搜索条件即可：

```
UPDATE 订单表 SET 购买商品 = '隐形墨水' WHERE 下单时间 = '2022-05-22';
```

订单号	下单时间	购买商品
101	2022-05-21	手机
102	2022-05-21	感冒灵颗粒
103	2022-05-21	钢笔
104	2022-05-22	隐形墨水
105	2022-05-22	隐形墨水
106	2022-05-22	隐形墨水

瞧，就是这么简单。除此以外，UPDATE语句还可以同时更新多列数据。举个例子，如果这位马虎的工作人员在近期格外马虎，不仅录错了购买商品信息，还录错了下单时间（正确的下单时间应该是2022-05-23，但他却错误地输入了2022-05-22），那么在这种情况下，下单时间和购买商品信息就需要同时更新：

```
UPDATE 订单表 SET 购买商品 = '隐形墨水' WHERE 下单时间 = '2022-05-22';
UPDATE 订单表 SET 下单时间 = '2022-05-23' WHERE 下单时间 = '2022-05-22';
```

不过这样书写有些麻烦，我们可以对这两条语句进行整合：

```
UPDATE 订单表 SET 购买商品 = '隐形墨水',
下单时间 = '2022-05-23'
WHERE 下单时间 = '2022-05-22';
```

订单号	下单时间	购买商品
101	2022-05-21	手机
102	2022-05-21	感冒灵颗粒
103	2022-05-21	钢笔
104	2022-05-23	隐形墨水
105	2022-05-23	隐形墨水
106	2022-05-23	隐形墨水

当然了，在不使用主键值进行定位的情况下，我们可能要先关闭安全模式（SET SQL_SAFE_UPDATES = 0;）才能执行这类UPDATE语句。

7.5.5 数据删除方式汇总

在本节的最后，我们要为大家总结一下几种常见的数据删除方式。

DROP：由于DROP可以用来删除表，所以使用DROP是在删除表的过程中，顺带地将表中的所有数据一并删除。

DELETE：DELETE的一般用法是删除特定行。然而DELETE也可以用来删除表中的所有行，即删除（清空）表中的所有数据，方法是在DELETE语句中不使用WHERE语句进行搜索。不过这需要进一步考虑安全模式和外键约束是否会进行干预。除此以外，大家还要知道，在开启事务处理的情况下，我们可以对DELETE的删除操作进行回滚，也就是对删除操作进行撤回。不仅如此，DELETE语句还可以配合触发器使用。我们将在后续章节中为大家详细讲述这些操作。

TRUNCATE：相信同学们都还记得那个将一组数据"拦腰斩断"的TRUNCATE函数：

```
SELECT TRUNCATE('48.96515', '2') AS 拦腰斩断;
```

拦腰斩断
48.96

没错，TRUNCATE函数的功能可以理解为对数据进行截取，但是这种截取方式并不基于四舍五入。

事实上，关键词TRUNCATE还有另外一项本领，就是删除（清空）表中的所有数据。请同学们注意，TRUNCATE并不能删除表中的特定数据，只能用来清空整张表，这是TRUNCATE与DELETE的区别之一。另外，TRUNCATE既不能配合触发器使用，也不能在开启事务处理的情况下进行回滚，这是它与DELETE的另外两个区别。不过话说回来，TRUNCATE删除整张表的数据的速度要比DELETE快。如果我们要使用TRUNCATE来删除Summary表中的所有数据，对应的SQL语句是TRUNCATE table Summary。

UPDATE：UPDATE删除数据的方式是用空值替换原有数据。但是在不使用WHERE语句进行搜索的情况下，UPDATE能以列为单位来删除数据，也就是删除整列内容。这个功能是DELETE无法实现的，因为DELETE只能以行为单位删除数据。不过这项操作需要额外考虑安全模式的影响，以及目标列是否允许存在空值。

好了，亲爱的同学们，以上就是本节的主要内容。最后我们不妨对数据更新做一番总结。

1. 更新表中的数据是掌握MySQL的一项必备技能，因为表必须及时地反映事件发展的最新动态。

2. 数据更新主要依靠3种语句实现：INSERT、DELETE和UPDATE。虽然它们的使用方法并不复杂，但值得我们认真对待，因为这关乎后续的数据使用和分析。

3. INSERT和DELETE语句都是以行为单位开展操作的。前者是插入行，后者是删除行。所以它们一经成功执行，目标表的行数就会发生变化：增加或减少。

4. UPDATE语句并不会以行为单位进行操作，因为它的本质是信息的替换。而且不同的替换行为会产生不同的更新效果：新数据替换旧数据就是修改数据；新数据替换空值就是增加数据；空值替换旧数据则是删除数据。

5. 在一般情况下，使用DELETE和UPDATE语句都必须配合主键值进行定位，这是为了避免更新错误。

6. 如果我们想删除表中的所有行，即删除表中的所有数据，则使用DELETE语句无须配合主键值进行定位。不过要想让MySQL真正执行，我们还得进一步考虑是否需要关闭安全模式和外键约束。

7. 如果我们想要统一修改某列的内容，或者删除整列数据，那么使用UPDATE语句无须配合主键值进行定位。不过这同样要考虑安全模式和外键约束是否会进行干预。

事实上，虽然以上列出了很多注意事项，但是在更新数据的过程中，难免会出现一些失误。例如插入的数据错位、提供的数据类型不匹配、误删了本应被保留的数据等。而且更新的工作量越大，犯错的风险也就越高。

其实更新表中的数据，就像在和一位生性敏感的陌生人聊天。我们会小心翼翼地与他交流，生怕说错了话而让他产生误解。不得不说，这种沟通方式着实让人感到有些憋屈。但是同学们不必担心，这个问题将在下节被很好地解决。

7.6　使用事务处理：数据更新前服下的"后悔药"

亲爱的同学们，你们好！本节我们将要学习一个非常实用的小技巧，它经常会配合更新语句（INSERT、DELETE、UPDATE）使用。没错，这个小技巧就是事务处理。说实在的，事务处理这个名称很容易让人联想到一位戴着金丝边眼镜，表情严肃的律师。但事实上，事务处理更像一剂在数据更新前服下的"后悔药"。因为事务处理可以对不符合预期的更新操作进行回滚（撤回），下面就请大家来看这样一个案例。

7.6.1　初识事务处理：START TRANSACTION

今天是悠然自得的星期五，至少对乔治来说是这样的，因为他今天请假休息了。如今，麦克里尼只能靠自己了。

> 话别说得那么泄气！你从我这里一样能学到东西。快过来瞧瞧吧，我想我找到了一架时光机。我准备用它来配合执行一条DELETE语句。我要删掉Summary表中的第一行数据。

麦克里尼表示他要删掉Summary表中的第一行数据。不过使用DELETE语句删除特定行需要搭配主键值进行定位，所以我们最好先帮他查看一下对应的主键值：

（1）SELECT * FROM Summary;

book_num	book_item	cbm	kgs	container	cargo_code
BOK-05734	1	59.39	2194.87	HAP-145	TOLEK-6600
BOK-68851	1	66.24	4564.86	EGY-225	KENE-3511
BOK-68851	2	57.6	2278.63	EGY-397	KENE-3716

第一行数据对应的主键值是book_num=BOK-05734和book_item=1，因此对应的DELETE语句就会这样写：

（2）DELETE FROM Summary WHERE book_num = 'BOK-05734' AND book_item = '1';

不过先别急着执行它，在执行例句（2）之前，我们先执行例句（3）：

（3）START TRANSACTION;

事实上，例句（2）执行以后，MySQL并不会返回什么结果。不过一架时光机已经在一个不为人知的角落里起飞了。大家不妨按照麦克里尼说的，先执行例句（3），再执行例句（2）。然后我们再次检索Summary表，检查第一行数据是否已被删除：

（1）SELECT * FROM Summary;

book_num	book_item	cbm	kgs	container	cargo_code
BOK-68851	1	66.24	4564.86	EGY-225	KENE-3511
BOK-68851	2	57.6	2278.63	EGY-397	KENE-3716

是的，表中的第一行数据确实已经被删除了！不过现在请大家想象一下，如果麦克里尼突然意识到，他实际应该删除的是表中的第二行数据，但此时第一行数据却被误删了，这该怎么办呢？

换句话来讲，就是真正需要被删除的行还躺在表中睡大觉——"其实我已经醒了，还做了个梦。我梦见一个小老头妄想把我从表里踢出去，可他却操作失误了。我真想好好瞧瞧他那副愁眉苦脸的样子，要知道，这世界上可是没有卖后悔药的！"

真的是这样吗？麦克里尼看起来好像很从容呢……

这话说得一点儿也不假，只需执行例句（4），时光机就会安全降落：

（4）ROLLBACK;

现在请执行例句（4），然后让我们再次检索Summary表：

（1）SELECT * FROM Summary;

book_num	book_item	cbm	kgs	container	cargo_code
BOK-05734	1	59.39	2194.87	HAP-145	TOLEK-6600
BOK-68851	1	66.24	4564.86	EGY-225	KENE-3511
BOK-68851	2	57.6	2278.63	EGY-397	KENE-3716

瞧，被误删的第一行数据又重新出现在了Summary表中，一切仿佛回到了过去。那么这一切究竟是怎么回事呢？

7.6.2　事务处理的本质

　　其实该案例就是使用事务处理的一整套操作过程，其中包括事务处理的开启（START TRANSACTION）和回滚（ROLLBACK）。事实上，事务处理的本质，就是让我们有机会手动选择是否真正提交执行结果。

　　在一般情况下，MySQL会直接提交执行结果，也就是让结果真实发生，而不在乎该结果是否符合我们的预期。要知道，MySQL可没有删除正确和删除错误的概念。在该案例中，麦克里尼很显然并不希望删除结果真实发生，因为他误删了一行本应该被保留的数据，所以他手动选择了回滚（ROLLBACK）。下面让我们来听听麦克里尼自己的解释。

你说得对！我当然要执行回滚，否则就要忍受第二行数据对我的嘲笑！由于我事先开启了事务处理，因此后续的删除操作就将处于我的掌控之中。也就是说，即使例句（2）对应的DELETE语句已经被成功执行，但它产生的并不是一个板上钉钉的真实结果！原因是这个结果还没有被MySQL真正提交！执行ROLLBACK能手动避免出现这个错误结果。

　　正是如此，ROLLBACK之所以能实现"破镜重圆"，就是因为执行结果还没有被真正提交。所以大家不妨将例句（2）产生的结果视为一个"预览结果"。事实上，后续处理这个"预览结果"有两种方式：回滚（ROLLBACK）和提交（COMMIT）。

7.6.3　关闭事务处理的休止符：ROLLBACK和COMMIT

其实"回滚"就类似于聊天软件中的"撤回"功能。当我们给对方发送了错误的消息时，在时效内可以选择撤回消息。当然，如果我确实是要删除Summary表中的第一行数据，我后续就不会执行ROLLBACK了，而是会执行COMMIT（提交）。COMMIT和ROLLBACK一样，它们都将关闭事务处理。

　　读到这里大家就会知道，如果麦克里尼先执行了COMMIT，那么再执行ROLLBACK也就无济于事了。因为删除结果已经被真正提交，且本次事务处理也因执行了COMMIT而被关闭了。综上所述，事务处理其实很容易理解。

　　我们会通过START TRANSACTION来开启事务处理，这相当于给了我们一次反悔的机会。我们如果对结果感到不满意，那么就执行ROLLBACK进行回滚；而如果对结果感到满意,那么就执行COMMIT进行提交。回滚和提交都会关闭事务处理,所以在执行COMMIT以后再执行ROLLBACK将不再有效。

好了,亲爱的同学们,现在是时候解决前几节中的历史遗留问题了。在7.5节中,我们想要摆脱外键约束,从Shipper表中直接删除一行顾客信息:

```
DELETE FROM Shipper WHERE ship_code = '101';
```

由于ship_code为101的顾客在Booking和Summary两张表中都有对应的订单信息,所以外键约束不允许我们直接对Shipper表执行DELETE语句。不过在关闭了外键约束以后,该语句就会被MySQL顺利执行。

然而这会引发不合理的信息记录,所以在执行该语句之前,大家需要先开启事务处理,接着观察结果变化,记得执行回滚。正确的测试步骤如下:

```
1. SET FOREIGN_KEY_CHECKS = 0; （关闭外键约束）
2. START TRANSACTION; （开启事务处理）
3. DELETE FROM Shipper WHERE ship_code = '101'; （执行删除语句）
4. SELECT * FROM Shipper; （观察结果,看看这行数据是否被删除）
5. ROLLBACK; （执行回滚）
6. SELECT * FROM Shipper; （再次观察结果,看看删除结果是否被撤销）
7. SET FOREIGN_KEY_CHECKS = 1; （再次开启外键约束）
```

使用同样的方法,我们也可以测试不带主键值进行定位的DETELE语句是否会真的会删除表中的所有行。以Shipper表为例,整个测试步骤如下:

```
1. SET FOREIGN_KEY_CHECKS = 0; （关闭外键约束）
2. SET SQL_SAFE_UPDATES = 0; （关闭安全模式）
3. START TRANSACTION; （开启事务处理）
4. DELETE FROM Shipper; （执行删除语句）
5. SELECT * FROM Shipper; （观察结果,看看整张表的数据是否全部被删除）
6. ROLLBACK; （执行回滚）
7. SELECT * FROM Shipper; （再次观察结果,看看删除结果是否被撤销）
8. SET FOREIGN_KEY_CHECKS = 1; （再次开启外键约束）
9. SET SQL_SAFE_UPDATES = 1; （再次开启安全模式）
```

7.6.4 使用保留点:恰到好处的回滚方式

就像刚刚聊到的那样,事务处理就好比一剂在数据更新前服下的后悔药,因为它会给我们一次回到过去的机会。说实在的,亲爱的同学们,在我们漫长的人生中,可能会无数次地幻想回到过去。这也许是为了重温某一个感动的瞬间;也许是为了改变一次重要的人生抉择；也许仅仅是想在走廊上和他打个招呼。

但无论怎样，在开始幻想类似的情景之前，我们总是会预先设定好一个时间点。请大家想象一下，今天休假在家的乔治给自己做了一顿丰盛的大餐，压轴菜是一道美味的法式杂鱼汤。然而就在他准备把杂鱼汤端上餐桌的时候，他不小心绊了一跤，这让他辛苦劳动的成果化为乌有。很显然，如果乔治可以选择回到过去，我想他一定不愿回到最初的原点，因为这意味着要从头来过。事实上，乔治大概率只想回到餐盘被打翻前的时刻。

同样的道理，如果我们每次执行ROLLBACK都只能回滚到最初的原点，就会显得有些过头，就像服用了过量的后悔药。事实上，在有些情况下，我们只想回滚到某个时间点，而不是数据更新前的原点。下面让我们再一次把目光投向麦克里尼。

我现在准备往表中插入一位新顾客下的订单信息。毫无疑问，我需要向 Shipper、Booking和Summary这3张表中插入数据。对应的语句我都已经写好了：

```
(5) INSERT INTO Shipper (ship_code, ship_name, ship_address,
    ship_contact, ship_email, ship_country)
    VALUES('121', 'Harry', '火星街587号', '011-84574', 'Harry@Mars.com',
    'Mars');
    INSERT INTO Booking (book_num, book_date, ship_code)
    VALUES('BOK-88888', '2021-10-10', '121');
    INSERT INTO Summary (book_num, book_item, cbm, kgs, container,
    cargo_code)
    VALUES('BOK-88888', '1', '23.57', '1255.39', 'VBI-457', 'KENE-0547');
    INSERT INTO Summary (book_num, book_item, cbm, kgs, container,
    cargo_code)
    VALUES('BOK-88888', '2', '24.12', '1662.2', 'VBI-458', 'KENE-3511');
```

大家可以看到，麦克里尼对应写下了4条INSERT语句，因为他需要往3张表中插入数据。然而数据更新总是伴随着失误的风险，而且批量执行的语句越多，风险也越大。

请大家想象一下，如果等到4条插入语句全部执行成功以后，麦克里尼才后知后觉地发现自己写错了顾客的联系方式、下订单的时间，以及两个集装箱对应的编号。那么毫无疑问，这些数据在3张表中都会乱作一团。而麦克里尼则需要遵循外键约束的规则，使用DELETE语句一条一条地从表中把它们删除，然后才能再次执行4条修改后的INSERT语句。不用说大家也知道，这是一件非常麻烦的事情。所以在批量执行4条INSERT语句之前，麦克里尼一定要先开启事务处理：

```
（6）START TRANSACTION;
    INSERT INTO Shipper (ship_code, ship_name, ship_address,
    ship_contact, ship_email, ship_country)
    VALUES('121', 'Harry', '火星街587号', '011-84574', 'Harry@Mars.com',
    'Mars');
    INSERT INTO Booking (book_num, book_date, ship_code)
    VALUES('BOK-88888', '2021-10-10', '121');
    INSERT INTO Summary (book_num, book_item, cbm, kgs, container,
    cargo_code)
    VALUES('BOK-88888', '1', '23.57', '1255.39', 'VBI-457', 'KENE-0547');
    INSERT INTO Summary (book_num, book_item, cbm, kgs, container, cargo_code)
    VALUES('BOK-88888', '2', '24.12', '1662.2', 'VBI-458', 'KENE-3511');
```

　　不过这样还不够，因为各个环节都存在失误的可能。请大家想象一下，如果麦克里尼仅在最后一条INSERT语句中写错了内容，那么即便可以执行ROLLBACK进行回滚，他可能也不愿回滚到数据更新前的原点。如果可以，麦克里尼只想撤回最后一条INSERT语句，并在修改之后单独执行它。所以更好的方法就是追加使用保留点（SAVEPOINT）：

```
（7）START TRANSACTION;
    INSERT INTO Shipper (ship_code, ship_name, ship_address,
    ship_contact, ship_email, ship_country)
    VALUES('121', 'Harry', '火星街587号', '011-84574', 'Harry@Mars.com',
    'Mars');
    SAVEPOINT bunny;
    INSERT INTO Booking (book_num, book_date, ship_code)
    VALUES('BOK-88888', '2021-10-10', '121');
    SAVEPOINT puppy;
    INSERT INTO Summary (book_num, book_item, cbm, kgs, container,
    cargo_code)
    VALUES('BOK-88888', '1', '23.57', '1255.39', 'VBI-457', 'KENE-0547');
    SAVEPOINT kitty;
    INSERT INTO Summary (book_num, book_item, cbm, kgs, container, cargo_code)
    VALUES('BOK-88888', '2', '24.12', '1662.2', 'VBI-458', 'KENE-3511');
```

　　瞧，我们在4条INSERT语句之间嵌入了3个保留点：bunny、puppy和kitty。下面我们就来为大家演示，使用保留点进行回滚会有什么样的效果。

首先执行例句（7）。等MySQL批量执行成功以后，大家就会看到Shipper、Booking和Summary这3张表都增加了相应的信息数据。

ship_code	ship_name	ship_address	ship_contact	ship_email	ship_country
105	Carol	伦敦牛津街12号	044-2512162	Frank@UKPALA.com	UK
121	Harry	火星街587号	011-84574	Harry@Mars.com	Mars

book_num	book_date	ship_code
BOK-75695	2021-08-10	104
BOK-88888	2021-10-10	121

book_num	book_item	cbm	kgs	container	cargo_code
BOK-75695	1	46.41	2129.95	YCL-273	MARN-3438
BOK-88888	1	23.57	1255.39	VBI-457	KENE-0547
BOK-88888	2	24.12	1662.2	VBI-458	KENE-3511

接着是使用保留点进行回滚。我们会按照从下往上的顺序（kitty → puppy → bunny），一次使用一个保留点。然后一边回滚，一边查看表中数据的变化情况。首先是使用kitty保留点进行回滚：

（8）ROLLBACK TO kitty;

book_num	book_item	cbm	kgs	container	cargo_code
BOK-75695	1	46.41	2129.95	YCL-273	MARN-3438
BOK-88888	1	23.57	1255.39	VBI-457	KENE-0547
BOK-88888	2	24.12	1662.2	VBI-458	KENE-3511

⬇

book_num	book_item	cbm	kgs	container	cargo_code
BOK-75695	1	46.41	2129.95	YCL-273	MARN-3438
BOK-88888	1	23.57	1255.39	VBI-457	KENE-0547

大家可以看到，插入Summary表中的最后一行数据被撤回了。这说明kitty保留点的作用是撤回最后一条INSERT语句。接着我们使用puppy保留点进行回滚：

（9）ROLLBACK TO puppy;

book_num	book_item	cbm	kgs	container	cargo_code
BOK-75695	1	46.41	2129.95	YCL-273	MARN-3438
BOK-88888	1	23.57	1255.39	VBI-457	KENE-0547

⬇

book_num	book_item	cbm	kgs	container	cargo_code
BOK-75695	1	46.41	2129.95	YCL-273	MARN-3438

瞧，插入Summary表的另一行数据也被撤回了，也就是第3条INSERT语句被撤回。那么这样一来，Summary表就回到了数据更新前的状态。我们还可以继续向上回滚，因为还有最后一个保留点未被使用。

使用bunny保留点进行回滚：

（10）ROLLBACK TO bunny;

book_num	book_date	ship_code
BOK-75695	2021-08-10	104
BOK-88888	2021-10-10	121

book_num	book_date	ship_code
BOK-75695	2021-08-10	104

相信大家都知道这是怎么一回事了。没错，bunny保留点会撤回第二条INSERT语句。也就是说，它让Booking表回到了数据更新前的状态。

好了，亲爱的同学们。现在3个保留点已经全部用完了。如果我们还想向上回滚，那么就只能执行ROLLBACK了，它将撤回第一条INSERT语句，让Shipper表回到数据更新前的状态，也就是回到整个事态最初的原点：

（11）ROLLBACK;

ship_code	ship_name	ship_address	ship_contact	ship_email	ship_country
105	Carol	伦敦牛津街12号	044-2512162	Frank@UKPALA.com	UK
121	Harry	火星街587号	011-84574	Harry@Mars.com	Mars

ship_code	ship_name	ship_address	ship_contact	ship_email	ship_country
105	Carol	伦敦牛津街12号	044-2512162	Frank@UKPALA.com	UK

当然，由于使用了ROLLBACK，事务处理也就因此被关闭了。好了，大家现在不妨按照以上顺序，动手执行一遍例句，亲身感受一下使用保留点的回滚过程。

7.6.5　保留点的使用规范和释放

下面我们将梳理使用保留点的注意事项。

当我们使用保留点进行回滚时，其实只能按照"从下往上"的顺序进行操作，而且上去了就不能再下来。也就是说，如果我们一开始就使用了最上面的bunny保留点，那么就不能再使用puppy和kitty这两个保留点了。因此这种回滚操作只能前进，不能后退。当然，使用保留点进行回滚并不会关闭事务处理。

保留点可以被释放。所谓"释放"指的就是"撤销"。例如，如果我们要释放bunny保留点，那么对应的语句如下：

（12）RELEASE SAVEPOINT bunny;

但是请大家一定注意，这条语句释放的并非只有bunny这个保留点，还包括bunny后面的所有保留点，即puppy和kitty都会被释放。保留点一经释放就不能使用了。在一般情况下，关闭事务处理（执行COMMIT或ROLLBACK）也会让保留点被释放。

好了，以上就是本节的主要内容。下面我们不妨做一番简单的总结。

1. 开启事务处理其实就是在避免自动提交。因此START TRANSACTIONS就像一个开关，它会暂时关闭自动提交，从而让我们有机会手动做出选择：回滚或提交。

2. 回滚和提交都将关闭事务处理，因此它们对应的指令ROLLBACK和COMMIT就像两个休止符。

3. 事务处理一般只会配合更新操作使用。它非常有效，而且能为我们省去很多麻烦。因此当大家准备执行更新语句（INSERT、DELETE和UPDATE）时，请一定记得开启事务处理！这会让后续的更新结果处于我们的掌控之中。

4. 与安全模式和外键约束一样，我们也可以关闭和重新开启自动提交，对应的SQL语句为：

（13）SET AUTOCOMMIT = 0;（关闭自动提交）
（14）SET AUTOCOMMIT = 1;（开启自动提交）

第8章
触发器与存储过程

本书章节划分为3个层级：从操作单张表到操作多张关联表；从使用表到创建表；从手动操作到自动操作。本章就将迈入第3个层级，我们将一起学习两种可以实现自动操作的小工具，它们分别是触发器与存储过程。

触发器主要配合更新操作使用。例如，Shipper表中的国籍信息要求大写，然而不能完全保证插入该表中的每一行数据的国籍都是大写的。在这种情况下，我们就可以预先安装一个配套的触发器。至于存储过程，它的主要功能是简化我们的书写，对普遍的特定需求进行预设，以避免时常都要输入并执行相同的SQL语句。

事实上，实现自动化的情景在生活中也随处可见。通过持续的努力，我们的身体就会形成一种神奇的肌肉记忆。每当置身于特定环境之中时，几乎不需要大脑思考，我们就能完成相应的动作。然而有所区别的是，在SQL环境中实现自动化不是依靠练习和感悟，而是依赖我们的传达。准确来讲，我们会通过SQL语句预先进行告知：当遇到某种特定情况时，触发器和存储过程需要产生怎样的反应来帮助我们完成相应的任务。因此概括来讲，本章将围绕"如何传达"与"传达什么"这两个话题来介绍相应的操作。

8.1 触发器（上）："扣动扳机"的正确姿势

从本节开始，我们将要一起学习触发器（Trigger）的使用。简单来讲，触发器是一个当表中数据发生变动时，能够自动帮助我们完成预设任务的小工具。事实上，如果对触发器运用得恰到好处，那么它将是一位非常得力的小助手！

为了能够让同学们更好地了解并掌握触发器，我们精心准备了一系列循序渐进的小案例。通过案例来理解触发器是最好的学习方式。好了，话不多说，现在就让我们一起来看第一个案例吧。

8.1.1 初识触发器的安装和使用

现在是下午5:59，没错，只差一分钟就可以打卡下班了。乔治坐在椅子上"监视"着钟摆的摆动，他可不希望时间在这个节骨眼上放慢脚步。相信这种归心似箭的心情大家都深有体会，因为上学时我们就饱受它的折磨。越是临近放学，时间仿佛过得越慢。此时的讲台就像一座建在远处山谷里的寺庙，老师刻意升高的音调似乎难以被察觉。因为年少的心早已被窗外的风儿吹向了四面八方。教室外有大门敞开的运动场，有卖冰棒、汽水的小卖部，还有吵个不停的知了。不过意想不到的遭遇总会躲在被最后一分钟掩护的角落里，瞧，麦克里尼正行色匆匆地朝着乔治走来。

菲利普刚刚打电话过来说，他要在订单BOK-75695的名下再增运一个集装箱。乔治，你赶紧把这些数据录入表中。

说完，麦克里尼就丢下一个写满信息的小纸条。这其实花费不了多少时间，因为乔治只需往Summary表中插入一行数据即可：

```
INSERT INTO Summary(book_num, book_item, cbm, kgs, container, cargo_code)
VALUES('BOK-75695', '2', '68.74', '2500.15', 'HAP-473', 'MARN-7458');
```

不过这还不算完，麦克里尼还有一个要求。

我希望每当有新数据插入Summary表之后，我都能知道所有货物一共需要支付多少港杂费。港杂费的计算规则很简单，每立方米3元。

Summary表中的cbm列记录的是货物体积。要想知道表中的货物一共需要支付多少港杂费，我们就只需对cbm列求和，然后让求和结果乘以单价即可，对应的表达为SUM(cbm)*3。

　　虽然计算方法很简单，但如果每次都要在插入数据之后手动计算就会很麻烦。因此，乔治为了以后能够准点下班，决定为这个需求安装一个触发器。下面我们直接来看对应的SQL语句，并一步步地分析它的构成：

```
（1）CREATE TRIGGER 准点下班 AFTER INSERT ON Summary
    FOR EACH ROW
    SELECT SUM(cbm)*3 FROM Summary INTO @happyending;
```

　　第一步是创建与命名。同学们可以看到，与创建视图和表一样，我们也会使用CREATE作为引导词：CREATE TRIGGER。除此以外，创建触发器时同样需要指定名称，且指定的名称不能与其他触发器重复。那么根据乔治的创建初衷来看，这个触发器被命名为"准点下班"再好不过了。

　　第二步是选择触发器的类型，以及确定安装对象。事实上，这两点都要紧扣需求。由于麦克里尼希望当有新数据插入Summary表之后自动完成相应的金额计算，即插入行为在先，触发器执行在后。因此乔治选择的触发器类型是AFTER INSERT，且触发器的安装对象是Summary表。

　　正是如此！那么读到这里，相信同学们就会理解例句（1）的第一行内容了：我们预备为Summary表安装一个名为"准点下班"的触发器，且该触发器的类型是AFTER INSERT。关于触发器类型的选择，我们稍后会为大家进行阐述。现在让我们继续往下看触发器的创建步骤。

　　第三步是引用句式：FOR EACH ROW。事实上，当大家预备在MySQL中创建触发器时，几乎都要引用这条固定不变的句式。原因是FOR EACH ROW是创建行级触发器的对应指令，而MySQL目前仅支持创建行级触发器。其实除了行级触发器，还有一种语句级触发器。不过MySQL尚不支持创建这种触发器，但Oracle数据库支持。

　　第四步是向触发器指定工作内容。毫无疑问，这一步非常关键，因为这些指令关乎触发器的后续使用。就这个案例来讲，触发器的工作内容很容易理解，它仅需对Summary表中的cbm列求和，然后乘以单价3（元）即可：SELECT SUM(cbm)*3 FROM Summary。

至于"INTO @happyending"这条小尾巴，同学们待会儿就会知道它的用途了。好了，现在就请大家将这个触发器安装到你的电脑里吧。不过别忘了，这个触发器一定要安装在含有Summary表的数据库中，因为它的安装对象就是Summary表。

在安装完成之后，我们就可以进行测试了。测试分为五步。

第一步是计算数据插入前的港杂费：

（2）`SELECT SUM(cbm)*3 AS 港杂费1 FROM Summary;`

港杂费1
1399.8

瞧，结果显示目前表中的港杂费合计为1,399.8元。当然，这个结果可能与大家的有所区别，不过这没有影响，因为重点是后续的费用差。

第二步是开启事务处理：

（3）`START TRANSACTION;`

请同学们记住，在数据更新前开启事务处理很有必要。万一出现差错，它将为你节约很多时间，毕竟这是一剂专治更新失误的后悔药。

第三步是往Summary表中插入一行数据，这条语句乔治早已写好了：

（4）`INSERT INTO Summary(book_num, book_item, cbm, kgs, container, cargo_code)`
    `VALUES('BOK-75695', '2', '68.74', '2500.15', 'HAP-473', 'MARN-7458');`

同学们可以看到，这行新数据的cbm值是68.74。那么它对应的港杂费就是68.74*3=206.22元。

第四步，计算现在的港杂费：

（5）`SELECT @happyending AS 港杂费2;`

港杂费2
1606.02

瞧，结果显示这行数据插入Summary表以后，港杂费的合计金额增加到了1,606.02元。数据插入前后的金额差为1606.02-1399.8=206.22（元）。没错，这刚好就是新数据对应的港杂费。看来触发器"准点下班"的运转一切正常！

但是大家不要忘了，我们还需要第五步，即关闭事务处理：

（6）`ROLLBACK;/COMMIT;`
    （任选其一，但推荐前者）

以上就是安装和使用一个触发器的全部过程。现在同学们不妨亲自测试一下。

8.1.2　理解触发器的触发机制和执行时机

上一节创建的触发器并不复杂，但我们最好还是一步一个脚印将它理解透彻。所以在学习下一个案例之前，我们不妨进行一番梳理。

首先值得大家再次回味的是触发器的触发机制，也就是触发器被触发的原因。在上述案例中，由于我们选择的是INSERT触发器，且触发器的安装对象是Summary表，所以用一句话来阐述它的触发机制就是：基于对Summary表的插入行为而被触发。也就是说，当MySQL检测到我们在对Summary表执行INSERT语句时，触发器就被触发了。

其次是关于触发器的执行时机。由于我们选择的是AFTER INSERT类型，所以当触发器被触发之后，它并不会立刻开始执行，而是会等数据成功插入Summary表以后（AFTER），再执行相应的操作。

其实整个过程就像在开枪打靶。当MySQL检测到我们在对Summary表插入数据时，手枪就会迅速瞄准Summary表，即触发器此时已经被触发了。然而扳机不会被马上扣动，因为触发器要等数据被成功插入Summary表以后才会开展行动。

一旦观测到数据被成功插入Summary表，手枪上的扳机就会被扣动，并发射出一颗名为"@happyending"的子弹。这就意味着触发器开始执行了。而子弹打下的痕迹就是计算得到的合计金额。最后我们会通过SELECT语句来查看它。

如果我们将该触发器的类型换成BEFORE INSERT，它的触发机制也不会被改变，依然是基于对Summary表的插入行为而被触发。但是触发器的执行时机会发生变化：触发器一经触发，马上就会开始执行任务。换句话来讲，这一次触发器并不会等数据成功插入Summary表之后再开展行动，而是会先于（BEFORE）数据插入计算出港杂费的合计金额。大家不妨根据上述步骤自行测试一下。

8.1.3　触发器的应用场景、类型与数量限制

我们在前面表示：如果对触发器运用得恰到好处，那么它将是一位非常得力的小助手。我想麦克里尼已经感受到了这一点。不过话说回来，触发器的一般应用场

景都有哪些呢？

事实上，触发器一般只会配合INSERT、DELETE和UPDATE这3种更新语句使用。因此，触发器的一般应用场景与表中的数据变动有关。准确来讲，由于INSERT、DELETE和UPDATE这3项更新操作会让表中的数据发生变动，所以在数据变动的前后，我们会使用触发器让它或前或后地完成一些预设的小任务。那么读到这里，同学们就会知道，触发器是一项当表中数据发生变动时，能够自动帮我们完成预设任务的小工具。

接下来，我们再来聊聊关于触发器的类型和数量限制。想必同学们通过之前的讲解已经发现，触发器大体分为前触发器（BEFORE）和后触发器（AFTER）两类。由此，再结合INSERT、UPDATE和DELETE这3项更新操作，触发器就可以被细分成以下6种：

```
BEFORE INSERT
AFTER INSERT
BEFORE UPDATE
AFTER UPDATE
BEFORE DELETE
AFTER DELETE
```

所以一张表最多只能安装6个触发器，而且与创建表和视图一样，各个触发器也要使用不同的名称来相互区别。

第一个案例就讲到这里，下面让我们来看第二个案例。

8.1.4　初识触发器中的"NEW"：目前没有，但即将有

触发器的一大优点在于能够自动执行任务，这让麦克里尼高兴不已。然而麦克里尼在高兴之余总是会忘乎所以，此时他的脑海中又蹦出了一个新想法。

这种神奇的小工具为什么不早点儿拿出来呢？乔治，你在往Shipper表中插入数据时，有时会忘记要大写顾客的国籍信息。触发器是不是有办法解决这个问题呢？

看来乔治今天是不能准点下班了，因为被麦克里尼说中了，触发器确实可以解决这个问题。也就是说，当乔治往Shipper表中插入数据时，如果他没有大写顾客的国籍信息，触发器可以帮他把国籍信息调整为大写。下面就让我们来实现这样一个触发器吧！

第一步是创建与命名：

```
CREATE TRIGGER 接车员
```

这一步非常简单，因为我们只需使用固定不变的开场白，并为触发器取一个朗朗上口的名称即可。

第二步是确定安装对象和选择触发器的类型。根据需求同学们会知道，由于顾客信息存储在Shipper表中，所以Shipper表就是触发器的安装对象。除此以外，因为我们需要让触发器在数据插入之前事先将国籍信息调整为大写，所以这一次我们会选择"BEFORE INSERT"触发器：

```
BEFORE INSERT ON Shipper
```

第三步是引用固定不变的句式：

```
FOR EACH ROW
```

这是因为MySQL目前仅支持创建行级触发器。

好了，当准备工作完成以后，我们就需要向触发器指定工作内容了。这一步非常关键，在书写对应的SQL语句之前，我们要先借助一个相似的案例进行引导。

在Shipper表中，顾客Owen对应的国籍信息是小写的"usa"，这很显然不符合麦克里尼的要求。所以我们会使用UPDATE语句将它调整为大写，对应的SQL语句如下：

```
UPDATE Shipper SET ship_country = UPPER(ship_country)
WHERE ship_code = '102';
```

瞧，这条语句传递给MySQL的指令是：先利用主键值进行定位，也就是先通过"ship_code='102'"在Shipper表中找到那位名叫Owen的顾客；然后使用UPPER函数将他的国籍信息调整为大写。

事实上，这条语句就是"接车员"触发器工作内容的模板，因为它未来的工作职责就是将顾客的国籍信息调整为大写，不过……

不过预备调整为大写的国籍信息，它目前并不存在于Shipper表中。大家不要忘了，麦克里尼是要求对即将被插入表中的国籍信息进行调整。所以在向触发器指定工作内容的时候，我们无法通过主键值找到它。

正是如此！事实上，预备调整为大写的国籍信息，它是一项Shipper表"目前没有，但即将有"的未知信息。也就是说，"接车员"触发器的工作内容是对Shipper表"目前没有，但即将有"的未知国籍信息做大写调整。

好了，亲爱的同学们，现在问题来了：这个指令要如何表述，MySQL才会明白我们的意思呢？要知道，触发器在将国籍信息调整为大写之前，它一定要预先访问到国籍信息才行，否则后续的操作将无法开展。然而我们又不能使用主键值进行定位，因为与之相关的所有数据都尚不存在于Shipper表中。所以，如何让触发器事先访问到"目前没有，但即将有"的国籍信息，正是解决问题的关键所在。下面我们将借助一个场景来为大家进行讲解。

现在请同学们将Shipper表想象成一座火车站，然后将一行准备插入Shipper表中的数据视为一列火车。大家可以看到，这列火车正朝着车站的方向驶来，车轮滚滚向前，迈着势不可当的步伐。那么对于这列即将进站的火车来讲，它就是Shipper表"目前没有，但即将有"的一行数据，而且这行数据中搭载着触发器要寻找的国籍信息。

事实上，该触发器扮演的角色就好比一位火车站的接车员。在火车进站之前，他需要完成两项工作：首先是访问每一列即将进站的火车，访问目的是在火车进站前找到车厢里的乘客国籍信息；接着就是将找到的乘客国籍信息调整为大写。当然，如果车厢里的乘客国籍信息原本就是大写的，也不会影响触发器的后续调整。

好了，当大家清楚了以上内容，我们就可以正式向该触发器指定工作任务了，这需要用到一种特殊的表达方式：

```
SET NEW.ship_country = UPPER(NEW.ship_country)
```

相信同学们一定注意到了，"NEW. ship_country"这样的表达方式与完全限定列名很相似，即"表名.列名"。没错，不过此处的"NEW"并不是一张传统意义上的表。事实上，大家不妨将"NEW"视为一个访问器。在数据插入Shipper表之前，触发器就可以通过它事先对即将插入的国籍信息进行访问，进而通过UPPER函数将其调整为大写。

此处，其实"NEW. ship_country"只是一个特殊的代词，用来代指那些即将插入Shipper表中的未知国籍信息。综上所述，该触发器对应的创建语句就是：

```
（7）CREATE TRIGGER 接车员 BEFORE INSERT ON Shipper
    FOR EACH ROW
    SET NEW.ship_country = UPPER(NEW.ship_country)
```

现在就请同学们动手创建该触发器吧。建议大家一边书写SQL语句，一边思考它对应的需求和表达方式，尤其是向触发器指定工作任务的环节。事实上，在我们日后使用触发器的实践中，会经常遇到"目前没有，但即将有"的场景。

当大家完成触发器的创建以后，我们就可以进行测试了，分为四个步骤。

第一步依然是在数据更新前开启事务处理：

```
（8）START TRANSACTION;
```

第二步是往Shipper表中插入一行数据。由于要检验触发器是否正常运行，所以我们会故意小写国籍信息：

```
（9）INSERT INTO Shipper(ship_name, ship_address, ship_contact,
    ship_email, ship_country)
    VALUES('Mary', '胜利大道33号', '047-125456', 'Mary@doraemon.com',
    'nz');
```

第三步是检索出这行刚刚被插入表中的数据，并查看对应的国籍信息：

```
（10）SELECT ship_country FROM Shipper WHERE ship_name = 'Mary';
```

ship_country
NZ

瞧，原本小写的国籍信息被调整成了大写，这说明触发器在数据插入之前就完成了它的工作，而这正是麦克里尼想要的结果。

最后一步就是关闭事务处理：

```
（11）ROLLBACK;/COMMIT;
    （任选其一，但推荐前者）
```

以上就是本节的全部知识点，下一节我们将继续学习触发器。

8.2 触发器（下）：忙碌的火车站送车员

在8.1节中，我们成功创建了两个触发器，分别是前触发器（BEFORE）和后触发器（AFTER）。

8.1节介绍的两个案例有一个共同点：触发器的安装对象和执行对象都是同一张表。同学们不妨回想一下，在案例一中，触发器的安装和执行对象都是Summary表；而在案例二中，触发器的安装和执行对象都是Shipper表。事实上，扣动扳机的表和被射击的表可以是两张不同的表。也就是说，如果我们在A表上安装了一个触发器a，那么当a被触发以后，它的执行对象可以是B表。下面请大家来看案例三。

8.2.1 初识触发器中的"OLD"：目前有，但即将没有

触发器彻底激发了麦克里尼的想象力，他现在寻思着要创建一座"数据博物馆"（表名）。这张表的结构和列名统统与Summary表一致，因为它将被用来存储从Summary表中删掉的信息。

这些凝结着辛劳与汗水的订单信息啊，它们可不能像天上的云朵一样被风吹走！闲来无事时，翻看过去的老旧订单也很有成就感。等老了以后，我会把它们全部打印出来，贴在我的自传后面当附录！

脑海中的幻想要依靠行动才能在现实生活中实现。简单来讲，麦克里尼想要重新创建一张表用来备份被删掉的订单信息，当乔治要从Summary表中删掉一行信息时，触发器可以自动将这行信息插入"数据博物馆"表。下面我们还是一步一个脚印来讲解这个触发器的实现过程。

首先，由于事件的起因是对Summary表进行数据删除，即触发器的触发是基于Summary表的数据变动（DELETE语句），因此，Summary表就是触发器的安装对象。然而为了保险起见，我们会希望数据在被删除之前就做好备份，所以触发器的类型最好选择BEFORE DELETE。这一阶段对应的SQL语句就是：

```
CREATE TRIGGER 送车员 BEFORE DELETE ON Summary...
```

接着，引用创建行级触发器固定不变的句式：

```
FOR EACH ROW
```

同样地，当准备工作完成以后，我们就需要向触发器指定工作内容了。这一步非常关键。

在这个案例中，触发器需要把从Summary表中删除的信息插入"数据博物馆"表。说实在的，这个需求听起来其实并不复杂。不过请同学们仔细思考，目前在Summary表中有许多行数据，然而我们此时并不清楚哪些数据未来会被删掉。事实上，就连乔治和麦克里尼也不知道，因为这取决于事态的发展。

其实在日常生活中我们也会遇到类似的情况。例如，你今天早上起床以后感觉心情很好，因为天空中的云朵是你喜欢的形状，所以你决定在上班的路上送给每一位碰到的陌生人一个灿烂的笑容。那么毫无疑问，此时还在刷牙的你并不知道究竟会碰到哪些陌生人。你可能会碰到胡子拉碴的爱德华兹，也可能遇到天生丽质的艾米莉。不过这并不影响你未来对他/她报以笑容。事实上，这些陌生人具体叫什么名字并不重要，因为在你的眼中，他们都是lucky stranger。

同样的道理，即使我们目前尚不清楚Summary表中的哪些数据会被删除，但这并不影响我们事先对触发器指定相应的工作内容。因为对于这些数据来讲，它们都是Summary表"目前有，但即将没有"的数据。

现在还是请同学们将Summary表想象成一座火车站，把车站里停靠的一列列火车视为Summary表目前含有的一行行数据。如果现在有一列火车启动了，它准备离开火车站。那么毫无疑问，这就表示有一行数据将要从Summary表中被删除，因此这行数据对于Summary表来讲就是"目前有，但即将没有"的数据。

同样地，案例三中的触发器与案例二中的触发器一样，只不过它的角色是送车员。这位送车员有两个职责：其一，他需要事先访问即将离站的列车，目的是知晓列车上都运送了哪些乘客（数据）；其二，当清楚了离站列车上的乘客（数据）以后，他就会把这列火车送往下一个车站，也就是将这些被删除的数据插入"数据博物馆"表。

因此，我们会这样定义该触发器的工作内容：

```
INSERT INTO 数据博物馆(订单号, 序号, 体积, 重量, 集装箱号, 商品编号)
VALUES(OLD.book_num, OLD.book_item, OLD.cbm, OLD.kgs, OLD.container,
OLD.cargo_code);
```

同学们可以看到，"OLD"与之前的"NEW"一样，它们都位于完全限定列名中表名的位置。没错，这几乎就是"OLD"与"NEW"固定的使用方式。除此以外，大家不妨同样将"OLD"视为一个访问器。通过它，我们可以事先向触发器指定工作内容：当有数据从Summary表中被删除时，触发器就需要先访问这些"目前有，但即将没有"的数据，然后将这些数据插入"数据博物馆"表。

所以讲到这里同学们就会清楚，其实像"OLD.book_num"和"OLD.book_item"这类信息，它们就只是一系列特殊的代词而已，用来事先代指那些将会被删除的数据。这类代词就好比我们刚刚提到的lucky stranger，可以用来代指任何一位我们在上班途中将要遇到的陌生人。

好了，到这里我们就可以对该触发器进行组装了：

```
(1) CREATE TRIGGER 送车员 BEFORE DELETE ON Summary
    FOR EACH ROW
    INSERT INTO 数据博物馆(订单号, 序号, 体积, 重量, 集装箱号, 商品编号)
    VALUES(OLD.book_num, OLD.book_item, OLD.cbm, OLD.kgs, OLD.container,
    OLD.cargo_code);
```

同学们可以看到，这个触发器的安装对象是Summary表，但它的执行对象是"数据博物馆"表。因为触发器的任务是往"数据博物馆"表中插入数据。现在就请大家将这个触发器在你的电脑里实现吧！当然，别忘了我们需要再创建一张"数据博物馆"表：

```
CREATE TABLE 数据博物馆
(
  订单号 char(50) NOT NULL,
  序号 int NOT NULL,
  体积 decimal(4,2) NOT NULL,
  重量 decimal(7,2) NOT NULL,
  集装箱号 char(50) NOT NULL,
  商品编号 char(50) NOT NULL,
  PRIMARY KEY (订单号, 序号)
) ENGINE = InnoDB;
```

完成创建以后，我们就可以对"送车员"进行测试了。测试同样分为四个步骤。

第一步，开启事务处理：

（2）START TRANSACTION;

第二步，从Summary表中删除一行数据：

（3）DELETE FROM Summary WHERE book_num = 'BOK-75695' AND book_item = '1';

第三步，检索"数据博物馆"表：

（4）SELECT * FROM 数据博物馆;

订单号	序 号	体 积	重 量	集装箱号	商品编号
BOK-75695	1	46.41	2129.95	YCL-273	MARN-3438

瞧，被删除的那行数据也已经插入"数据博物馆"表了，这说明触发器的运行一切正常！

最后一步，关闭事务处理：

（5）ROLLBACK;/COMMIT;
（任选其一，但推荐前者）

8.2.2　触发器的功能限制

亲爱的同学们，看来我们又一起成功地实现了一个触发器，而它已经是大家成功实现的第三个触发器了！事实上，关于触发器的使用限制，有一点值得大家注意，那就是触发器的执行任务不能与自身的触发机制相同。也就是说，触发器执行的任务本身，不应当成为它再度被触发的诱因。这主要是为了避免陷入某种循环。

请大家想象一下，如果我们对A表安装了一个INSERT触发器a，这就意味着当我们对A表执行INSERT插入语句时，触发器a就会被触发，并执行相应的任务。可如果我们向触发器a指定的工作内容是往A表中插入一行数据（即执行INSERT语句），那么触发器a一经触发以后就会陷入循环。

一旦我们手动往A表中插入了一行数据，那么触发器a马上又会自动往A表中插入一行数据。这样一来，后者就将成为触发器再度被触发的诱因。所以触发器a就会不断地被自己触发，然后不断地往A表中插入数据。因此，当我们在指定触发器a的工作内容时，不能要求它对A表执行INSERT语句，但是可以要求它对B表执行INSERT语句。

这其实并不难理解，举一个有趣的例子：魔法师戴维斯想捉弄一下他的好朋友约翰尼，于是他就用魔杖对着约翰尼念了一条小咒语"hiccup,cup！"这条小咒语的效果是，只要约翰尼打嗝，就会触发下一次打嗝。这样一来，约翰尼只要不小心打了一次嗝，那么他就会一直打嗝。因为每一次打嗝，都将成为他下一次打嗝的诱因。

8.2.3　再谈"NEW"和"OLD"

好了，亲爱的同学们，下面就让我们一起来看触发器的第四个案例吧。我们为此准备了两张短小精悍的样例表，它们分别是订单表和库存表。

订单表

order_num	good_id	quantity
NULL	NULL	NULL

库存表

good_id	good_name	inventory
101	手机	300
102	游戏机	200
103	吹风机	100

大家可以看到，两张表通过good_id列相关联。除此以外，订单表和库存表之间应当持有这样一种关系：随着订单表中的订货量（quantity）的增加，库存表中对应商品的存量（inventory）就会相应地减少，即增加的订货量等于减少的存量。这样一来，及时更新库存表中的存量就显得尤为重要，否则就会出现商品短缺的情况。然而分别对两张表进行操作会很麻烦，所以我们准备请触发器来帮帮忙：

```
(6) CREATE TRIGGER 开门红 AFTER INSERT ON 订单表
    FOR EACH ROW
    UPDATE 库存表 SET inventory = inventory-NEW.quantity
    WHERE good_id = NEW.good_id;
```

首先，由于数据的变动是源于订货量（quantity）的增加，所以触发器的安装对象是订单表。

接着，由于触发器的任务是调整库存表中的存量（inventory），所以它的执行对象是库存表。

也就是说，当我们对订单表执行INSERT插入语句时，该触发器就会被触发。不过触发器后续的操作对象并不是订单表，而是库存表。除此以外，由于是订货量的增加在先，存量的减少在后，所以触发器的类型应选择AFTER INSERT。

现在我们再集中精力来聊聊该触发器的工作内容。其实该触发器的工作职责并不复杂，因为它只需使用UPDATE语句去修改库存表中的存量即可。为了实现这一目的，触发器首先就要通过商品编号（good_id）找到对应的商品，然后用商品的现有存量（inventory）减去订货量（quantity）得到的差，去替换原有的存量。

然而当我们向触发器指定工作内容时，并不清楚购买商品的准确编号和商品的具体订货量（顾客此时都还没有下单，订单表中没有任何数据），所以在现阶段，我们会使用"NEW.good_id"来代指即将插入表中的商品编号，并使用"NEW.quantity"来代指即将插入表中的订货量。事实上，这一过程同样可以用火车站的场景模型来解释。

首先，由于该触发器的触发源于对订单表的数据插入，所以当我们对订单表执行INSERT语句时，触发器就会被触发。也就是说，当有一列疾驰的火车即将驶入火车站的时候，敬业的车站管理员就已经做好了接车准备。

接着，由于该触发器的类型是AFTER INSERT，所以触发器会等数据真正插入订单表以后，再开始执行任务。换句话来讲，从容的车站管理员会在列车进站的过程中原地待命，直到列车安安稳稳地停靠在属于它的轨道上。

那么当一行数据被成功插入订单表以后，触发器就会对其进行访问，访问的目的是找到其中含有的商品编号（NEW.good_id）和订货量（NEW.quantity）。

最后，由于订单表和库存表是通过good_id列相关联的，所以当触发器访问到商品编号和订货量以后，它又会马不停蹄地赶到库存表中，根据商品编号找到对应的商品，然后用商品的现有存量与订货量的差，去替换原有的存量数据。

好了，亲爱的同学们，现在就请大家在自己的电脑中实现该触发器吧。然后我们会一起对它进行测试。

第一步当然是开启事务处理：

（7）START TRANSACTION;

第二步就是往订单表中插入一行数据：

（8）INSERT INTO 订单表(order_num, good_id, quantity)
　VALUES ('10001', '101', '300');

第三步是检索库存表：

（9）SELECT * FROM 库存表;

good_id	good_name	inventory
101	手机	0
102	游戏机	200
103	吹风机	100

瞧，手机的存量已经从之前的300降为0了。看来我们的触发器已经将一颗善解人意的子弹打在了上面。

最后我们需要关闭事务处理，此处建议大家执行回滚：

（10）ROLLBACK;

这里我们要为大家总结一下关于"NEW"和"OLD"的使用规律。事实上，对于INSERT触发器而言，它仅能搭配使用"NEW"；而对于DELETE触发器来讲，它又只能搭配使用"OLD"。读到这里，大家可能会觉得触发器有些挑剔。事实上，挑剔的并不是触发器，而是触发它的更新操作。

同学们都知道，INSERT触发器之所以会被触发，是因为我们对触发器的安装对象（表）使用了INSERT语句。然而使用INSERT插入语句只会增加目标表中的数据，所以这就导致INSERT触发器根本没有"旧"数据（目前有，但即将没有的数据）可以访问。

正是如此！换句话来讲，INSERT触发器的角色只可能是接车员，而不可能是送车员。这是因为INSERT语句只会让火车进站（数据增加），而不能让火车离站（数据减少）。

那么反过来看，DELETE触发器之所以会被触发，是因为我们对触发器的安装对象使用了DELETE语句。使用DLETE删除语句只会减少表中的数据，这就使得DELETE触发器根本就没有"新"数据（目前没有，但即将有的数据）可以访问。

没错！也就是说，DELETE触发器的角色只可能是送车员，而不可能是接车员。这是因为DELETE语句只会让火车离站（数据减少），而不能让火车进站（数据增加）。

那么读到这里，相信同学们就会知道，按照这个规律来看，UPDATE触发器既可以搭配使用"NEW"，也可以搭配使用"OLD"。这是因为UPDATE语句既可以增加表中的数据，也可以减少表中的数据。当我们使用UPDATE语句增加表中的数据时（替换空值），配套的UPDATE触发器就有"新"数据可以访问，即搭配使用"NEW"；而当我们使用UPDATE语句删除表中的数据时（用空值替换），那么配套的UPDATE触发器就有"旧"数据可以访问，即搭配使用"OLD"。

8.2.4 触发器的执行失败

亲爱的同学们，现在就让我们来看看触发器的最后一个案例吧！相信大家还记得，为了测试上一个触发器，我们往订单表中插入了这样一行数据：

（11）INSERT INTO 订单表(order_num, good_id, quantity) VALUES
　　　('10001', '101', '300');

插入数据后，库存表变化如下。

good_id	good_name	inventory
101	手机	0
102	游戏机	200
103	吹风机	100

瞧，其实这个订单把它对应的商品存量都消耗完了。也就是说，如果这个订单的订货量再大一点，就会出现"爆单"的情况，即订货量超出了实际存量。这样一来，由于不能按照约定给到顾客对应数量的商品，顾客就会觉得商家给他开了一张空头支票。所以在实际操作中，我们要避免"爆单"情况的发生。不过每次都要来回检查订货量是否大于现有存量会很麻烦，这时又轮到触发器大显神通了。

（12）DELIMITER //
　　　CREATE TRIGGER 阿汤哥 BEFORE INSERT ON 订单表
　　　FOR EACH ROW
　　　BEGIN
　　　SELECT inventory FROM 库存表 WHERE good_id = NEW.good_id INTO @nunu;
　　　IF @nunu < NEW.quantity THEN
　　　INSERT INTO 库存表 (money_happy) VALUES ('puppykitty');
　　　END IF;
　　　END;
　　　//

同学们都知道，"爆单"的起因是我们对订单表插入数据。因此，当我们对订单表插入数据时，就必须引起触发器的警惕。

另外，为了避免"爆单"的发生，我们不可能让一条会引起"爆单"的数据被真正插入订单表，因此触发器的执行要先于数据的插入。所以我们会选择BEFORE INSERT触发器。这样一来，对应的SQL语句就是：

```
CREATE TRIGGER 阿汤哥 BEFORE INSERT ON 订单表...
```

没错！不过由于我们还是只能创建行级触发器，所以"FOR EACH ROW"这条固定句式不可或缺。准备工作完成以后，我们就需要向触发器指定工作内容了（BEGIN和END之间的部分）。

其实所谓"爆单"指的就是，商品的订货量大于商品的现有存量。因此，我们需要触发器首先根据商品编号去库存表中找到对应的商品存量：

```
SELECT inventory FROM 库存表WHERE good_id = NEW.good_id INTO @nunu
```

当触发器找到对应的商品存量以后，它就会将这个结果塞进@nunu里。大家不妨将这一步视为对查询结果的简化，@nunu将方便我们后续对现有存量进行引用。当然，@nunu这个名称并不唯一，大家可以换成任何你喜欢的名称，前提是带有符号@。

接着，当触发器找到对应的商品存量以后，它就需要用@nunu做一个比较假设。假设的内容是：如果存量小于实际订货量（NEW.quantity），就放弃数据的插入。这是因为我们不希望一行会引起"爆单"的数据被真正插入订单表。这样一来，假设比较存量小于订货量对应的SQL语句就是：

```
IF @nunu < NEW.quantity THEN...
```

大家可以看到，我们目前只完成了假设的前半段，所以接下来要做的就是告诉该触发器，如果检测到存量小于订货量（假设成立），就放弃对订单表的数据插入。不过问题来了，触发器可没有"爆单"的概念，所以当假设成立时，它要怎样做才能取消对订单表的数据插入呢？

其实这个问题很容易解决！我们根本就没有必要教会触发器辨别什么是"爆单"。事实上，我们只需让触发器在假设成立时故意报错即可！因为触发器报错以后，MySQL对订单表的插入操作就会自动被取消。别忘了，这个触发器的类型是BEFORE INSERT，所以它的执行会先于数据的插入。

正是这样！那么怎样做才能让触发器故意报错呢？

啊哈，这就更简单了！总而言之就是一句话：给触发器安排一项它不可能完成的任务！举例来讲，当假设成立时，我们会要求触发器往库存表的"money_happy"列中插入数据"puppykitty"。这样一来，触发器就一定会报错，因为"money_happy"列在库存表中根本就不存在！

那么读到这里，同学们就清楚了整个触发器的工作流程。当然，最后我们要用"END IF"来关闭IF假设，并使用END来关闭与之相对应的BEGIN。

除此以外，相信同学们都注意到了开头的"DELIMITER //"及末尾的"//"。事实上，大家不妨将DELIMITER的作用视为重新定义分隔符。我们都知道";"的作用是分隔符，但是当我们在书写一些比较复杂的SQL语句时，其中往往会含有很多的分号。将这些SQL语句全部放进编辑窗口以后，MySQL有时会显示红叉，继而不予执行，即使我们的拼写和语法都没有任何问题。当这种情况发生时，我们就可以考虑使用DELIMITER来重新定义分隔符了，它的用法类似于上述语句。大家可以试着去掉开头的"DELIMITER //"及末尾的"//"，观察前后变化。

好了，大家将该触发器在你的电脑中完成安装吧，然后我们就可以对它进行测试了。很简单，我们只需故意往订单表中插入一行会引起"爆单"的数据：

```
（13）INSERT INTO 订单表(order_num, good_id, quantity)
     VALUES ('10001', '101', '301');
```

瞧，订货量301大于它的实际存量300。执行该INSERT语句，我们就会收到来自MySQL的报错反馈：Unknown column 'money_happy' in field list。表面上看，这是因为MySQL在字段清单中找不到名为"money_happy"的列，但实际上，报错的原因正是触发器检测到订货量大于存量。下面我们换一个场景来帮助大家理解。

一天夜里，乔治下楼去买自己爱喝的柠檬味汽水。他正走在大街上时，突然发现一个小偷正在试图撬开一辆轿车的车门以窃取车中的财物。情急之下，乔治扔起石头打坏了路灯。由于什么也看不见，小偷只好收手。没错，小偷撬车就像往订单表中插入一行会引起"爆单"的数据，他的这个不理智行为触发了乔治的正义之心。为了阻止小偷，乔治打坏了路灯，这与触发器通过执行一条报错语句来阻止"爆单"数据插入的道理一样。

好了，亲爱的同学们，以上就是触发器的全部内容。通过最后一个触发器案例，我们有几点说明需要为大家补充。

触发器的成功安装、触发器的成功触发和触发器的成功执行是3个步骤。

1. 触发器能否成功安装，依赖于我们编写它的SQL语句是否正确。

2. 触发器能否成功触发，取决于我们是否做出了相应的更新操作。例如，我们给A表安装的是INSERT触发器，可如果我们是使用DELETE或者UPDATE语句来对A表进行操作的，那么该触发器就不会被触发。除此以外，如果我们写下的INSERT语句本身就存在问题，那么该触发器也不会被触发。

3. 触发器能否成功执行，取决于我们向它指定的工作内容是否可行。毫无疑问，如果我们指定的工作内容异想天开，那么即使这个触发器被成功安装，并被成功触发，它也不可能成功执行。而且通过最后一个案例大家会了解到，触发器执行失败很有可能会影响对目标表（触发器的安装对象）的更新操作。

8.3 存储过程（上）：麦克里尼的心病

到目前为止，我们已经学习了视图、表及触发器的创建。在接下来的两节内容中，我们将要一起学习存储过程。

相信同学们在日常生活中都有这样的体验：如果我们想在某个领域有所建树，这往往离不开反复练习，对于考验感知胜过认知的技能来讲更是如此。例如，酷爱音乐的小苏菲想尽可能地弹奏好莫扎特的《小步舞曲》，那么她就需要在这首曲子上花费很多的时间，把握好每个音符及每个小节的轻重；再比如，怀揣着奥运梦想的丹尼尔想把自由泳游得丝滑又顺畅，那么这将考验他的身体协调性、核心力量的分配及对划水频率的把控，这同样需要日复一日的练习。其实用神经科学的术语来解释这类行为就是，通过大量的重复动作，让大脑中两个或多个并不相关的神经元，经反复的刺激之后形成反馈闭环。总而言之，就是在反复练习中积累成效，并收获新的人生体验。

事实上，我们接下来将要学习的存储过程，它的作用与以上叙述既相关又矛盾。下面就请同学们来看第一个案例吧！

8.3.1 初识存储过程

麦克里尼最近得了一种心病，这种心病只有不断增加的顾客数量才能医治……

每天一大早来到办公室，我就会忍不住要检索一下整张Shipper表。期待有新增加的顾客给我带来惊喜，因为我非常想得到更多顾客的认可！

瞧啊，麦克里尼表示他每天都会检索Shipper表含有的信息数据。那么这样一来，麦克里尼每天就都会执行这条SQL语句：

（1）`SELECT * FROM Shipper;`

说实在的，书写这样一条简单的SQL语句可用不着日复一日地练习。也正因如此，我们才会觉得反复书写例句（1）很麻烦。事实上，这正是存储过程的适用情景。我们直接来看存储过程对应的SQL语句：

（2）
```
CREATE PROCEDURE '药引子' ()
BEGIN
SELECT * FROM Shipper;
END
```

瞧，创建存储过程与创建视图、表、触发器一样，依然要使用**CREATE**作为引导词。所以第一步，我们会通过"**CREATE PROCEDURE**"来发出创建存储过程的指令，且后跟存储过程的名称"药引子"。当然了，大家完全可以根据自己的喜好来对存储过程命名。

除此以外，相信同学们都注意到了名称后面被绿色标注的小括号。事实上，这个小括号是用来接收参数的。即使创建该存储过程无须使用参数，但我们依然要把它写出来。至于参数是什么，等看了下个案例大家就会知道了！

创建指令发出以后，我们接下来就需要向存储过程指定工作内容了。没错，这与安装触发器类似！在这个案例中，存储过程需要充当治疗麦克里尼心病的"药引子"，所以它的任务就是检索整张Shipper表。由于这项任务对应的SQL语句是例句（1），所以我们仅需将例句（1）插入"BEGIN"和"END"之间即可。

正是如此！不过由于存储过程需要在特定的编辑界面下进行编写，所以我们要向大家介绍一下整个流程。

第一步：选择目标表所在的数据库，并双击它找到对应的"Stored Procedures"选项。举例来讲，在我自己的电脑中，存放Shipper表的数据库名叫"莫莱尔"，在双击该数据库（即选中）以后，就会出现"Stored Procedures"选项了。

第二步：将鼠标移动至"Stored Procedures"处并单击右键，然后选择出现的"Create Stored Procedures"选项，进入存储过程特定的编写界面。

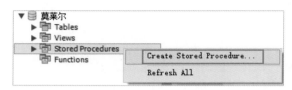

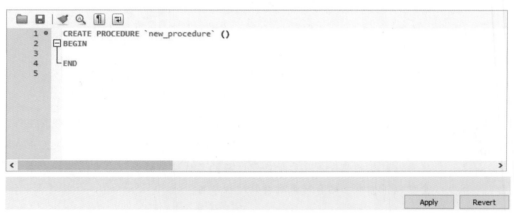

第三步：将例句（2）中的内容填入对应位置。同学们可以看到，其实在编写存储过程的界面中，MySQL已经帮我们拟定好了模板。这样一来，我们仅需更换名称，并在"BEGIN"和"END"之间填充存储过程的工作内容即可（此案例没有参数）。内容填充完毕后单击"Apply"按钮。

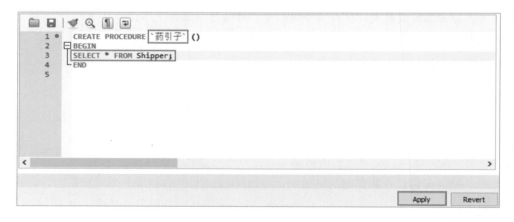

第四步：在新出现的对话框内单击"Apply"按钮，等待片刻后再单击对话框内的"Finish"按钮，该存储过程就安装完成了。

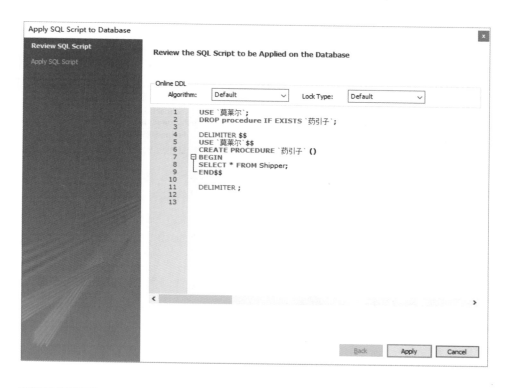

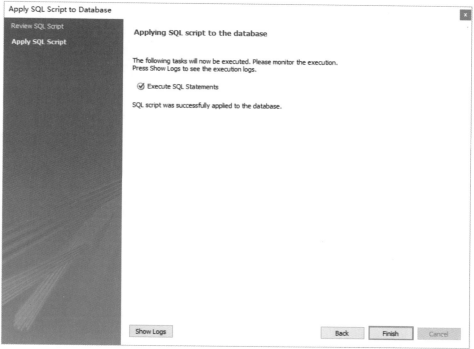

安装完成以后，我们就可以对该存储过程进行测试了：

（3）CALL 药引子；

ship_code	ship_name	ship_address	ship_contact	ship_email	ship_country
101	Leonardo	西西里维多利亚大街23号	039-925298	Leonardo@ITABUGAME.com	ITA
102	Owen	洛杉矶日落大道307号	213-5152857	Owen@USASPIM.com	usa
103	Yoshimura	北海道雨龙町96号	081-4511845	Yoshimura@JPNLUCKY.com	JPN
104	Felipe	巴塞罗那格兰大道241号	0034-353425	Felipe@ESPZTG.com	ESP
105	Carol	伦敦牛津街12号	044-2512162	Frank@UKPALA.com	UK

大家可以看到，例句（3）执行以后返回了整张Shipper表含有的信息数据。事实上，这一步又被称为存储过程的调用。当一个可靠的存储过程被创建以后，我们往往会对它进行反复的调用。其实不同存储过程的调用形式往往会存在差异，而这主要与参数有关。由于该案例中的存储过程很基础，不涉及任何参数，所以它的调用形式就非常直接和简单。

不过话说回来，虽然该存储过程很基础，但是相信同学们都能感受到，与创建触发器一样，创建存储过程的重点依然是向它指定工作内容。毕竟它们都是为了完成预设任务而存在的小工具。事实上，在大部分情况下，我们向存储过程指定工作内容时都会使用参数。那么被反复提及的参数究竟是怎么一回事呢？下面请大家来看第二个案例。

8.3.2 初识参数：关键词IN

心病在没有得到医治的情况下，往往会愈演愈烈，麦克里尼就是这样一个例子。由于Shipper表长期没有新顾客数据"进账"，所以麦克里尼开始转而研究现有顾客的个人信息了。

我们的业务发展遇到了瓶颈，所以我必须再次查看现有顾客的个人信息，没准儿能发现什么突破口。我一般都会通过顾客姓名进行筛选，你有什么好办法来降低工作量吗？

同学们都知道，如果我们要通过顾客姓名对Shipper表进行过滤，那么对应的SQL语句框架就是这样的：

（4）SELECT * FROM Shipper WHERE ship_name = 'X';

大家可以看到，这条SQL语句就像一个结构固定的公式。麦克里尼仅需更换末尾处的过滤条件（顾客姓名）就能查询到不同顾客的个人信息。

正是这样！所以接下来我们就将根据例句（4）创建一个存储过程：当麦克里尼输入顾客姓名以后，它会自动将顾客姓名当作过滤条件，过滤出对应的顾客个人信息。因此，例句（4）就是存储过程的工作内容。不过话说回来，这项工作内容要怎样进行指定呢？

要知道，当我们向存储过程指定工作内容时，并不清楚麦克里尼将要查看哪些顾客的个人信息。可能是一头卷发的Owen，也可能是红鼻子的Leonardo！

换句话来讲，在创建存储过程的阶段，过滤条件（顾客姓名）是一个未知数据，不过这并不影响我们向存储过程指定工作内容。事实上，在这种情况下，我们会事先用一个词来统称待定的顾客姓名——Riddle（可根据喜好更换），然后将这位神秘人引入存储过程，它就摇身一变成了所谓的参数：

```
（5）CREATE PROCEDURE '神秘人' (IN Riddle char(50))
    BEGIN
    SELECT * FROM Shipper WHERE ship_name = Riddle;
    END
```

下面让我们有请MagicSQL为大家讲解。

瞧好了，我们首先会将"Riddle"设置在接收参数的小括号内。你不妨将这一步视为参数的设定。在设定参数时，你还需要指定参数对应的数据类型，以及它搭配使用的关键词是IN还是OUT。

没错！同学们可以看到，由于Riddle代指的是顾客姓名，所以它的数据类型最好与ship_name列保持一致——char(50)。至于关键词IN和OUT的选择，我们稍后将为大家详细讲解。

参数设定完成以后，你就需要向存储过程阐述参数扮演的角色了，也就是对参数进行定义，否则存储过程不会清楚它围绕参数将要进行怎样的操作。在这个案例中，由于参数Riddle代指的是顾客姓名，而顾客姓名将被用作过滤条件，因此，过滤条件就是参数Riddle扮演的角色：

```
SELECT * FROM Shipper WHERE ship_name = Riddle;
```

读到这里，相信同学们可以感受到，其实参数只是一个我们人为创建的代词而已。虽然它的名称千变万化，但是归根结底，它用来代指那些尚不确定的未知数据。事实上，在一般情况下，参数是我们阅读和书写存储过程的关键，大部分存储过程中都会用到参数。

```
CREATE PROCEDURE 作文标题（作文主题——设定参数）
BEGIN
    作文主题的含义——定义参数
END
```

　　同学们不妨将存储过程的编写看作用SQL这门语言写一篇小作文。毫无疑问，作文标题就是存储过程的名称，而作文主题则是存储过程包含的参数。通过以上讲解，大家会知道，参数的使用分为两个步骤：设定参数和定义参数。

　　设定参数就好比确定作文主题。当作文主题拟好以后，我们就需要对主题进行阐述了，这样存储过程才会明白参数扮演的是什么角色，以及它围绕参数将要进行怎样的操作。

　　好了，现在就请大家在自己的电脑中安装该存储过程吧！同样地，你需要先进入存储过程的编辑界面，然后将例句（5）中的内容填入对应位置，最后连续单击"Apply"和"Finish"按钮完成安装。

　　现在就让我们对"神秘人"进行测试吧。如果麦克里尼想要查看Carol对应的个人信息，那么他只需输入并执行以下语句：

（6）CALL 神秘人('Carol');

ship_code	ship_name	ship_address	ship_contact	ship_email	ship_country
105	Carol	伦敦牛津街12号	044-2512162	Frank@UKPALA.com	UK

　　瞧，Carol的个人信息就这样被返回了！这说明存储过程再一次提高了执行效率，还保护了麦克里尼那双惜字如金的手。

　　不过相信同学们都注意到了，这个存储过程的调用形式与上一个存储过程有些不一样。事实上，不同存储过程的调用形式可能会存在差异：一方面与设定的参数有关；另一方面又与参数搭配使用的关键词（IN或OUT）有关。接下来我们先为大家介绍关键词IN的选择依据。

　　在这个案例中，参数Riddle代指的是顾客姓名，且它扮演的角色是过滤条件。在调用该存储过程时，我们首先会输入目标顾客的姓名，这样存储过程才会根据这个条件进行过滤，进而返回对应的个人信息。因此，如果某个参数扮演的角色是需要我们手动输入存储过程的条件，那么它就要搭配使用关键词IN（输入）。至于关键词OUT的选择依据，我们将在下个案例中为大家讲解。

现在就请同学们自己测试一下该存储过程吧，然后我们一起来看第三个案例。

8.3.3 再探参数：关键词OUT

相信大家还记得，在Summary表中，cbm列记录的数据是货物体积。如果我们要查看其中的最大值、最小值和均值，就需要使用对应的聚集函数：

```
（7）SELECT MAX(cbm) FROM Summary;
    SELECT MIN(cbm) FROM Summary;
    SELECT AVG(cbm) FROM Summary;
```

这样输入SQL语句太麻烦了！为什么不创建一个存储过程呢？这样一来，以后只需对Summary表打"CALL"就能看到对应的信息了。

麦克里尼说得对。下面我们就来安装这样一个存储过程：它可以自动调取cbm列的最大值、最小值和均值。这样一来，例句（7）含有的3条SQL语句就是该存储过程的工作内容。而且在这个案例中，我们同样会使用参数，参数的使用分为设定参数和定义参数两步，下面我们就根据这一线索进行讲解。

设定参数的第一步：明确参数的个数。通过上一个案例，同学们会知道，所谓的参数就是对不确定数据的指代。所以在一般情况下，有多少个未知数据，就会有多少个与之相对应的参数。

在这个案例中，我们想要知道cbm列含有数据的最大值、最小值和均值，这就是3个未知数据，因此我们会设定3个与之相对应的参数：Tmax、Tmin和Tavg（大家可以自行命名）。

设定参数的第二步：对参数指定数据类型。由于Tmax、Tmin和Tavg描述的是货物体积，所以它们的数据类型最好与cbm列保持一致，因此我们会选择decimal(4,2)。

确定了参数的个数、名称及数据类型之后，我们就需要在参数搭配使用的关键词——IN和OUT之间做出选择了。

设定参数的第三步：在上一个案例中，由于参数Riddle是需要我们手动赋值给存储过程的一个条件，因此与它搭配使用的关键词是IN（输入）。然而在这个案例中，Tmax、Tmin和Tavg这3个参数是存储过程将要返回给我们的3个结果（输出），所以与它们搭配使用的关键词应该是OUT。

好样的！读到这里，同学们就会清楚，IN和OUT的选择依据其实很容易判断：如果参数是需要我们手动输入存储过程的一个条件，那么就使用IN；如果参数是存储过程将输出的一个结果，那么就使用OUT。

综上所处，设定参数对应的SQL语句如下：

```
CREATE PROCEDURE 'January'
(OUT Tmax decimal(4,2), OUT Tmin decimal(4,2), OUT Tavg decimal(5,3))...
```

大家可以看到，我们此时已经设定好了3个参数：Tmax、Tmin和Tavg。它们分别对应最大值、最小值和均值。然而这只是我们在心中完成的预设，因为此时存储过程对它们还没有概念。换句话来讲，虽然我们现在已经确定好了作文的3个主题，但是仅凭主题，读者们不清楚它们的具体内容是什么。

所以当参数设定完成以后，我们还需要让存储过程清楚它们扮演的角色，即需要对参数进行定义：

```
SELECT MAX(cbm) FROM Summary INTO Tmax;
SELECT MIN(cbm) FROM Summary INTO Tmin;
SELECT AVG(cbm) FROM Summary INTO Tavg;
```

瞧，其实所谓的定义参数，就是让预先设定好的参数参与到实际的SQL语句执行中。当然，这些SQL语句都是存储过程将要执行的工作内容。

最后，我们将以上内容合并在一起，就会"拼凑"出一个完整的存储过程了：

```
(8) CREATE PROCEDURE 'January'
   (OUT Tmax decimal(4,2), OUT Tmin decimal(4,2), OUT Tavg decimal(5,3))
   BEGIN
   SELECT MAX(cbm) FROM Summary INTO Tmax;
   SELECT MIN(cbm) FROM Summary INTO Tmin;
   SELECT AVG(cbm) FROM Summary INTO Tavg;
   END
```

好了，现在就请大家在自己的电脑中完成该存储过程的创建吧！接下来，我们对它进行测试。

在前两个案例中，我们查看结果几乎是一步到位的。然而对于这个存储过程来讲，查看结果需要分两步。首先，我们会对3个参数依次进行重命名：

（9）CALL January(@最大值, @最小值, @均值);

相信大家对这一步会感到有些似曾相识。没错，在使用触发器的时候，我们用到过类似的操作。执行例句（10）之后，我们就可以查看结果了：

（10）SELECT @最大值;
　　 SELECT @最小值;
　　 SELECT @均值;

@最大值	@最小值	@均 值
66.24	46.41	58.325

瞧，就像此前聊到的那样，不同存储过程的调用形式与参数有着非常紧密的关系：搭配使用IN的参数，它们是需要我们手动输入的条件；而搭配使用OUT的参数，它们是存储过程将要返回的结果。

当然，我们最好按照OUT参数的实际含义进行重命名，否则可能会出现词不达意的情况。举例来讲，我们对调@最大值和@最小值的顺序：

CALL January(@最小值, @最大值, @均值);

那么检索最大值实际将得到最小值，而检索最小值实际将得到最大值：

SELECT @最大值;
SELECT @最小值;

@最大值	@最小值
46.41	66.24

这是因为重命名的参数会自动按照设定参数的顺序一一匹配。除此以外，大家也可以根据自己喜好进行重命名，例如，CALL January(@大大, @小小, @君君)。

8.4　存储过程（下）：走出低谷

本节我们将要继续学习存储过程。通过上节内容，相信大家会感受到，在一般情况下，参数是编写和阅读存储过程的关键。它们就好比一篇作文的主题，对作文的内容起着引导性作用。除此以外，参数还对存储过程的调用形式有着非常直接的影响，而这主要与参数搭配使用的关键词（IN和OUT）有关。

在上一节的第二个案例中，参数搭配使用的关键词是IN，而第三个案例搭配使用的关键词则是OUT。那么在什么情况下我们会同时设定关键词IN和OUT呢？且对于这样的存储过程来讲，它的调用形式又会有怎样的特点呢？下面就请大家来看存储过程的第四个案例吧！

8.4.1 不一样的调用形式

月有阴晴圆缺，这是一条亘古不变的规律。一件使你感到沮丧的事情，没准儿在峰回路转之后会给你带来惊喜；一阵令人揣测不透的沉默和轻微的私语，可能是在酝酿明天的掌声与认可。对于善于等待和怀有希望的人来讲，当下经历的"阴缺"只是暂时的，会心一笑吧，"晴圆"即将在不远处的天空中绽放！

事实上，对于此前正在经历低谷的麦克里尼来讲，他最近赶上了一波红利，这让步步紧逼他的心病瞬间痊愈。由于海关放松了对南方岛国的出口管控，因此货运量数据大幅回升，不过这也带来了一个新的问题。

出口猛增让集装箱一柜难求！所以我需要统计出空间利用率不高的集装箱个数，然后想办法对它们进行拼柜。挤一挤总是有的，这个道理我想你一定明白！

是啊，没错！如果麦克里尼需要统计出货物体积为45~60立方米的集装箱个数，那么他可以对Summary表执行这样一条SQL语句：

```sql
SELECT COUNT(*) AS 个数 FROM Summary WHERE cbm BETWEEN '45' AND '60';
```

个 数
5

也就是通过统计保留数据的行数，从而间接知晓答案。同样地，麦克里尼也只需要更换末尾处的过滤条件，就可以统计出任意体积区间的集装箱个数。这样一来，为了方便后续使用，我们可以根据例句（1）来创建一个存储过程。下面我们依然按照设定参数与定义参数这一线索来分步讲解。

```sql
（1）SELECT COUNT(*) FROM Summary WHERE cbm BETWEEN 'X' AND 'Z';
```

首先是明确参数的个数。由于参数用来代指未知数据，所以在一般情况下，参数的个数会与未知数据的个数保持一致。在这个案例中，例句（1）抽象出来的表达式一共含有3个未知数据，它们分别是代表体积下限的X、代表体积上限的Z，以及过滤结果对应的行数COUNT(*)。因此我们会设定3个与之相对应的参数：cmin、cmax和count。

当这一步完成以后，我们就要为参数指定数据类型了。这一步非常简单。由于cmin和cmax代指的是货物体积，所以它们对应的数据类型最好与cbm列保持一致，即decimal(4,2)。除此以外，参数count代指行数的统计结果，它只可能返回整数，因此我们为它指定的数据类型是int。

接着是为参数选择IN或OUT关键词。通过上一节的讲解，相信大家还记得，我们将从"输入"和"输出"的角度做出判断：代指体积下限和上限的cmin和cmax是两个需要手动赋值的条件，所以会搭配使用IN（输入）关键词；代指集装箱个数的count是一个存储过程将要返回的结果，因此会搭配使用OUT（输出）关键词。

其实选择IN或OUT还有一种理解方式。现在我们先对例句（1）进行简化：

```
SELECT COUNT(*) FROM Summary WHERE cbm BETWEEN 'X' AND 'Z';
↓
Y = F(X,Z)
```

瞧，例句（1）被简化成了一条函数表达式Y=F(X,Z)。相信大家对这条表达式并不陌生，因为它曾经出现在我们的数学课本上。简单来讲，它表示因变量Y会随着自变量X和Z的变化而变化。放眼此处，体积的下限和上限就好比自变量X与Z，而对应的行数就如同因变量Y。因为输入不同的体积参数往往会得到不同的输出行数。因此，如果某个参数的角色类似于自变量，那么它就会搭配使用IN；而如果某个参数的角色类似于因变量，那么它就要搭配使用OUT。

综上所述，设定参数对应的SQL语句如下：

```
CREATE PROCEDURE 'Febuary'
(IN cmin decimal(4,2), IN cmax decimal(4,2), OUT count int)...
```

参数设定完成以后，我们需要对它们进行定义，让各个参数参与到实际的SQL语句执行中：

```
SELECT COUNT(*) FROM Summary WHERE cbm BETWEEN cmin AND cmax INTO count;
```

最后进行整合，我们就大功告成了：

```
（2）CREATE PROCEDURE 'Febuary'
```

```
(IN cmin decimal(4,2), IN cmax decimal(4,2), OUT count int)
BEGIN
SELECT COUNT(*) FROM Summary WHERE cbm BETWEEN cmin AND cmax INTO count;
END
```

当在电脑中完成创建以后，我们就可以进行测试了。同样地，如果麦克里尼要查看货物体积为45~55立方米的集装箱个数，那么他需要执行这样一条语句：

（3）CALL Febuary(45, 60, @集装箱个数);

蓝色数字表示对IN参数赋值，而红色字段则可视为在对OUT参数重命名。当例句（3）被执行之后，我们才能使用SELECT语句查看结果：

（4）SELECT @集装箱个数;

@集装箱个数
5

这个存储过程的调用形式与之前的有所区别，这同样是由参数造成的。总而言之一句话：对IN参数进行赋值，对OUT参数进行重命名，然后检索并查看结果。事实上，我们为OUT参数取的别名可以不唯一：

（5）CALL Febuary(45, 60, @rabbit);

其他条件不变，我们将"@集装箱个数"换成"@rabbit"，执行例句（5），"@集装箱个数"和"@rabbit"的结果相同。

除此以外，别名还可以被覆盖，我们将体积下限调整为40，其他条件不变：

（6）CALL Febuary(40, 60, @rabbit);

执行例句（6），"@rabbit"对应的结果将不再与"@集装箱个数"相同，因为之前的结果已经被覆盖了。

所以说，一个结果能对应多个别名，但一个别名只能对应一个结果。这就像一个人可以同时穿很多件衣服，但是一件衣服同一时间只能被一个人穿。

现在就请大家自己动手测试以上例句吧！

8.4.2　更加智能的存储过程

通过以上4个案例的讲解，相信同学们会感受到，存储过程其实就是多条SQL语句的集合。当我们需要执行一些重复的操作时，它能够帮助我们快速奉行"拿来主义"。本节我们将为大家介绍一个更加智能的存储过程。

毫无疑问，更加智能的存储过程的编写也将更加复杂。复杂的原因是什么呢？下面就让我们来一探究竟。

货物装箱完毕以后，我们需要在码头缴纳一定的过磅费。过磅费与重量有关，每千克0.1元。可如果货物重量超过了3500千克，那么超出部分还会再额外补收每千克0.2元的费用。这可不是掰手指头就能算出来的，所以我需要你的帮助，伙计！

没问题！不过在动手之前，我们要先确定两点：第一，我们需要存储过程做些什么；第二，我们要用怎样的SQL语句进行表述。

根据要求，麦克里尼想要一个可以自动计算出过磅费的存储过程。这对应的SQL语句其实并不难写：

```
（7）SELECT kgs*0.1 FROM Summary WHERE book_num = X AND book_item = Z;
```

大家可以看到，这与上一个案例类似，我们会通过输入集装箱对应的book_num和book_item进行定位，然后根据重量计算出基础的过磅费。

然而这还不够，因为对于超过3500千克的货物来讲，还要额外缴纳一笔附加过磅费。这一部分对应的SQL语句就是：

```
（8）SELECT (kgs-3500)*0.2 FROM Summary
    WHERE book_num = X AND book_item = Z;
```

事实上，正是这个"节外生枝"的需求让该存储过程的编写变得稍显复杂。但是就目前来讲，我们分析到这一步已经足够了，因为编写存储过程的"素材"大部分取自例句（7）和例句（8）。接下来，我们还是从参数入手。

同样地，我们一开始会进行参数的设定。通过例句（7）和例句（8），大家会发现book_num和book_item是两个需要手动赋值的条件，所以我们会设立两个与之相对应的IN参数num和item。然后参考book_num和book_item两列对应的数据类型，因此就有了IN num char(20)和IN item int。当然，我们还需要为返回的过磅费（计算结果）设置OUT参数moneytotal。这个参数代指金额，所以它对应的数据类型最好是decimal，即OUT moneytotal decimal(6,2)。

到目前为止，我们设定参数的根据依然是，在一般情况下，有多少个未知数据就设定多少个与之相对应的参数。但是对于这个案例来讲，只设定以上3个参数并不能满足实际的使用需求。因为超重货物与未超重货物的过磅费计算规则并不相同。我们还要为"超重"这一概念再设定一个参数：overweight。

参数设定完成以后，我们就需要对存储过程指定工作内容了。这一步主要是通过定义参数来完成的：

```
SELECT kgs*0.1 FROM Summary WHERE book_num = num AND book_item =
item INTO moneytotal;
```

确实如此，不过这条语句并不能涵盖所有的细节。事实上，对于未超重的货物来讲，这一步会计算出需要为它们缴纳的全额过磅费；但是对于超重的货物来讲，这一步只计算它们的基本过磅费。所以接下来，我们还要计算超重货物需要额外缴纳的过磅费，并让它与基本过磅费相加：

```
如果货物超重了——IF overweight（第4个参数）
那么——THEN
请计算额外过磅费并与基本过磅费相加——
SELECT moneytotal（基本过磅费）+ (kgs-3500)*0.2 FROM Summary
WHERE book_num = num AND book_item = item
INTO moneytotal（总过磅费，覆盖了之前的基本过磅费）
停止假设——END IF
```

大家可以看到，整个流程是通过一个假设来演绎的。概括而言，如果货物超重了，就请进行额外过磅费的计算，并与之前的基本过磅费相加。

读到这里，可能有同学会问：在假设货物超重时，为什么我们只用了"IF overweight"而不是"IF overweight>80"这样的表述呢？事实上，这与我们为参数overweight指定的数据类型有关，大家稍后就会清楚。现在让我们将以上内容组合在一起，得到一个完整的存储过程：

```
（9）CREATE PROCEDURE '过磅费'
    (IN num char(20), IN item int, IN overweight boolean,
    OUT moneytotal decimal(6,2))
    BEGIN
    SELECT kgs*0.1 FROM Summary
```

```
WHERE book_num = num AND book_item = item INTO moneytotal;
IF overweight THEN
SELECT moneytotal + (kgs-3500)*0.2 FROM Summary
WHERE book_num = num AND book_item = item INTO moneytotal;
END IF;
END
```

那么当该存储过程安装完成以后，我们就可以对它进行测试了。如果麦克里尼想知道book_num＝BOK-68851且book_item＝2的集装箱对应的过磅费（该货物未超重），他可以先执行这样一条SQL语句：

（10）CALL 过磅费('BOK-68851', '2', 0, @kitty);

然后检索并查看结果：

（11）SELECT @kitty;

可如果麦克里尼想知道book_num＝BOK-68851且book_item＝3的集装箱对应的过磅费（该货物超重），他会先执行这样一条SQL语句：

（12）CALL 过磅费('BOK-68851', '3', 1, @puppy);

然后检索并查看结果：

（13）SELECT @puppy;

到这一步，我们为大家介绍overweight这个特殊的参数，其在程序中的定义语句为：

```
IN overweight boolean
```

首先大家可以看到，与overweight搭配使用的关键词是IN。所以在调用该存储过程时，overweight是一个需要我们手动输入存储过程的条件。那么这是一个什么样的条件呢？

答案就隐藏在overweight对应的数据类型boolean里。这个数据类型我们此前并未介绍过。事实上，boolean被称作布尔值，它属于数值型数据。布尔值的特点在于，它只接受数值0和1。0的通用含义是"假"，1的通用含义是"真"。

所以参数overweight扮演的角色就好比一个开关：如果我们输入的是0，就代表未超重，存储过程会止步于基本过磅费的计算；如果我们输入的是1，则代表超重，那么存储过程在完成基本过磅费的计算以后，还会进入IF假设的环节，继续计算额外过磅费，并将其与基本费用相加。

好了，现在就请大家自己动手执行一遍吧！

大家通过动手练习，可能会觉得该存储过程使用起来并不是非常得心应手。因为我们一方面要查看货物对应的主键值，另一方面还要查看货物超重与否。不得不说，这真的有些麻烦。

那么现在，我们就来对该存储过程进行一些改良：

```
（14）CREATE PROCEDURE '过磅狒'
(IN weight decimal(8,2), OUT moneytotal decimal(6,2))
BEGIN
SELECT kgs*0.1 FROM Summary
WHERE kgs = weight LIMIT 1 INTO moneytotal;
IF weight > 3500 THEN
SELECT moneytotal+(kgs-3500)*0.2 FROM Summary
WHERE kgs = weight LIMIT 1 INTO moneytotal;
END IF;
END
```

首先请大家注意观察参数的变化。参数的数量由之前的4个减少为2个。事实上，我们只设定了weight和moneytotal这两个参数。这是因为货物重量才是计算过磅费的关键，至于该货物对应表中的哪一行数据，这其实并不重要。所以我们舍弃了之前通过输入主键值来定位的做法。

不过计算过磅费的思路并没有发生改变。大家可以看到，对于未超重的货物而言，它们的过磅费计算会止步于IF假设，而对于超重的货物来讲，一旦存储过程检测到参数weight大于3500，它就会再进入IF假设的计算环节，计算出额外过磅费，并将其与基本过磅费相加，得到总费用。

不过创建该存储过程还需要考虑一个细节，否则它不会每一次都奏效。相信大家还记得，在改良之前，我们是通过主键值进行过滤的。虽然这有些麻烦，但它能保证每次都只返回唯一的数据供存储过程计算。然而在改良之后，我们是通过kgs列含有的数据进行过滤的，而kgs列很有可能含有重复值。事实上，如果我们碰巧使用了重复值进行过滤，那么存储过程就会罢工。这是因为提供给它的计算对象不唯一。也就是说，如果我们输入的weight参数在kgs列中存在重复值，那么存储过程将无法完成这类数据的过磅费计算。

举例来讲，假如kgs列中含有的一个重复值是3600，当我们碰巧将3600当作参数提供给存储过程时，它就会罢工。不过这个问题很容易解决，那就是追加使用"LIMIT 1"，这样就能保证存储过程每次都能正常运转，也能保证提供给存储过程的计算对象是唯一的。

通过这个改良案例，相信大家会感受到，有些时候，尤其是当我们想让MySQL完成某些复杂操作的时候，使用SQL语句可能无法一味地只顾表达需求，我们还需要使用额外的SQL语句来与MySQL的某些固有机制"对抗"。当然，这些固有机制在有些情况下是我们的帮手，但在有些情况下会成为绊脚石。

好了，现在就请大家动动手，将改良后的"过磅狒"安装在你的电脑中吧，然后进行测试。你会发现，这与之前的计算结果没有区别：

```
CALL 过磅狒('2278.63', @kitt);
SELECT @kitt;
```

```
CALL 过磅狒('3522.75', @pupp);
SELECT @pupp;
```

@pupp
356.83

8.4.3　什么是局部变量

通过编写以上两个存储过程，相信同学们都察觉到了：其实参数moneytotal在SQL语句中扮演的角色并不唯一。事实上，对于超重的货物来讲，moneytotal一方面代指它们的基本过磅费，另一方面还代指它们的总过磅费。

虽然从操作层面来讲，这样定义参数并没有什么问题，但如果能把moneytotal扮演的角色固定下来会更好，因为这样更便于阅读和理解。事实上，在我们的普遍认知中，总过磅费应该等于基本过磅费与额外过磅费之和，即总过磅费＝基本过磅费＋额外过磅费。

现在就让我们根据这一思路，再次对"过磅狒"进行调整吧：

```
（15）CREATE PROCEDURE '过磅吠'
     (IN weight decimal(8,2), OUT moneytotal decimal(6,2))
     BEGIN
     DECLARE fee1 decimal(6,2);
     DECLARE fee2 decimal(6,2) DEFAULT 0;
     SELECT kgs*0.1 FROM Summary
     WHERE kgs = weight LIMIT 1 INTO fee1;
     IF weight > 3500 THEN
     SELECT (kgs-3500)*0.2 FROM Summary
     WHERE kgs = weight LIMIT 1 INTO fee2;
     END IF;
     SELECT fee1+fee2 INTO moneytotal;
     END
```

下面我们有请MagicSQL来细数该存储过程与之前案例的几大区别。

区别一：我们通过关键词DECLARE设置了两个局部变量——fee1和fee2。前者代指基本过磅费，后者代指额外过磅费。请大家注意，由于不是所有货物都会产生额外过磅费，所以我们将fee2的默认值设置为0（DEFAULT 0）。

首先计算基本过磅费，且存储过程会将这个结果塞进fee1这个局部变量中。对于未超重的货物来讲，它们的总过磅费等于基本过磅费。

区别二：单独计算额外过磅费后，存储过程会将计算结果塞进fee2这个局部变量中。那么相较于之前，这一步省去了基本过磅费与额外过磅费相加的环节。

正是如此，不过依然只有超重货物才会经历这步计算，而且这同样是通过IF假设来实现的。

区别三：无论货物超重与否，它们都将经历同一步骤，也就是将基本过磅费（fee1）与额外过磅费（fee2）之和，塞进moneytotal这个参数里。只不过对于未超重的货物来讲，它对应的额外过磅费就是fee2的默认值0。

其实在这个存储过程里，参数moneytotal扮演的角色是通过局部变量实现的，因为局部变量fee1和fee2是参数的组成部分。

那么读到这里，相信大家可以感受到，如果某个参数扮演的角色比较多元，那我们不妨考虑使用局部变量来对它进行细化，这样可以在不影响操作的情况下更加便于阅读和理解。

举个生活化的例子：如果我们想通过一篇文章来介绍牧羊犬吉姆的外貌特征，那么很显然，仅通过文章主题难以一言以蔽之。正如大家所见，吉姆的毛发长短、耳朵大小，甚至眼睛颜色都属于外貌特征的范畴。所以我们需要从不同的角度对它进行描述。

而如果我们把外貌特征比作"参数"，那么诸如毛发长短、耳朵大小、眼睛颜色等这些细分特征的就可视为"局部变量"，它们会被用来共同诠释吉姆潇洒的形象！

所以在有些情况下，局部变量只是用来诠释参数的匆匆过客，它们并不会影响存储过程的调用形式。"过磅吠"的调用形式与"过磅狒"一样，大家不妨动手测试一下。

我们在介绍该案例之前说过，更加智能的存储过程的编写也将更加复杂。这是因为我们需要将需求表述得完整且正确。事实上，阿加莎·克里斯蒂在《ABC谋杀案》中写道："浪漫，是犯罪的副产品。"那么与之相对应地，我们可以这样认为："书写复杂，是表述正确的副产品。"

第9章
不断翻新的数据集

到目前为止，本书的所有知识点都已经讲完了。相信大家都记得，前面我们曾反复提到这样一句话：我们的操作对象是表中的数据。换句话来讲，表只是一种载体而已，得益于它条条框框的结构，我们可以用它来分门别类地存储数据，并保证这些信息之间对应准确。

然而对于新手来讲，他们往往会认为一张表就只是一张表。虽然它可能含有丰富的内容，但这些铺散开来的数据就像被固定在墙上的涂鸦，即使色彩绚丽，也只能日复一日地用同一张面孔迎接朝阳，送走晚霞。

事实并非如此。虽然在我们拿到一张表时，它含有的数据已经固定。但想必同学们根据之前的学习已经发现了，其实每一次检索操作都可能返回一个新的数据集。如果按照这种思路来看，一张表会根据不同的检索行为而派生出更多不同的"新表"，这也正是我们将本章命名为"不断翻新的数据集"的原因。本章将围绕"改编"和"派生"两个词展开：将之前的已学操作当作合理改编的手法，进而让派生出来的新表与原表或其他新表产生联系，以解决实际问题。

9.1　不等值行的妙用

同学们都知道，我们之前建立的大部分联结都是等值联结，这样做的目的是获取等值行以供分析或进行后续操作。举个例子来看，现在我们手上有两张表：学生表和学科表。前者记录的是学生姓名，后者记录的是学生的考试成绩，且两张表通过学号相关联。

学科表

学 号	科 目	分 数
101	世界地理	88
101	古典文学	94
102	世界地理	76
102	古典文学	95
103	世界地理	80
103	古典文学	93

学生表

姓 名	学 号
杨曼桢	101
唐翠芝	102
何世钧	103

毫无疑问，如果我们要将两张表中的数据进行汇总显示，就要通过建立联结来实现：

```
SELECT 学生表.学号，姓名，科目，分数
FROM 学生表,学科表 WHERE 学生表.学号 = 学科表.学号;
```

学 号	姓 名	科 目	分 数
101	杨曼桢	世界地理	88
101	杨曼桢	古典文学	94
102	唐翠芝	世界地理	76
102	唐翠芝	古典文学	95
103	何世钧	世界地理	80
103	何世钧	古典文学	93

 可以看到，为了让每名学生与各自的考试成绩相对应，我们必须建立等值联结，否则就会出现张冠李戴的结果。

没错，在关联表之间建立的大部分联结都是等值联结，这是因为原本存在对应关系的数据分散在了不同的表中，只有让它们重新对应起来产生等值行才具有查看和分析的意义。

然而这并不代表不等值联结产生的不等值行毫无价值。大家不要忘了，我们还学习过一种特殊的联结方式，就是自联结，也就是一张表与自己建立联结。事实上，在建立自联结的情况下，不等值行能帮助我们解决很多问题。来看下面这张表。

Class

name	score
杨曼桢	82
唐翠芝	93
何世钧	88
陈叔惠	90
王静榕	97

这张名为Class的表中记录了5名学生在本次数学考试中的成绩。现在我们要解决的问题很简单，那就是找到比何世钧考试成绩高的学生。相信这一点儿也难不倒大家。首先，我们会根据限定词"何世钧"对表中的数据进行过滤，目的是找到他的考试成绩：

```
SELECT score FROM Class WHERE name = '何世钧';
```

score
88

接着我们会将他的考试成绩当作比较依据，再次对Class表进行操作：

```
SELECT name, score FROM Class WHERE score > '88';
```

name	score
唐翠芝	93
陈叔惠	90
王静榕	97

这两条语句可以合二为一，组成一条子查询：

```
SELECT name, score FROM Class WHERE score >
(SELECT score FROM Class WHERE name = '何世钧');
```

不过这只是一种解决方案，下面我们将通过自联结来实现相同的查询效果：

```
SELECT C1.name, C1.score FROM Class AS C1, Class AS C2
WHERE C1.score > C2.score AND C2.name = '何世钧';
```

name	score
唐翠芝	93
陈叔惠	90
王静榕	97

乍一看，这条语句好像不是很容易理解，但其实只要掌握了正确的分析思路，同学们就会觉得它非常简单。现在让我们一起来细致地分析。

首先，我们去掉和联结有关的语句，执行后就将得到笛卡儿积：

```
SELECT * FROM Class AS C1, Class AS C2;
```

name	score	name	score
杨曼桢	82	杨曼桢	82
唐翠芝	93	杨曼桢	82
何世钧	88	杨曼桢	82
陈叔惠	90	杨曼桢	82
王静榕	97	杨曼桢	82
杨曼桢	82	唐翠芝	93
唐翠芝	93	唐翠芝	93
何世钧	88	唐翠芝	93
陈叔惠	90	唐翠芝	93
王静榕	97	唐翠芝	93
杨曼桢	82	何世钧	88
唐翠芝	93	何世钧	88
何世钧	88	何世钧	88
陈叔惠	90	何世钧	88
王静榕	97	何世钧	88
杨曼桢	82	陈叔惠	90
唐翠芝	93	陈叔惠	90
何世钧	88	陈叔惠	90
陈叔惠	90	陈叔惠	90
王静榕	97	陈叔惠	90
杨曼桢	82	王静榕	97
唐翠芝	93	王静榕	97
何世钧	88	王静榕	97
陈叔惠	90	王静榕	97
王静榕	97	王静榕	97

事实上，同学们不妨将笛卡儿积视为一个信息整合最为详尽的数据集，而它正是我们后续建立联结的初始模板和最初的操作对象。因为笛卡儿积中既含有等值行又含有不等值行。

查看等值行：

```
SELECT * FROM Class AS C1, Class AS C2
WHERE C1.score = C2.score;
```

name	score	name	score
杨曼桢	82	杨曼桢	82
唐翠芝	93	唐翠芝	93
何世钧	88	何世钧	88
陈叔惠	90	陈叔惠	90
王静榕	97	王静榕	97

查看不等值行：

```
SELECT * FROM Class AS C1, Class AS C2
WHERE C1.score <> C2.score;
```

name	score	name	score
唐翠芝	93	杨曼桢	82
何世钧	88	杨曼桢	82
陈叔惠	90	杨曼桢	82
王静榕	97	杨曼桢	82
杨曼桢	82	唐翠芝	93
何世钧	88	唐翠芝	93
陈叔惠	90	唐翠芝	93
王静榕	97	唐翠芝	93
杨曼桢	82	何世钧	88
唐翠芝	93	何世钧	88
陈叔惠	90	何世钧	88
王静榕	97	何世钧	88
杨曼桢	82	陈叔惠	90
唐翠芝	93	陈叔惠	90
何世钧	88	陈叔惠	90
王静榕	97	陈叔惠	90
杨曼桢	82	王静榕	97
唐翠芝	93	王静榕	97
何世钧	88	王静榕	97
陈叔惠	90	王静榕	97

可以看到，由于我们是通过score列建立联结的，所以等值联结将返回左右分数相等的数据（等值行），而不等值联结则会返回左右分数不相等的数据（不等值行）。

大家不妨将这一步也理解为数据的过滤，因为这些数据都存在于笛卡儿积之中，所以我们建立联结的过滤对象就是笛卡儿积。

相信读到这里，大家都想到了，其实这个包含不等值行的数据集还可以被进一步拆分，因为左右两边的分数不相同。如果我们将左半边视为C1表，将右半边视为C2表，那么拆分结果如下：

```
SELECT * FROM Class AS C1, Class AS C2
WHERE C1.score > C2.score;
```

name	score	name	score
唐翠芝	93	杨曼桢	82
何世钧	88	杨曼桢	82
陈叔惠	90	杨曼桢	82
王静榕	97	杨曼桢	82
王静榕	97	唐翠芝	93
唐翠芝	93	何世钧	88
陈叔惠	90	何世钧	88
王静榕	97	何世钧	88
唐翠芝	93	陈叔惠	90
王静榕	97	陈叔惠	90

```
SELECT * FROM Class AS C1, Class AS C2
WHERE C1.score < C2.score;
```

name	score	name	score
杨曼桢	82	唐翠芝	93
何世钧	88	唐翠芝	93
陈叔惠	90	唐翠芝	93
杨曼桢	82	何世钧	88
杨曼桢	82	陈叔惠	90
何世钧	88	陈叔惠	90
杨曼桢	82	王静榕	97
唐翠芝	93	王静榕	97
何世钧	88	王静榕	97
陈叔惠	90	王静榕	97

事实上，这两个拆分后的数据集都可以成为我们的直接操作对象。如果我们选择前者，那么只需先添加过滤条件：

```
SELECT * FROM Class AS C1, Class AS C2
WHERE C1.score > C2.score AND C2.name = '何世钧';
```

name	score	name	score
唐翠芝	93	何世钧	88
陈叔惠	90	何世钧	88
王静榕	97	何世钧	88

这表示我们是在根据右半边的姓名信息进行过滤。瞧，成绩分数比何世钧高的相关信息已经出现在了左边，而它属于C1表，所以我们仅需选择检索的目标列即可：

```
SELECT C1.name, C1.score FROM Class AS C1, Class AS C2
```

```
WHERE C1.score > C2.score AND C2.name = '何世钧';
```

name	score
唐翠芝	93
陈叔惠	90
王静榕	97

同样的道理，如果要以C1.score < C2.score创建的数据集为操作对象，那么就会这样书写：

```
SELECT C2.name, C2.score FROM Class AS C1, Class AS C2
WHERE C1.score < C2.score AND C1.name = '何世钧';
```

name	score
唐翠芝	93
陈叔惠	90
王静榕	97

好了，有了以上内容作为铺垫，同学们不妨再来看一个案例。现在我们要对Class表中的数据进行扩充，再插入4行数据。对应语句和扩充结果如下：

```
INSERT INTO Class(name, score) VALUES('李秋沁', '88');
INSERT INTO Class(name, score) VALUES('黄宝怡', '93');
INSERT INTO Class(name, score) VALUES('杜振保', '90');
INSERT INTO Class(name, score) VALUES('任蔼龙', '99');
```

name	score
杨曼桢	82
唐翠芝	93
何世钧	88
陈叔惠	90
王静榕	97
李秋沁	88
黄宝怡	93
杜振保	90
任蔼龙	99

可以看到，目前在Class表中存在分数相同的学生。如果我们想要把这些学生挑选出来该如何操作呢？要想解决这个问题，我们还得借助自联结的帮忙。准确来讲，我们要依赖自联结产生的笛卡儿积：

```
SELECT * FROM Class AS C1, Class AS C2;
```

name	score	name	score
杨曼桢	82	唐翠芝	93
唐翠芝	93	唐翠芝	93
何世钧	88	唐翠芝	93
陈叔惠	90	唐翠芝	93
王静榕	97	唐翠芝	93
李秋沁	88	唐翠芝	93
黄宝怡	93	唐翠芝	93
杜振保	90	唐翠芝	93
任逦龙	99	唐翠芝	93

 为了搞清楚事情的来龙去脉，研究笛卡儿积是第一步，因为它整合出的数据集不仅最为详尽，还是后续操作的最初模板。虽然我们此处只挑选出了部分笛卡儿积的内容用来解释说明，但这已经足够了。

　　不错，由于Class表中一共有9名学生，共计9行数据，所以笛卡儿积将返回9×9=81行数据，每一行都将和包括自身在内的9行数据进行匹配。在匹配的结果中就会含有等值行（绿色标注）与不等值行（除绿色标注以外）。同学们可以看到，其实在不等值行中就有我们要寻找的数据：分数相同的不同学生（红色标注）。那么这样一来，我们就只需对笛卡儿积进行过滤：

```
SELECT * FROM Class AS C1, Class AS C2
WHERE C1.score = C2.score AND C1.name <> C2.name;
```

name	score	name	score
黄宝怡	93	唐翠芝	93
李秋沁	88	何世钧	88
杜振保	90	陈叔惠	90
何世钧	88	李秋沁	88
唐翠芝	93	黄宝怡	93
陈叔惠	90	杜振保	90

　　最后对检索对象进行挑选，对结果排序：

```
SELECT C1.name, C1.score FROM Class AS C1, Class AS C2
WHERE C1.score = C2.score AND C1.name <> C2.name ORDER BY score DESC;
```

name	score
唐翠芝	93
黄宝怡	93
陈叔惠	90
杜振保	90
李秋沁	88
何世钧	88

瞧，这样问题就解决了。事实上，在自联结中利用不等值行解决问题的情况，相较于其他联结来讲会更多一点。

这是因为建立自联结有时并不是为了单纯地检索数据，它往往会涉及性质相同数据之间的互相比较。但是单一数据集（原表）的可操作余地并不大，所以就要借助自联结在横向和纵向上对数据集进行扩充。

9.2 关联分析

相信不少人都听过这样一个营销案例：20世纪90年代，沃尔玛超市为了进一步提高商品的销量，开始着手研究不同商品之间的关联。简单来讲，就是研究消费者经常会同时购买哪些不一样的商品（购物篮分析）。在众多的关联商品中，工作人员竟发现啤酒和纸尿裤两种看似毫不相关的商品经常会被同时购买。

调查后得知，原来是年轻的奶爸们喜欢一边看体育节目一边喝啤酒，所以每次去超市购买纸尿裤时，就会顺便买一些啤酒回来。于是沃尔玛超市就将啤酒和纸尿裤摆放在了一起，结果两种商品的销量都有所提高。没错，这就是著名的啤酒与纸尿裤的故事。

事实上，这种关联分析法直到现在依然普遍适用于很多生活场景，它的分析需求主要体现为同时满足或同时不满足某些条件。例如之前在疫情的影响下，如果医护人员想要了解所在片区的三针剂疫苗接种情况，那么他们很可能就需要知道：多少人已经接种完毕，多少人只接种了第一针或第二针，以及多少人从未接种过疫苗。下面请同学们来看这样一个类似的案例。基于以下学科表和学生表，如果我们想要知道有哪些学生同时选修了亚洲通史和古典文学，这该怎么办呢？

student	subject
李秋沁	亚洲通史
李秋沁	乐理基础
李秋沁	古典文学
黄宝怡	古典文学
黄宝怡	世界地理
黄宝怡	数学
陈叔惠	世界地理
陈叔惠	数学
王静榕	亚洲通史
王静榕	古典文学
杜振保	数学

subject
亚洲通史
古典文学

相信这个问题与前两个案例一样，大家可能都会有这样一种感受：我们面对的信息数据并不复杂，需要解决的问题也很容易理解，但就是不知道该从何下手书写SQL语句，因为两张表的可操作余地看起来都不大。没错，确实如此。不过每当大家

有这种不知所措的感受时，请一定要用"走一步看一步"的态度来面对它，很多SQL语句都是反复调试的结果。

　　此处，既然两张表含有的数据都很简单，那我们不妨通过建立联结的方式来对它们进行整合，没准能从丰富的数据集中找到一点思路：

```
SELECT * FROM 学科, 学生 WHERE 学科.subject = 学生.subject;
```

subject	student	subject
亚洲通史	李秋沁	亚洲通史
古典文学	李秋沁	古典文学
古典文学	黄宝怡	古典文学
亚洲通史	王静榕	亚洲通史
古典文学	王静榕	古典文学

瞧，我们通过建立联结的方式重新获得了一个数据集。虽然其中含有重复的数据，但彼此的对应关系都是正确的。

　　由于信息量较少，所以大家可以看到，其实李秋沁和王静榕就是我们要寻找的目标学生，因为他们同时选修了亚洲通史和古典文学。至于黄宝怡，由于她只选修了目标学科中的一门，所以即使她也出现在了合并后的数据集中，但她不是我们的目标学生。那么这样一来，我们只需对这个数据集中的信息进行过滤，就可以实现查询目标了。

也就是说，这个新的数据集将取代学科表和学生表成为我们的直接操作对象。不过话说回来，过滤操作该如何进行呢？

　　事实上，一些需要通过SQL语言解决的问题，我们都只能通过间接的方式来获取答案。例如我们在学习聚集函数时，如果想要知道订单量，就要通过COUNT函数统计整张表的行数来间接知晓答案。同样的操作思路也适用于此：

```
SELECT student, COUNT(学生.subject) 科目数量 FROM 学科, 学生
WHERE 学科.subject = 学生.subject
GROUP BY student;
```

student	科目数量
李秋沁	2
王静榕	2
黄宝怡	1

相信同学们都能理解这条语句。我们通过GROUP BY将新数据集中的学生姓名指定成了分组依据，然后让COUNT函数分组计算出了各个学生的选修科目数量。由于李秋沁和王静榕同时选修了目标学科，所以他们对应的计数结果就是2，而黄宝怡只选修了目标学科中的一门，因此她的计数结果就是1。

接下来，我们只需以组为条件对计数结果进行过滤即可：

```sql
SELECT student FROM 学科, 学生
WHERE 学科.subject = 学生.subject
GROUP BY student
HAVING COUNT(学生.subject) = (SELECT COUNT(subject) FROM 学科);

SELECT student FROM 学科, 学生
WHERE 学科.subject = 学生.subject
GROUP BY student
HAVING COUNT(学生.subject) = '2';
```

student
李秋沁
王静榕

瞧，这样就得到了正确的结果。不过既然本章叫"不断翻新的数据集"，那我们就肯定要尝试不同的解法。说实在的，既然目标只是从学生表中找到同时选修亚洲通史和古典文学的学生，那么为什么不尝试一下使用OR呢？就像这样：

```sql
SELECT * FROM 学生 WHERE subject = '亚洲通史' OR subject = '古典文学';
```

student	subject
李秋沁	亚洲通史
李秋沁	古典文学
黄宝怡	古典文学
王静榕	亚洲通史
王静榕	古典文学

瞧，由于OR协调的过滤机制是分别满足，所以它会让两个过滤操作独立开展，然后汇总显示它们各自的过滤结果。不过这样一来，只选修了一门目标学科的黄宝怡也出现在了结果中，看来OR好像不能解决这个问题。那么，真的是这样吗？

当然不是，相信同学们已经发现了，其实这个过滤结果就是通过联结整合得到的数据集的一部分，所以我们为什么不直接把它也当作一个新的数据集来进行后续的操作呢？这完全是可行的呀！

```
SELECT student FROM 学生 WHERE subject = '亚洲通史' OR subject = '古典文学'
GROUP BY student
HAVING COUNT(学生.subject) = '2';

SELECT student FROM 学生 WHERE subject = '亚洲通史' OR subject = '古典文学'
GROUP BY student
HAVING COUNT(subject) = (SELECT COUNT(subject) FROM 学科);
```

student
李秋沁
王静榕

事实上，任何一次有价值的检索，都可以得到一个新的数据集，我们不妨将其作为一张新表来进行后续操作。

为了加深同学们的理解，现在让我们对查询目标进行一些调整：在以下对应关系中找到同时选修世界地理和数学的目标学生。

student	subject
李秋沁	亚洲通史
李秋沁	乐理基础
李秋沁	古典文学
黄宝怡	古典文学
黄宝怡	世界地理
黄宝怡	数学
陈叔惠	世界地理
陈叔惠	数学
王静榕	亚洲通史
王静榕	古典文学
杜振保	数学

由于我们更换了目标学科，所以之前的学科表就派不上用场了。但是这一点儿也不影响操作，因为我们完全可以根据学生表中的数据重新创建一张新的学科表：

```
SELECT DISTINCT subject FROM 学生 WHERE subject IN ('世界地理', '数学');
```

subject
世界地理
数学

没错，即使这只是一次检索返回的结果，但它在结构上与之前的学科表没有任何区别。现在我们要做的就是对比之前的语句，一起玩填字游戏：

```
SELECT student FROM
```

```
学生，学科
WHERE 学生.subject = 学科.subject
GROUP BY student
HAVING COUNT(学生.subject) = (SELECT COUNT(subject) FROM 学科);

SELECT student FROM
学生, (SELECT DISTINCT subject FROM 学生 WHERE subject IN ('世界地理',
'数学')) AS 学科
WHERE 学生.subject = 学科.subject
GROUP BY student
HAVING COUNT(学生.subject) = (SELECT COUNT(subject) FROM
(SELECT DISTINCT subject FROM 学生 WHERE subject IN ('世界地理',
'数学')) AS 学科);
```

student
陈叔惠
黄宝怡

大家可以看到，由于我们通过一条检索语句重新创建了一张学科表，所以我们只需将这条绿色的检索语句填入之前学科表的地方即可。不过话说回来，这对应的SQL语句有点儿长，如果我们想对其进行精简，就要借助视图的帮助：

```
CREATE VIEW 新学科 AS
SELECT DISTINCT subject FROM 学生 WHERE subject IN ('世界地理', '数学');
```

执行上述语句，我们就可以运用这张视图了：

```
SELECT student FROM 学生, 新学科
WHERE 学生.subject = 新学科.subject
GROUP BY student
HAVING COUNT(学生.subject) = (SELECT COUNT(subject) FROM 新学科);
```

student
陈叔惠
黄宝怡

瞧，书写在很大程度上得到了简化，因为视图代表了一串被隐藏的SQL语句。话说回来，之前我们已经找到了同时选修亚洲通史和古典文学的两名学生：李秋沁和王静榕。但是通过观察学生表，大家会发现，其实李秋沁除了选修了两门目标学科，还额外选修了一门乐理基础。那么有没有办法返回只选修了两门目标学科的学生呢？也就是说，我们现在想找到只选修了亚洲通史和古典文学的学生。

事实上，要想解决这样一个问题，我们需要借助外部联结的帮忙：

```
SELECT * FROM 学科 RIGHT OUTER JOIN 学生 ON 学科.subject = 学生.subject;
```

subject	student	subject
亚洲通史	李秋沁	亚洲通史
亚洲通史	王静榕	亚洲通史
古典文学	李秋沁	古典文学
古典文学	黄宝怡	古典文学
古典文学	王静榕	古典文学
NULL	李秋沁	乐理基础
NULL	黄宝怡	世界地理
NULL	黄宝怡	数学
NULL	陈叔惠	世界地理
NULL	陈叔惠	数学
NULL	杜振保	数学

 相信同学们都还记得，外部联结的重点是指定主表。在此处，由于我们需要得到更加丰富的整合效果，所以就将学生表指定成了主表。

没错，如果将学科表指定为主表，那我们将得到同建立内部联结一样的整合结果：不会出现非关联行的数据。不过话说回来，得到了这样一个经外部联结整合后的数据集，对我们的操作有什么帮助呢？现在我们不妨先对这个数据集进行一些调整：

```
SELECT student, 学生.subject AS 选修学科, 学科.subject AS 选修目标学科
FROM 学科 RIGHT OUTER JOIN 学生 ON 学科.subject = 学生.subject
ORDER BY student;
```

subject	student	subject
李秋沁	古典文学	古典文学
李秋沁	乐理基础	NULL
李秋沁	亚洲通史	亚洲通史
杜振保	数学	NULL
王静榕	亚洲通史	亚洲通史
王静榕	古典文学	古典文学
陈叔惠	世界地理	NULL
陈叔惠	数学	NULL
黄宝怡	数学	NULL
黄宝怡	古典文学	古典文学
黄宝怡	世界地理	NULL

经调整之后（其实数据集含有的内容与之前一模一样，只是调整了列与行的显示顺序而已），通过这个结果，大家就可以清楚地看到各个学生选修了哪些学科。如果选修学科中有目标学科（亚洲通史、古典文学），那么就会进行相应的匹配。

既然我们想要找到只选修了目标学科的学生，那么这些学生一定要同时满足两个条件：首先，他们的选修学科总数只能是2；其次，他们选修的两门学科刚好就是目标学科，所以选修目标学科的数量也应该为2。有了这一步的分析，我们就可以使用COUNT函数分别计算了：

```
SELECT student, COUNT(学生.subject) 选修学科数量, COUNT(学科.subject)
选修目标学科数量
FROM 学科 RIGHT OUTER JOIN 学生 ON 学科.subject = 学生.subject
GROUP BY student;
```

student	选修学科数量	选修目标学科数量
李秋沁	3	2
杜振保	1	0
王静榕	2	2
陈叔惠	2	0
黄宝怡	3	1

同学们可以看到，只有王静榕同时满足这两个评判条件。虽然李秋沁也选修了两门目标学科，但是她还额外选修了一门乐理基础，所以选修学科数量是3。接着，我们就可以根据评判条件对统计结果进行过滤了：

```
SELECT student FROM 学科 RIGHT OUTER JOIN 学生 ON 学科.subject =
学生.subject
GROUP BY student
HAVING COUNT(学生.subject) = '2'
AND COUNT(学科.subject) = '2';

SELECT student FROM 学科 RIGHT OUTER JOIN 学生 ON 学科.subject =
学生.subject
GROUP BY student
HAVING COUNT(学生.subject) = (SELECT COUNT(subject) FROM 学科)
AND COUNT(学科.subject) = (SELECT COUNT(subject) FROM 学科);
```

student
王静榕

事实上,根据以上COUNT函数计算出的结果可以解决很多与本案例有关的关联分析问题。

包括但不限于:除了选修两门目标学科,还选修了其他学科。

```
HAVING COUNT(学生.subject) > (SELECT COUNT(subject) FROM 学科)
AND COUNT(学科.subject) = (SELECT COUNT(subject) FROM 学科)
```

包括:无论选修了多少门学科,只要包含目标学科即可。

```
HAVING COUNT(学生.subject) >= (SELECT COUNT(subject) FROM 学科)
AND COUNT(学科.subject) = (SELECT COUNT(subject) FROM 学科)
```

仅包括:只选修了目标学科。

```
HAVING COUNT(学生.subject) = (SELECT COUNT(subject) FROM 学科)
AND COUNT(学科.subject) = (SELECT COUNT(subject) FROM 学科)
```

存在但不包括:选修学科中不包含目标学科。

```
HAVING COUNT(学生.subject) IS NOT NULL
AND COUNT(学科.subject) = '0';
```

其实要找到既没有选修亚洲通史,也没有选修古典文学的学生(存在但不包括)还有一种方法。现在让我们再次观察经外部联结整合得到的数据集。

subject	student	subject
亚洲通史	李秋沁	亚洲通史
亚洲通史	王静榕	亚洲通史
古典文学	李秋沁	古典文学
古典文学	黄宝怡	古典文学
古典文学	王静榕	古典文学
NULL	李秋沁	乐理基础
NULL	黄宝怡	世界地理
NULL	黄宝怡	数学
NULL	陈叔惠	世界地理
NULL	陈叔惠	数学
NULL	杜振保	数学

可以看到,由于外部联结依然根据学科和学生两张表中subject的对等值进行了匹配,所以出现在红色区域的学生一个都不符合要求。对于这一区域的学生来讲,他们至少选修了目标学科中的一门,否则左右两边的subject列不会出现对等值。

那么这样一来,我们就只需对这个数据集中的内容进行过滤,也就是将红色区域的学生全部过滤掉。剩下的就是既没有选修亚洲通史,也没有选修古典文学的学生:

```
SELECT DISTINCT student FROM 学科 RIGHT OUTER JOIN 学生 ON 学科.subject =
学生.subject
WHERE student NOT IN (SELECT student FROM 学科, 学生 WHERE 学科.subject =
学生.subject);
```

student
陈叔惠
杜振保

没错，我们在此处利用了子查询进行过滤。红色区域的数据其实就是建立内部联结返回的数据集，所以我们只需将其中含有的学生姓名挑选出来并将其作为过滤条件进行反选即可。

事实上，该案例的操作思路普遍适用于很多场景。相信大家还记得我们在一开始提到的接种疫苗的例子，其实这与上述案例的分析思路是一样的。

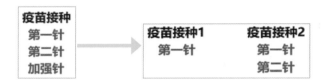

学科表可以被视为待接种的疫苗，我们需要通过它对人群信息进行匹配，而人群信息就类似于学生表。对接种疫苗进行不同的匹配，医护人员能知晓不同的信息：哪些人接种了所有疫苗，以及哪些人一针也没有接种；在过滤得到的新数据集下进行匹配，医护人员又可以得知哪些人只接种了第一针，或只接种了第一针和第二针。

9.3　在CASE表达式中使用聚集函数

在第4章中，我们介绍过CASE表达式的相关用法。随着大家技能水平的不断提高，现在是时候在CASE表达式的运用上有所突破了。事实上，将CASE表达式比作SQL语言中的变形咒语一点儿也不夸张，因为它能对我们选中的数据集进行二次变换，进而整合出更符合我们心意的数据集。在学习新的操作之前，我们不妨先来回顾一下CASE表达式的使用要点。

简单来讲，CASE表达式的一般使用情景是进行信息变换。这将通过句式"WHEN...THEN..."实现。举例来讲，如果我们要将已有信息"哆啦A梦"变换成"机器猫"，那么对应的表达就是：WHEN name='哆啦A

梦' THEN '机器猫'。当然，变换前的已有内容既可以存在于列中，也可以存在于显示栏中。

在一般情况下，除了句式"WHEN...THEN..."，一条CASE表达式的主要成分还包括CASE、END和ELSE。大家不妨这样理解，关键词CASE用来开启表达式；END用来关闭表达式；ELSE会对未指定的其他内容进行统一的名称变换。除此以外，我们一般还会使用AS对CASE表达式创建的显示栏进行命名。

一条CASE表达式会对应一个显示栏。也就是说，如果我们希望变换结果集中出现在一个显示栏中，就使用单条CASE表达式；而如果希望变换结果分散在不同的显示栏中，就使用多条CASE表达式进行变换。

好了，想必同学们已经回忆起了CASE表达式的相关知识点，下面我们就可以着手进行新的操作了。

相信大家都还记得卡路奇欧大叔的Happyorder表，这张表记录的是顾客的消费总览。如果我们想知道各个餐桌对应的订单量，那么对应的SQL语句和结果就是：

（1）SELECT tab_num, COUNT(*) AS 订单量 FROM Happyorder GROUP BY tab_num;

tab_num	订单量
1	3
2	3
3	2
4	1
5	1
6	1
7	1

大家可以看到，这是一条有关数据分组的基础语句。为了计算出各个餐桌对应的订单量，我们需要通过GROUP BY将tab_num指定为分组依据，或者说将tab_num含有的不同信息指定为分组依据，然后把分组计算的任务丢给COUNT函数。执行之后，就会清楚地返回各个餐桌的订单量了。不过卡路奇欧大叔对此有话要说。

我在想，能不能让结果变换一些花样呢？这样显示效果会有趣得多！事实上，如果一张餐桌只贡献了一个订单，那么我只会微微一笑；如果是两个订单，我会笑逐颜开；如果是两个订单以上……哦，天啊！我会满面春风！

瞧啊，练手的机会说来就来。由于CASE表达式的一般使用情景是进行信息的变换，所以在动笔之前，我们首先要清楚的就是变换前后的信息数据分别是什么。很显然，在这个案例中，由于不同的订单量会引发卡路奇欧不同的面部表情，所以根据COUNT函数分组计算出的订单量就是变换前的信息，或者说是信息变换的依据，而卡路奇欧"笑"的面部表情就是变换后的信息。

订单量为1：微微一笑
订单量为2：笑逐颜开
订单量大于2：满面春风

接着，我们需要用SQL语言来"翻译"这些信息。由于信息变换的依据是COUNT函数的计算结果，因此我们会这样进行表述。

订单量为1：COUNT(*)=1
订单量为2：COUNT(*)=2
订单量大于2：COUNT(*)>2

明确区分了订单量之后，我们还需要将它们与不同的面部表情对应起来。

订单量为1—COUNT(*)=1—"微微一笑"
订单量为2—COUNT(*)=2—"笑逐颜开"
订单量大于2—COUNT(*)>2—"满面春风"

然后将以上内容嵌入句式"WHEN...THEN..."之中，这就有了以下语句。

WHEN COUNT(*)=1 THEN '微微一笑'
WHEN COUNT(*)=2 THEN '笑逐颜开'
WHEN COUNT(*)>2 THEN '满面春风'

在搞清楚信息变换的内容以后，我们接下来就需要思考信息变换的形式了。

简单来讲，这一步就是选择使用单条CASE表达式进行变换，还是使用多条CASE表达式进行变换。判断的依据很简单：如果希望变换结果集中出现在一个显示栏中，就选择前者，3条"WHEN...THEN..."句式将共享一条CASE表达式；如果希望变换结果分散在不同显示栏中，就选择后者，每条"WHEN...THEN..."句式会独享一条CASE表达式。下面我们先来看看单条CASE表达式的呈现效果：

```
SELECT tab_num, count(*) AS 订单量,
CASE
WHEN COUNT(*) = 1 THEN '微微一笑'
WHEN COUNT(*) = 2 THEN '笑逐颜开'
```

```
WHEN COUNT(*) > 2 THEN '满面春风'
END
AS 笑字辈
FROM Happyorder GROUP BY tab_num;
```

tab_num	订单量	笑字辈
1	3	满面春风
2	3	满面春风
3	2	笑逐颜开
4	1	微微一笑
5	1	微微一笑
6	1	微微一笑
7	1	微微一笑

接着我们再来看使用多条CASE表达式进行变换的结果：

```
SELECT tab_num, count(*) AS 订单量,
CASE WHEN COUNT(*) = 1 THEN '微微一笑' END AS 笑,
CASE WHEN COUNT(*) = 2 THEN '笑逐颜开' END AS 字,
CASE WHEN COUNT(*) > 2 THEN '满面春风' END AS 辈
FROM Happyorder GROUP BY tab_num;
```

tab_num	订单量	笑	字	辈
1	3	NULL	NULL	满面春风
2	3	NULL	NULL	满面春风
3	2	NULL	笑逐颜开	NULL
4	1	微微一笑	NULL	NULL
5	1	微微一笑	NULL	NULL
6	1	微微一笑	NULL	NULL
7	1	微微一笑	NULL	NULL

瞧，两个结果之间的差异很明显。概括来讲，这就是变换结果集中显示和分散显示的区别。一条CASE表达式只会创建出一个显示栏，并容纳指定的变换结果。相信通过这个案例，同学们就会知道，其实在CASE表达式中使用聚集函数的目的，就是将聚集结果指定为信息变换的依据。

好了，现在就请同学们自己动手操作一下吧，然后我们来看下一个案例。

9.4　在聚集函数中使用CASE表达式

大家都知道，Happyorder表记录的是消费总览，而Happydetail表记录的是消费明细。如果我们想要查看各个订单含有菜品的收益，那么就需要创建一个计算栏：

```
SELECT *, quantity*price AS 收益 FROM Happydetail;
```

menu_num	menu_item	dishes	quantity	price	收益
1001	1	冰火菠萝油	2	11.50	23.00
1001	2	海鲜大什扒	5	50.00	250.00
1002	1	烤鲱鱼	5	20.00	100.00
1002	2	烧味八宝饭	2	42.00	84.00
1002	3	风暴雷霆烈酒	2	19.00	38.00

（为节约显示空间只截取结果的前5行，下同）

现在我们要根据收益的大小，划分出低、中、高3个区间，划分依据如下。

- 低：金额小于50元的开区间——(0,50)。
- 中：金额为50～100元的闭区间——[50,100]。
- 高：金额大于100元的开区间——(100，+∞)。

要想在结果中体现这3个区间，我们就又需要CASE表达式的帮助了：

```
WHEN quantity*price < 50 THEN '低'
WHEN quantity*price BETWEEN 50 AND 100 THEN '中'
WHEN quantity*price > 100 THEN '高'
```

与上一个案例类似，此处信息变换的依据同样是表达式。相信大家都能理解这部分语句，因为字面描述传递的含义还是非常直观的。当这一步完成以后，我们就又需要在变换形式上做出选择了：单条CASE表达式还是多条CASE表达式。前者同样是所有的"WHEN...THEN..."句式共享一条CASE表达式，对应的写法和结果为：

```
SELECT menu_num, menu_item, dishes, quantity*price AS 收益,
CASE
WHEN quantity*price < 50 THEN '低'
WHEN quantity*price BETWEEN 50 AND 100 THEN '中'
WHEN quantity*price > 100 THEN '高'
END AS LEVEL
FROM Happydetail;
```

menu_num	menu_item	dishes	收益	LEVEL
1001	1	冰火菠萝油	23.00	低
1001	2	海鲜大什扒	250.00	高
1002	1	烤鲱鱼	100.00	中
1002	2	烧味八宝饭	84.00	中
1002	3	风暴雷霆烈酒	38.00	低

我们再来看看多条CASE表达式的变换结果。在书写上，每条"WHEN...THEN..."句式都将独享一条CASE表达式：

```
SELECT menu_num, menu_item, dishes, quantity*price AS 收益,
CASE WHEN quantity*price < 50 THEN '低' END AS LEVEL1,
CASE WHEN quantity*price BETWEEN 50 AND 100 THEN '中' END AS LEVEL2,
CASE WHEN quantity*price > 100 THEN '高' END AS LEVEL3
FROM Happydetail;
```

menu_num	menu_item	dishes	收益	LEVEL1	LEVEL2	LEVEL3
1001	1	冰火菠萝油	23.00	低	NULL	NULL
1001	2	海鲜大什扒	250.00	NULL	NULL	高
1002	1	烤鲱鱼	100.00	NULL	中	NULL
1002	2	烧味八宝饭	84.00	NULL	中	NULL
1002	3	风暴雷霆烈酒	38.00	低	NULL	NULL

不难发现，从显示结果上来看，使用单条CASE表达式的变换结果更加直接。不过在此处，我们要选择后者，也就是通过多条CASE表达式进行变换，原因是，这样的变换结果为我们后续的改良提供了空间。

首先，我们要用数值"1"取代例句中的"低""中""高"，那么变换结果也会相应地发生变化：

```
SELECT menu_num, menu_item, dishes, quantity*price AS 收益,
CASE WHEN quantity*price < 50 THEN '1' END AS LEVEL1,
CASE WHEN quantity*price BETWEEN 50 AND 100 THEN '1' END AS LEVEL2,
CASE WHEN quantity*price > 100 THEN '1' END AS LEVEL3
FROM Happydetail;
```

menu_num	menu_item	dishes	收益	LEVEL1	LEVEL2	LEVEL3
1001	1	冰火菠萝油	23.00	1	NULL	NULL
1001	2	海鲜大什扒	250.00	NULL	NULL	1
1002	1	烤鲱鱼	100.00	NULL	1	NULL
1002	2	烧味八宝饭	84.00	NULL	1	NULL
1002	3	风暴雷霆烈酒	38.00	1	NULL	NULL

接着，我们还要用数值"0"来统一取代LEVEL1、LEVEL2和LEVEL3中的NULL，方法是在每条CASE表达式中追加使用ELSE：

```
SELECT menu_num, menu_item, dishes, quantity*price AS 收益,
CASE WHEN quantity*price < 50 THEN '1' ELSE 0 END AS LEVEL1,
```

```
CASE WHEN quantity*price BETWEEN 50 AND 100 THEN '1' ELSE 0 END AS LEVEL2,
CASE WHEN quantity*price > 100 THEN '1' ELSE 0 END AS LEVEL3
FROM Happydetail;
```

menu_num	menu_item	dishes	收益	LEVEL1	LEVEL2	LEVEL3
1001	1	冰火菠萝油	23.00	1	0	0
1001	2	海鲜大什扒	250.00	0	0	1
1002	1	烤鲱鱼	100.00	0	1	0
1002	2	烧味八宝饭	84.00	0	1	0
1002	3	风暴雷霆烈酒	38.00	1	0	0

　　相信以上操作同学们都能理解，但是大家一定很想知道我们为什么要用数值1和0对变换结果进行改良。事实上，这样做的原因是查看每个订单的收益分布情况。下面我们以1012号订单（上面的表中未截取）为例进行说明：

```
SELECT menu_num, menu_item, dishes, quantity*price AS 收益,
CASE WHEN quantity*price < 50 THEN '低' END AS LEVEL1,
CASE WHEN quantity*price BETWEEN 50 AND 100 THEN '中' END AS LEVEL2,
CASE WHEN quantity*price > 100 THEN '高' END AS LEVEL3
FROM Happydetail WHERE menu_num = '1012';
```

menu_num	menu_item	dishes	收益	LEVEL1	LEVEL2	LEVEL3
1012	1	肉酱窝蛋饭	132.00	NULL	NULL	高
1012	2	海鲜焗饭	80.00	NULL	中	NULL
1012	3	焦糖布丁	90.00	NULL	中	NULL
1012	4	冻啤酒	40.00	低	NULL	NULL

　　大家可以看到，1012号订单中一共有4种菜品：肉酱窝蛋饭、海鲜焗饭、焦糖布丁和冻啤酒。那么根据收益来看，它们又会对应不同的收益区间。即使我们后来用数值"1"和"0"对显示效果进行了调整，也不会影响含义表达：

```
SELECT menu_num, menu_item, dishes, quantity*price AS 收益,
CASE WHEN quantity*price < 50 THEN '1' ELSE 0 END AS LEVEL1,
CASE WHEN quantity*price BETWEEN 50 AND 100 THEN '1' ELSE 0 END AS LEVEL2,
CASE WHEN quantity*price > 100 THEN '1' ELSE 0 END AS LEVEL3
FROM Happydetail WHERE menu_num = '1012';
```

menu_num	menu_item	dishes	收益	LEVEL1	LEVEL2	LEVEL3
1012	1	肉酱窝蛋饭	132.00	0	0	1
1012	2	海鲜焗饭	80.00	0	1	0
1012	3	焦糖布丁	90.00	0	1	0
1012	4	冻啤酒	40.00	1	0	0

这个显示结果有些分散，而我们想要对收益区间进行汇总显示，就像这样：

menu_num	低	中	高
1012	1	2	1

在这种情况下，我们就需要追加使用SUM函数了：

```
SELECT menu_num,
SUM(CASE WHEN quantity*price < 50 THEN '1' ELSE 0 END) AS 低,
SUM(CASE WHEN quantity*price BETWEEN 50 AND 100 THEN '1' ELSE 0 END) AS 中,
SUM(CASE WHEN quantity*price > 100 THEN '1' ELSE 0 END) AS 高
FROM Happydetail WHERE menu_num = '1012';
```

这其实不难理解，因为我们想要达成的显示效果需要通过对LEVEL1、LEVEL2和LEVEL3这3个显示栏含有的数值进行求和才能实现。而这3个显示栏是由3条CASE表达式创建而成的。所以在此处，我们就需要将CASE表达式当作SUM函数的参数，也就是将其当作SUM函数的计算对象。这正是在CASE表达式的外层套用SUM函数的原因所在。

所以读到这里，同学们就会清楚，其实无论是在CASE表达式中使用聚集函数，还是在聚集函数中使用CASE表达式，它们都不是一套被死板定义的操作规范，而是一系列顺理成章的操作流程。我们需要通过这些操作达成预期的显示效果。

在CASE表达式中使用聚集函数需要将聚集函数的计算结果当作CASE表达式的变换依据，而在聚集函数中使用CASE表达式无外乎是要将CASE表达式的变换结果当作聚集函数的计算对象。话说回来，如果我们要用这种方法来统计整张表中每个订单的收益分布情况，就需要去掉WHERE从句，然后追加使用GROUP BY：

```
SELECT menu_num,
SUM(CASE WHEN quantity*price < 50 THEN '1' ELSE 0 END) AS 低,
SUM(CASE WHEN quantity*price BETWEEN 50 AND 100 THEN '1' ELSE 0 END) AS 中,
SUM(CASE WHEN quantity*price > 100 THEN '1' ELSE 0 END) AS 高
FROM Happydetail GROUP BY menu_num;
```

menu_num	低	中	高
1001	1	0	1
1002	1	2	0
1003	0	2	0
1004	0	1	2
1005	2	0	0
1006	2	0	0
1007	0	1	1
1008	2	0	1
1009	2	0	0
1010	0	3	1
1011	2	0	1
1012	1	2	1

现在就请同学们自己动手执行一遍上述例句吧！

9.5　行列转换：创建数据透视表

有了前面的内容作为铺垫，我们就可以准备迎接更加有趣的挑战了。没错，这一次我们将通过CASE表达式来玩出更多的花样！话不多说，先请大家来看以下故事场景：

随着期末考试的临近，杰夫、皮克斯、考麦克、汤姆和乔伊又逐渐成了班上最受欢迎的学生。这倒不是因为这几个小伙子成绩优异或乐于辅导其他同学的功课。恰恰相反，他们5人的功课水平实在是糟糕透了，几乎每一次考试都要"霸占"着倒数几名不放。因此，每当临近考试，他们的存在对于班上的其他学生来讲都是一种鼓励和安慰。准确来讲，这是一种"舍我其谁"的鼓励，以及一种"别怕，还有我在你后面"的安慰。

不出所料，在本次考试中，这5位被迫具有奉献精神的小伙子都发挥稳定，身边的同学们也都通过各种方式向他们表示感谢：约翰尼在课间给了他们一人一盒膏药，并指导他们在回家吃过父母的耳光以后该如何使用；哈克在课堂上小声告诉杰夫一处可以钓到很多鳟鱼的小溪，并提醒杰夫别忘了告诉其他4位伙伴；希德则在放学后大声朗读了一首他自己写的诗，并临时附加了一句"我们永远都是好朋友！"作为结尾。

然而不得不说，受欢迎有时是相对的，同学们眼中的"英雄"在校监曼太太眼里是一群等待救援的落难者。曼太太是一位严厉、有教育责任心的老师，她现在正忙着进行一项统计。

相信同学们都听过这样一句话："幸福的家庭都是相似的，不幸的家庭却各有各的不幸。"其实这句话同样适用于此处。

A表

name	course
杰夫	数学
皮克斯	亚洲通史
皮克斯	世界地理
考麦克	数学
考麦克	世界地理
考麦克	乐理基础
汤姆	古典文学
乔伊	数学
乔伊	古典文学

可以看到，A表中存在两列数据，name列是5个倒霉蛋的名字，而course列则对应显示了他们每个人的不及格科目。虽然A表含有的数据很完整，但它的呈现效果并不直观。所以曼太太在将A表中的数据整理以后得到了一张B表。

B表

name	数学	亚洲通史	世界地理	乐理基础	古典文学
杰夫	×	√	√	√	√
皮克斯	√	×	×	√	√
考麦克	×	√	×	×	√
汤姆	√	√	√	√	×
乔伊	×	√	√	√	×

熟悉Excel的同学们会很清楚，B表其实是利用A表做出的一张数据透视表。只不过填充方式有些别出心裁：及格打"√"，不及格打"×"。通过变换以后，同学们就可以很清楚地看出5个倒霉蛋各有各的不幸了。事实上，对A表进行加工和整理得到B表，这样的操作通过SQL语句也能实现。现在问题来了，我们究竟要怎么办才好呢？在动笔之前我们不妨先来分析一下。

大家都知道，由于SQL的主要用途是从表中获（抓）取数据，所以SQL的大部分运用场景都是通过一个条件（已知数据）去找寻目标数据。不过很显然这个操作思路并不适用于此。不难发现，B表几乎是不加变动地含有了A表的全部数据，这就像拿着筷子将A表中的数据夹到了一张拟好的新表里。

说实在的，乍一看我们还真是有些摸不着头脑，因为常用操作，如WHERE、

GROUP BY、聚集函数等，它们似乎一个也派不上用场。确实如此，不过静下心来仔细观察，同学们就会发现，其实A、B两张表之间的主要差异，就是B表利用A表中course列含有的信息，创建出了5个显示栏。事实上，当大家在实际操作中遇到格式转换（行列转换）及信息变换的问题时，请第一时间考虑一种极富弹性的操作，它就是SQL语言里的"变形咒"——CASE表达式。

不过话说回来，在知道CASE表达式会给予帮助以后，我们仍然不知道该从何处下手，因为SQL语句的排头兵是SELECT，而我们目前还不清楚要从A表中检索出什么样的内容。

事实上，每当大家遇到这种举棋不定的情况时，请一定先提醒自己：很多成熟且可靠的SQL语句都是反复调试的结果，不能抱着一步到位的心态。事实上，"走一步，看一步"更具可行性。操作方法就是将你的思考对象（一条长长的SQL语句、一则读起来很拗口的需求、一个预计达成的显示效果），拆解成你能理解且能操作的最小单位。下面我们将按照这种方法操作。

由于A表含有的信息量较大，不易操作，所以我们对它进行了大面积的缩减，并得到了一张A1表。

A1表

name	course
杰夫	数学

大家可以看到，A1表是一张非常友好的表，其中只含有一行数据。下面我们不妨试着模仿B表的显示风格，来对A1表进行变换。

首先，由于"杰夫"的大名一定要出现，所以整条SQL语句的大致框架为：

```
SELECT name FROM A1;
```

然后，由于要将A1表中course列含有的"数学"二字变换成"×"，所以CASE表达式的主要框架为：

```
CASE WHEN course = '数学' THEN '×' END...
```

接着，由于这条CASE表达式的变换结果会对应一个显示栏进行输出，所以我们还需要使用AS对CASE表达式创建的显示栏进行命名。显示栏的名称取自course列中的学科：

```
CASE WHEN course = '数学' THEN '×' END AS '数学'
```

最后，我们再将这条CASE表达式插入之前拟好的框架内：

```
SELECT name, CASE WHEN course = '数学' THEN '×' END AS '数学' FROM A1;
```

A1表变换后

name	数学
杰夫	×

这条语句执行之后将返回相应的变换结果，同学们不妨赶紧动手测试一下。然后我们要趁热打铁，用同一种方法操作两行数据，看一看会得到怎样的结果。

瞧，我们又拿来了一张A2表，它含有的内容仅为A表的前两行，所以这同样是一张友好且单纯的表。我们接下来要做的事情很简单，仿照上一个案例对A2表进行变换。

A2表

name	course
杰夫	数学
皮克斯	亚洲通史

首先，由于杰夫和皮克斯这对难兄难弟的大名一定要出现在结果中，所以整条SQL语句的框架依然是：

```
SELECT name FROM A2;
```

然后，由于"数学"和"亚洲通史"分别是他们二人的不及格科目，所以这两个字段均会被"×"所取代。因此，对应的两条CASE表达式的主要框架为：

```
CASE WHEN course = '数学' THEN '×' END...
CASE WHEN course = '亚洲通史' THEN '×' END...
```

接着，由于这两条CASE表达式的变换内容会对应两个显示栏进行输出，所以我们也会使用AS对两个显示栏进行命名。同样地，显示栏的名称依然取自相应的不及格科目：

```
CASE WHEN course = '数学' THEN '×' END AS '数学'
CASE WHEN course = '亚洲通史' THEN '×' END AS '亚洲通史'
```

最后，将这两条CASE表达式插入基本框架：

```
SELECT name,
CASE WHEN course = '数学' THEN '×' END AS '数学',
CASE WHEN course = '亚洲通史' THEN '×' END AS '亚洲通史'
FROM A2;
```

执行之后，大家就会看到对应的变换结果了。

A2表变换后

name	数学	亚洲通史
杰夫	×	NULL
皮克斯	NULL	×

瞧，我们基本上已经得到了相近的变换结果，不过它含有的空值（NULL）确实有些碍眼。事实上，虽然杰夫不擅长数学，但他的亚洲通史是达到及格线的，皮克斯相应地也存在这种情况。所以接下来我们要对上表进行改良，目的是将其中的"NULL"替换成"√"。方法想必同学们都想到了，没错，那就是在两条CASE表达式中追加使用ELSE：

```
SELECT name,
CASE WHEN course = '数学' THEN '×' ELSE '√' END AS '数学',
CASE WHEN course = '亚洲通史' THEN '×' ELSE '√' END AS '亚洲通史'
FROM A2;
```

name	数学	亚洲通史
杰夫	×	√
皮克斯	√	×

大家可以看到，这样结果看起来就顺眼多了。不过此处隐藏着一个注意事项值得指出：由于行是在横向体现一组数据的对应关系的，所以我们一般习惯横向查看结果，那么这就有可能让我们误以为追加使用的ELSE是在横向填充"√"。然而实际情况并不是这样的，其实CASE表达式是在纵向将之前的"NULL"替换成了"√"。也就是说，我们在第一条CASE表达式中使用的ELSE，它的执行效果是在皮克斯对应的数学栏打"√"，而不是在杰夫对应的亚洲通史栏打"√"。所以这是一种通过对纵向进行操作，而间接满足横向查看需求的操作。

通过以上讲解，相信大家对A、B两张表之间的变换逻辑已经很了解了。其实单纯从检索的角度来看，B表只是简单地从A表中检索出了name列含有的姓名数据而已，至于其他与课程有关的显示内容，它们全都出自CASE表达式的变换结果。

MagicSQL说得对。除此以外，其实所谓的行列转换也只是表面功夫，因为表中的课程名称，全都是CASE表达式经AS乔装打扮后的结果。好了，动手时间到了。现在就请同学们参照以上内容，尝试着对A表含有的信息进行变换吧！

A表

name	course
杰夫	数学
皮克斯	亚洲通史
皮克斯	世界地理
考麦克	数学
考麦克	世界地理
考麦克	乐理基础
汤姆	古典文学
乔伊	数学
乔伊	古典文学

下面让我们一起来看看，根据以上思路写出的SQL语句究竟能呈现出怎样的效果。

```
SELECT name,
CASE WHEN course = '数学' THEN '×' ELSE '√' END AS '数学',
CASE WHEN course = '亚洲通史' THEN '×' ELSE '√' END AS '亚洲通史',
CASE WHEN course = '世界地理' THEN '×' ELSE '√' END AS '世界地理',
CASE WHEN course = '乐理基础' THEN '×' ELSE '√' END AS '乐理基础',
CASE WHEN course = '古典文学' THEN '×' ELSE '√' END AS '古典文学'
FROM A;
```

C表

name	数学	亚洲通史	世界地理	乐理基础	古典文学
杰夫	×	√	√	√	√
皮克斯	√	×	√	√	√
皮克斯	√	√	×	√	√
考麦克	×	√	√	√	√
考麦克	√	√	×	√	√
考麦克	√	√	√	×	√
汤姆	√	√	√	√	×
乔伊	×	√	√	√	√
乔伊	√	√	√	√	×

B表

name	数学	亚洲通史	世界地理	乐理基础	古典文学
杰夫	×	√	√	√	√
皮克斯	√	×	×	√	√
考麦克	×	√	×	×	√
汤姆	√	√	√	√	×
乔伊	×	√	√	√	×

首先请注意观察SQL语句，事实上，CASE表达式的数量并不是由A表的行数决定的，而是由科目的数量决定的。这是因为CASE表达式的变换依据是course列含有的不同科目名称。由于course列含有5个不同科目：数学、亚洲通史、世界地理、乐理基础和古典文学，所以我们只需书写5条与之相对应的CASE表达式。

接着我们再来考查语句执行后得到的透视结果C表。同学们可以看到，尽管C表与目标B表之间还存在一定的区别，但它们两者含有的信息数据已经非常相近。事实上，对于杰夫和汤姆这两位只挂了一科的"优等生"来讲，他们在C、B两张表中的数据显示是相同的，所以C、B两张表的显示差异主要是由皮克斯、考麦克和乔伊造成的。他们3人在考试中都发挥过于稳定，不及格的科目都不止一科。

 其实从总体上看，C表就像一张对B表做展开处理后的显示表。既然如此，请同学们思考，如果我们能想办法将C表name列含有的数据进行打包处理，也就是想办法将各个学生的学科信息聚合为一行来显示，不就能实现B表的显示效果了吗？

当看到"打包处理"这一字眼时，相信同学们马上都能联想到GROUP BY。我们需要通过GROUP BY将C表的name列指定为分组单位：GROUP BY name。

然而在这个案例中，我们仅想到要使用GROUP BY还不够。同学们都知道，在一般情况下，打包处理的实际操作者是聚集函数，GROUP BY只负责为打包提供依据而已。

也就是说，GROUP BY只是打包处理的前提，因为它只负责将具有同一标签的数据划分为组，聚集函数后续做分组计算才是打包处理的关键。因此，要想将C表转换成B表的样式，我们一定还会再使用聚集函数。不过在追加使用GROUP BY和聚集函数之前，我们要先改变C表的透视效果：

```sql
SELECT name,
CASE WHEN course = '数学' THEN '×' ELSE NULL END AS '数学',
CASE WHEN course = '亚洲通史' THEN '×' ELSE NULL END AS '亚洲通史',
CASE WHEN course = '世界地理' THEN '×' ELSE NULL END AS '世界地理',
CASE WHEN course = '乐理基础' THEN '×' ELSE NULL END AS '乐理基础',
CASE WHEN course = '古典文学' THEN '×' ELSE NULL END AS '古典文学'
FROM A;
```

C1表

name	数学	亚洲通史	世界地理	乐理基础	古典文学
杰夫	×	NULL	NULL	NULL	NULL
皮克斯	NULL	×	NULL	NULL	NULL
皮克斯	NULL	NULL	×	NULL	NULL
考麦克	×	NULL	NULL	NULL	NULL
考麦克	NULL	NULL	×	NULL	NULL
考麦克	NULL	NULL	NULL	×	NULL
汤姆	NULL	NULL	NULL	NULL	×
乔伊	×	NULL	NULL	NULL	NULL
乔伊	NULL	NULL	NULL	NULL	×

　　大家可以看到，我们仅仅将C表中的"√"又重新替换成了空值"NULL"，并由此得到了一张C1表。至于为什么要这样操作，稍后大家就会清楚了。好了，当这一步实现之后，就轮到GROUP BY与COUNT函数登台表演了：

```
SELECT name,
COUNT(CASE WHEN course = '数学' THEN '×' ELSE NULL END) AS '数学',
COUNT(CASE WHEN course = '亚洲通史' THEN '×' ELSE NULL END) AS '亚洲通史',
COUNT(CASE WHEN course = '世界地理' THEN '×' ELSE NULL END) AS '世界地理',
COUNT(CASE WHEN course = '乐理基础' THEN '×' ELSE NULL END) AS '乐理基础',
COUNT(CASE WHEN course = '古典文学' THEN '×' ELSE NULL END) AS '古典文学'
FROM A GROUP BY name;
```

C2表

name	数学	亚洲通史	世界地理	乐理基础	古典文学
杰夫	1	0	0	0	0
皮克斯	0	1	1	0	0
考麦克	1	0	1	1	0
汤姆	0	0	0	0	1
乔伊	1	0	0	0	1

B表

name	数学	亚洲通史	世界地理	乐理基础	古典文学
杰夫	×	√	√	√	√
皮克斯	√	×	×	√	√
考麦克	×	√	×	×	√
汤姆	√	√	√	√	×
乔伊	×	√	√	√	×

　　首先请仔细观察SQL语句的变化。不难发现，重点是我们在每一条CASE表达式之前都使用了COUNT函数。原因是在这个案例中，COUNT函数的计算对象不是列，而是5条CASE表达式创建出的5个科目显示栏（C1表），所以我们会将整条CASE表达式作为COUNT函数的参数。

不错，至于透视结果C2表中的5个科目显示栏，虽然它们看起来与C1表一致，但是同学们要知道，C1表中的5个科目显示栏是经5条CASE表达式创建的，而C2表中的5个科目显示栏则是由5个COUNT函数创建的。

除此以外，可以看到，在经GROUP BY分组以后，COUNT函数顺利地对不及格科目和及格科目打上了标记：不及格标记为"1"；及格标记为"0"。事实上，这也是我们事先将C表中的"√"替换为"NULL"的原因，因为我们不愿让及格科目被纳入COUNT函数的计算范围。

好了，经过一番折腾以后，我们总算得到了与B表相近的透视效果。从大体上看，C2表与B表的显示结构，以及数据分布的格局是一样的，只是标记数据的符号存在差异。事实上，我们此时仅需将C2表中的"1"替换成"×"，再将"0"替换成"√"即可大功告成。不过话虽这样说，我们要怎样做才好呢？很简单，我们仅需把C2表当作直接操作对象，然后套一层CASE表达式就可以了：

```
SELECT name,
CASE WHEN 数学 = '1' THEN '×' ELSE '√' END AS '数学',
CASE WHEN 亚洲通史 = '1' THEN '×' ELSE '√' END AS '亚洲通史',
CASE WHEN 世界地理 = '1' THEN '×' ELSE '√' END AS '世界地理',
CASE WHEN 乐理基础 = '1' THEN '×' ELSE '√' END AS '乐理基础',
CASE WHEN 古典文学 = '1' THEN '×' ELSE '√' END AS '古典文学'
FROM
(SELECT name,
COUNT(CASE WHEN course = '数学' THEN '×' ELSE NULL END) AS '数学',
COUNT(CASE WHEN course = '亚洲通史' THEN '×' ELSE NULL END) AS '亚洲通史',
COUNT(CASE WHEN course = '世界地理' THEN '×' ELSE NULL END) AS '世界地理',
COUNT(CASE WHEN course = '乐理基础' THEN '×' ELSE NULL END) AS '乐理基础',
COUNT(CASE WHEN course = '古典文学' THEN '×' ELSE NULL END) AS '古典文学'
FROM A GROUP BY name) AS C2;
```

B表

name	数学	亚洲通史	世界地理	乐理基础	古典文学
杰夫	×	√	√	√	√
皮克斯	√	×	×	√	√
考麦克	×	√	×	×	√
汤姆	√	√	√	√	×
乔伊	×	√	√	√	×

请同学们注意，由于这条SQL语句的直接操作对象不是A表而是C2表（虚拟

表），所以外层的5条CASE表达式的变换对象是C2表中的5个科目显示栏，因此它们的表述与之前存在差异。

```
CASE WHEN 数学 = '1' THEN '×' ELSE '√' END AS '数学'
```

举例来讲，这条语句表明，CASE表达式会将C2表中数学栏含有的数据"1"替换为"×"，然后将该栏中的其他数据替换成"√"。由于其他数据全是"0"，所以就被ELSE统一替换为"√"了。

最后，为了让透视效果的表头显示与C2表保持一致，我们又重新将5条外层CASE表达式创建的显示栏命名为5个不同科目名：数学、亚洲通史、世界地理、乐理基础和古典文学。

好了，通过这个例子，相信同学们可以更加深刻地体会到，我们的操作对象自始至终都是表中的数据，且每一次通过检索得到的数据集都可以被再次整理。不过话说回来，我们以上为大家介绍的方法并不是这道题的唯一解法。下面我们直接来看其他解法对应的SQL语句：

```
SELECT D1.name,
CASE WHEN D2.name IS NOT NULL THEN '×' ELSE '√' END AS '数学',
CASE WHEN D3.name IS NOT NULL THEN '×' ELSE '√' END AS '亚洲通史',
CASE WHEN D4.name IS NOT NULL THEN '×' ELSE '√' END AS '世界地理',
CASE WHEN D5.name IS NOT NULL THEN '×' ELSE '√' END AS '乐理基础',
CASE WHEN D6.name IS NOT NULL THEN '×' ELSE '√' END AS '古典文学'
FROM
(SELECT DISTINCT name FROM A) AS D1
LEFT OUTER JOIN
(SELECT name FROM A WHERE course = '数学') AS D2
ON D1.name = D2.name
LEFT OUTER JOIN
(SELECT name FROM A WHERE course = '亚洲通史') AS D3
ON D1.name = D3.name
LEFT OUTER JOIN
(SELECT name FROM A WHERE course = '世界地理') AS D4
ON D1.name = D4.name
LEFT OUTER JOIN
(SELECT name FROM A WHERE course = '乐理基础') AS D5
ON D1.name = D5.name
LEFT OUTER JOIN
(SELECT name FROM A WHERE course = '古典文学') AS D6
ON D1.name = D6.name;
```

哦，天啊！这条SQL语句可真是够长的！说实在的，它简直就像一头抹香鲸！

没错，确实如此。不过亲爱的同学们，在你们以后的实际操作中，很有可能会遇到一些陌生的SQL语句，而且有些语句带来的视觉震撼也许会让我们打退堂鼓。每当遇到这种情况，请一定先保持冷静客观的态度，不要心急。SQL语句并不仅仅是一段单向的需求表述，它往往还蕴藏着书写者的思想和思维方式。从这个角度来看，我们值得花时间去揣测和琢磨。下面我们就一起来研究一下这头抹香鲸，瞧瞧其中到底蕴藏着什么样的操作思想。

相信同学们还记得，确定操作对象是解读需求的第一步。这是因为大部分SQL语句都要依赖表中的数据才能执行。事实上，同样的分析思路也适用于解读一条陌生的SQL语句。让我们先回顾一下上一种解法。

在上一种解法的最后一次变换前，我们得到了"关键先生"——C2表。在最终的SQL语句中，我们将这张虚拟表C2指定成了直接操作对象。

现在请同学们想象一下，如果我们在一开始拿到的不是A表，而是这张"万事俱备，只欠变换"的C2表，那么毫无疑问，我们的思考过程及写下的SQL语句都会大幅缩减，就像这样：

```
SELECT name,
CASE WHEN 数学 = '1' THEN '×' ELSE '√' END AS '数学',
CASE WHEN 亚洲通史 = '1' THEN '×' ELSE '√' END AS '亚洲通史',
CASE WHEN 世界地理 = '1' THEN '×' ELSE '√' END AS '世界地理',
CASE WHEN 乐理基础 = '1' THEN '×' ELSE '√' END AS '乐理基础',
CASE WHEN 古典文学 = '1' THEN '×' ELSE '√' END AS '古典文学'
FROM C2;
```

这条语句看起来就只是在对CASE表达式进行基础的运用而已。当然了，如果我们事先将虚拟表C2定格为一张视图，那么这条简单的SQL语句就会具备实际效力，就像这样：

```
CREATE VIEW C2 AS
SELECT name,
COUNT(CASE WHEN course = '数学' THEN '×' ELSE NULL END) AS '数学',
```

```
COUNT(CASE WHEN course = '亚洲通史' THEN '×' ELSE NULL END) AS '亚洲通史',
COUNT(CASE WHEN course = '世界地理' THEN '×' ELSE NULL END) AS '世界地理',
COUNT(CASE WHEN course = '乐理基础' THEN '×' ELSE NULL END) AS '乐理基础',
COUNT(CASE WHEN course = '古典文学' THEN '×' ELSE NULL END) AS '古典文学'
FROM A GROUP BY name;
```

同样的道理，抹香鲸虽大，但它的操作对象依然是A表中的数据。所以在开展研究之前，我们首先要摸清这头抹香鲸的主要骨架，然后找准它的直接操作对象，也就是那张类似于C2表的"关键先生"：

```
SELECT c0.name, CASE 表达式1, CASE 表达式2, CASE 表达式3, CASE 表达式4,
CASE 表达式5
FROM 关键先生（直接操作对象）;
```

瞧，当我们把这头抹香鲸含有的多余肥肉和脂肪剔除之后，整条SQL语句就变得非常简明了。其实很多检索语句都可以做类似的精简，因为无论一条检索语句有多么长，它的主要框架一般都由我们最为熟知的"SELECT...FROM..."构成。准确来讲，一条检索语句的主要框架是由排在第一顺位的SELECT及与它相对应的FROM构成的。

好了，当我们梳理出整条语句的主要框架之后，抹香鲸的直接操作对象对应的SQL语句就非常清楚了，它正是FROM之后的全部内容：

```
(SELECT DISTINCT name FROM A) AS D1
LEFT OUTER JOIN
(SELECT name FROM A WHERE course = '数学') AS D2
ON D1.name = D2.name
LEFT OUTER JOIN
(SELECT name FROM A WHERE course = '亚洲通史') AS D3
ON D1.name = D3.name
LEFT OUTER JOIN
(SELECT name FROM A WHERE course = '世界地理') AS D4
ON D1.name = D4.name
LEFT OUTER JOIN
(SELECT name FROM A WHERE course = '乐理基础') AS D5
ON D1.name = D5.name
LEFT OUTER JOIN
(SELECT name FROM A WHERE course = '古典文学') AS D6
ON D1.name = D6.name;
```

不得不说，这部分内容也不算短。这是因为整条SQL语句的直接操作对象同样是一张经过处理的虚拟表（处理对象为A表），只不过处理它的方式为外部联结。

那么读到这里，相信同学们都很好奇这张虚拟表究竟含有怎样的信息数据，毕竟SQL是一种建立在"眼见为实"基础上的操作。所以我们现在要做的就是检索整张（虚拟）表。针对这头抹香鲸的研究也将由此正式拉开序幕：

```sql
SELECT * FROM
(SELECT DISTINCT name FROM A) AS D1
LEFT OUTER JOIN
(SELECT name FROM A WHERE course = '数学') AS D2
ON D1.name = D2.name
LEFT OUTER JOIN
(SELECT name FROM A WHERE course = '亚洲通史') AS D3
ON D1.name = D3.name
LEFT OUTER JOIN
(SELECT name FROM A WHERE course = '世界地理') AS D4
ON D1.name = D4.name
LEFT OUTER JOIN
(SELECT name FROM A WHERE course = '乐理基础') AS D5
ON D1.name = D5.name
LEFT OUTER JOIN
(SELECT name FROM A WHERE course = '古典文学') AS D6
ON D1.name = D6.name;
```

name	name	name	name	name	name
杰夫	杰夫	NULL	NULL	NULL	NULL
皮克斯	NULL	皮克斯	皮克斯	NULL	NULL
考麦克	考麦克	NULL	考麦克	考麦克	NULL
汤姆	NULL	NULL	NULL	NULL	汤姆
乔伊	乔伊	NULL	NULL	NULL	乔伊

现在我们得到了一个似曾相识的结果，其实这个结果与前面的C2表在显示结构及数据分布的格局上都是一样的，只是前后顺序和标记数据的符号存在差异：数据1被换成了名字；数据0被换成了NULL。

因此，其实相较于前面的解法而言，该解法不过是换了一种方式来得到C2表，也就是换了一种方式得到"关键先生"。准确来讲，该解法是通过建立外部联结获取与C2表类似的直接操作对象的，然后使用CASE表达式对它含有的数据进行替换。

好了，当大家有了这一番认识之后，我们接下来就可以对抹香鲸含有的肥厚脂肪进行分析了。不过它的体形这么庞大，我们该从何入手呢？很简单，请同学们记住，如果一条SQL语句的返回结果让你捉摸不透，那么在这种情况下，我们要做的就是对这条SQL语句进行拆解，也就是先将整条SQL语句拆解成你能理解的最小单位，然后分步执行，查看结果。下面我们一起来瞧一瞧：

```
SELECT * FROM
(SELECT DISTINCT name FROM A) AS D1——第1段
LEFT OUTER JOIN
(SELECT name FROM A WHERE course = '数学') AS D2——第2段
ON D1.name = D2.name
LEFT OUTER JOIN
(SELECT name FROM A WHERE course = '亚洲通史') AS D3——第3段
ON D1.name = D3.name
LEFT OUTER JOIN
(SELECT name FROM A WHERE course = '世界地理') AS D4——第4段
ON D1.name = D4.name
LEFT OUTER JOIN
(SELECT name FROM A WHERE course = '乐理基础') AS D5——第5段
ON D1.name = D5.name
LEFT OUTER JOIN
(SELECT name FROM A WHERE course = '古典文学') AS D6——第6段
ON D1.name = D6.name;
```

可以看到，在"关键先生"的巨大篇幅中，我们一眼望去最有亲切感的就是6条检索语句，因此不妨以它们为单位进行拆解，至于剩下那些与外部联结有关的语句，我们暂时先不理会。接着，我们从中截取第1段和第2段内容：

```
SELECT * FROM
(SELECT DISTINCT name FROM A) AS D1——第1段
LEFT OUTER JOIN
(SELECT name FROM A WHERE course = '数学') AS D2——第2段
ON D1.name = D2.name;
```

相信同学们都能理解，第1段内容表示检索出A表name列含有的信息数据，然后去掉重复返回的行，因此对应的显示结果为：

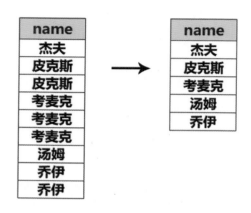

不过这还不算完，由于在后续的SQL语句中还要继续引用这个去重结果，所以我们选择将这个结果命名为D1。事实上，同学们不妨将这个结果看作一张视图，即使它并没有使用相关的CREATE VIEW句式。其实细细品味，大家就会感受到，视图并不单单是一种操作，它还是一种理解方式。因为一张视图（名）说到底就只是一个代词而已，不过它不仅代指一个检索结果，还代指一条条被隐藏的SQL语句。同样的道理，此处的表别名D1一方面代指这个结果，另一方面还代指这个结果对应的检索语句（SELECT DISTINCT name FROM A）AS C1。

至于第2段内容，相信同学们理解起来也不会有任何压力。它仅仅表示对A表中的数据进行过滤，目的是筛选出数学不及格的倒霉蛋。

瞧，三兄弟就这样被揪出来了。同样地，由于这个结果也会在后续被引用，所以我们将其命名为D2。好了，当同学们理解到这一步，我们就可以对第1段和第2段内容进行简化了，这将获得一个更加直观的视角：

```
SELECT * FROM D1 LEFT OUTER JOIN D2 ON C1.name = C2.name;
```

简化之后，我们就可以轻松"翻译"它对应的表述思路了——在"D1.name=D2.name"的基础上，建立以D1表为主表，以D2表为副表的左外部联结，并检索出整张联结表中含有的全部信息数据。事实上，这条语句的主要框架"SELECT * FROM..."，它给人的感觉就像一只看不见的手，预备从一张表中抓取所有的信息数据，而这张表就是D1与D2在建立左外部联结之后的数据集：

name	name
杰夫	杰夫
考麦克	考麦克
乔伊	乔伊
皮克斯	NULL
汤姆	NULL

在解读这个结果之前，我们先来回顾一下关于外部联结的使用原理。

1. 从关键词的使用上看，外部联结分为左外部联结和右外部联结两种。前者对应的关键词是LEFT，后者对应的关键词是RIGHT。

2. LEFT和RIGHT其实只是两个方位词而已，因为它们的作用都是指定主表。在这个案例中，关键词LEFT会将D1表指定为主表，D2表自然就成了副表。

3. 外部联结会通过指定主表来控制数据集的内容范围，且副表必须配合。在这个案例中，由于D1表被指定为主表，所以数据集的内容范围由它控制。也就是说，D1表含有的全部内容都将返回，而D2表只能履行它作为副表的职责，根据对等值（学生名字）进行匹配。即使D2表中不含有皮克斯和汤姆，它也要配合返回空值。

读到这里，相信同学们就会清楚，在D1和D2表建立联结后的数据集中，其实左边的name列（D1.name）才是一份真正意义上的名单，而右边的name列（D2.name）只是一串标记而已，它的作用是标记出数学不及格的学生，且标记符号为学生的名字。

好了，既然数学不及格可以通过这种方式进行标记，那么亚洲通史、世界地理、乐理基础和古典文学这4门剩余科目也能通过相同的方式进行操作：

```
亚洲通史：(SELECT name FROM A WHERE course = '亚洲通史') AS D3——第3段
世界地理：(SELECT name FROM A WHERE course = '世界地理') AS D4——第4段
乐理基础：(SELECT name FROM A WHERE course = '乐理基础') AS D5——第5段
古典文学：(SELECT name FROM A WHERE course = '古典文学') AS D6——第6段
```

瞧，每一个操作都会对A表中的数据进行过滤，目的是筛选出对应的不及格学生，我们也由此会得到4个过滤结果：D3、D4、D5和D6。

我们接下来要做的事情同样很好理解，相信同学们都想到了，没错，那就是让这4个结果分别与D1表（学生名单）建立左外部联结，然后我们就会得到抹香鲸的直

接操作对象，也就是得到该解法的"关键先生"。

name	name	name	name	name	name
汤姆	NULL	NULL	NULL	NULL	汤姆
乔伊	乔伊	NULL	NULL	NULL	乔伊
考麦克	考麦克	NULL	考麦克	考麦克	NULL
皮克斯	NULL	皮克斯	皮克斯	NULL	NULL
杰夫	杰夫	NULL	NULL	NULL	NULL

名单（D1.name）　数学未及格（D2.name）　亚洲通史未及格（D3.name）　世界地理未及格（D4.name）　乐理基础未及格（D5.name）　古典文学未及格（D6.name）

　　一旦清楚了直接操作对象，相信其余部分大家就都能理解了。同学们不妨亲自动手体验一下，感受其中的来龙去脉。

9.6　寻找中位数

　　在日常操作中，我们可能会遇到这样一些问题：这些问题看似都有理所当然的固有解法，然而这些解法却没有与之相对应的"理所当然"的SQL语句。事实上，求中位数就属于这样的问题。

　　其实通过编写SQL语句来求一组数据的中位数是一件非常有趣的事情。虽然这项操作在实际工作中的运用并不十分广泛，但相信通过本节的学习，大家可以深刻地感受到SQL语言只是我们思想的表达工具，背后的思路转换才是真正的关键所在。这种感觉就像在阅读阿加莎·克里斯蒂的《东方快车谋杀案》，这部小说的巧妙之处在于打破了人们以往对于侦探小说的固有思维，从一群人中寻找凶手转换成从一群人中寻找无辜者。

　　根据数学课本上的说法，要想找到一组数据的中位数并不困难。假设有一组数据：2、1、3，如果我们准备找到它们的中位数，要做的只有两步。第一步，按照从小到大的顺序对数据进行排列，得到1、2、3；第二步，找到排在中间的数据2。

　　这很简单，因为这就是寻找中位数理所当然的解法。不过这个解法没有与之相对应的"理所当然"的SQL语句，这才是令我们感到头疼的地方。在这种情况下，我们就需要转换思路了。事实上，转换思路的要点一般在于如何间接得到我们想要的答案，这就像通过统计行数来知晓订单的数量一样。下面请大家考虑这样一个故事场景。

　　今天是万里无云的星期六，乔治和奥蕾莉亚正准备出门一起去吃午餐，不过两人在餐厅的选择上发生了分歧。奥蕾莉亚推荐的是一家港式茶餐厅，因为她喜欢那里的冻奶茶。而乔治则准备前往一家比萨店大快朵颐！最终，二人决定通过一道逻辑推理题决定听谁的。

首先奥蕾莉亚向乔治说道："乔治，你瞧，我手上有3张形状不同的卡片，分别是圆形、正方形和三角形，这3张卡片会对应3个不同的数字4、5、7。但哪个形状的卡片对应哪个数字，我可不能告诉你。你要做的事情很简单，找到中位数5对应的那张卡片。你有两次提问机会，然后请根据我的回复做出选择。等你准备好我们就开始！"

乔治觉得这并不是什么难事，不过在一开始，他只能先靠猜测来获取信息。乔治首先选择的是正方形卡片，然后他略带迟疑地问奥蕾莉亚："正方形对应的数字是中位数吗？"

"我不会直接告诉你答案，但是会给你一些提示。"奥蕾莉亚说道，"请听好了，在这组数据中，有超过一半的数字都比正方形对应的数字大。"

乔治听后，凭借直觉放弃了正方形卡片。接着，他又选择了代表"Victory"的三角形卡片："我猜三角形代表的就是中位数！"这一次乔治的音调升高了一些。

"哦，伙计，我只能告诉你，在这组数据中，有超过一半的数字都比三角形对应的数字小。"奥蕾莉亚回复道。

好，两次提问机会用完了，趁着乔治头脑发愣的时候，我们来帮他分析一下。假设现在有两组数据，第一组数据是1、2、3、4，第二组数据是1、2、3、4、5。

第一组数据的数字个数是4（偶数），所以中位数就是排在中间的两个数字的均值：$(2+3)/2=2.5$。

第二组数据的数字个数是5（奇数），所以中位数就是排在正中间的数字3。

虽然这两组数据的数字个数都很有限，但相信大家会发现，一组数据的数字个数无论是偶数还是奇数，其中都不可能有超过一半的数字比中位数大，也不可能有超过一半的数字比中位数小。

事实上，这里存在一条规律：比中位数大的数和比中位数小的数，它们的数量是相等的。即使这组数据没有按照大小排序，也同样遵循这条规律。好了，那么分析到这里，相信乔治就会知道该选择哪张卡片了。

啊，我明白了，正方形卡片对应的数字是4，因为有超过一半的数字都比它大；而三角形卡片对应的数字是7，因为有超过一半的数字都比它小。根据排除法，就只能是圆形卡片对应数字5了，而5正是中位数！

没错，乔治分析得非常正确！他现在可以和奥蕾莉亚一起出门去吃比萨了，别忘了，顺路再买一杯奥蕾莉亚喜欢的冻奶茶。

故事讲完了。事实上，这其中就蕴藏着我们使用SQL语句来寻找中位数的窍门和方法。

1. 在一组数据中，如果有超过一半的数字都比某个数字大，那么这个数字一定不会是中位数。

2. 在一组数据中，如果有超过一半的数字都比某个数字小，那么这个数字也一定不会是中位数。

不过在抛出具体的SQL语句之前，我们最好再做一些准备工作。现在我们还是拿4、5、7这组数据来练习。第一步，为了方便数字之间进行大小比较，我们不妨将这组数据分为3组。

一组		二组		三组	
A列	B列	A列	B列	A列	B列
4	4	5	4	7	4
4	5	5	5	7	5
4	7	5	7	7	7

瞧，这样一来，3个数字中的每一个（A列）都将与其他数字及自身（B列）比较大小。第二步，我们会根据比较结果做一个统计。

数组	COUNT(*)	COUNT(*)/2	A≥B	A≤B
4	3	1.5000	1	3
5	3	1.5000	2	2
7	3	1.5000	3	1

COUNT表示该组数据的数字个数（3），而"COUNT/2"则表示数字个数的一半。现在我们以第一行和第二行为例进行说明：在以数字4为比较对象的第一组数据中，只有一个数小于或等于数字4（A列≥B列），即数字4本身，而其中却有三个数大于或等于数字4（A列≤B列）；在以数字5为比较对象的第二组数据中，有两个数小于或等于数字5（A列≥B列），且同样有两个数大于或等于数字5（A列≤B列）。

接下来，我们就可以根据这个统计结果来筛选中位数了。由于这组数据只包含3个数字4、5、7，所以大家可以一眼发现中位数是5，因此我们直接来对其中的筛选规则进行解读。事实上，筛选规则非常简单，那就是"A≥B""A≤B"两列的数值必须同时大于"1.5"：

数组	COUNT	COUNT/2	A≥B	A≤B
4	3	1.5	1	3
5	3	1.5	2	2
7	3	1.5	3	1

1. 第一行被筛掉的原因是 "A≥B" 列对应数值 "1" 小于 "1.5"。这就表示，在这组数据中，有少于一半的数小于或等于 "4"。这反过来就表示，在这组数据中，有超过一半的数都比 "4" 大。根据我们之前的推论来看，在一组数据中，如果有超过一半的数都比某个数大，那么这个数一定不会是中位数。

2. 第三行被筛掉的原因是 "A≤B" 列对应数值 "1" 小于 "1.5"。这就表示，在这组数据中，有少于一半的数大于或等于 "7"。这反过来就印证了，在这组数据中有超过一半的数都比 "7" 小。如果有超过一半的数都比某个数小，那么这个数也一定不会是中位数。

3. 第二行被选中的原因是 "A≥B" "A≤B" 两列对应的数都是 "2"，且 "2" 大于 "1.5"。那么这就表示，在这组数据中，大于或等于数字 "5" 的数和小于或等于数字 "5" 的数，它们的数量是一样的，都是 "2"，即比数字 "5" 大的数和比数字 "5" 小的数，它们的数量是一样的。这就间接证明了，数字 "5" 排在这组数据的中间，所以它就是我们要寻找的中位数。大家可以看到，数字 "5" 被两种颜色的方框复选了。

2（A≥B）　2（A≤B）

为了加深大家的理解，我们再进行一组测试。这一次我们把数字的个数换成偶数——3、6、7、5，然后看看以上方法是否依然奏效。同样地，为了方便数字之间做大小比较，第一步还是做数据分组。

一组		二组		三组		四组	
A列	B列	A列	B列	A列	B列	A列	B列
3	3	6	3	7	3	5	3
3	6	6	6	7	6	5	6
3	7	6	7	7	7	5	7
3	5	6	5	7	5	5	5

如出一辙，第二步依然会统计各组的比较结果，并以此为根据筛选出中位数。

数组	COUNT	COUNT/2	A≥B	A≤B
3	4	2	1	4
6	4	2	3	2
7	4	2	4	1
5	4	2	2	3

筛选原则依然是 "A≥B" "A≤B" 两列含有的数值必须同时大于或等于数据量的一半，也就是 "2"。

参见上图，第二行和第四行被选中的原因是"A≥B""A≤B"两列含有的数值（2、3）都同时大于或等于"2"。这就间接证明"5""6"两个数字排在这组数据的中间，而中位数就是它们的均值5.5。

大家可以看到，数字"5"和"6"被两种颜色的方框复选了。

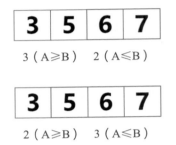

好了，有了以上内容作为铺垫，我们就要让SQL语句介入了。事实上，接下来SQL要做的就是帮助我们实现以上操作。下面请大家来看这样一条语句和简易表：

```
SELECT * FROM School;
```

name	score
小白	4
小红	5
小星	7

表中记录的是小白、小红和小星3位同学在投篮比赛中的命中个数，而我们要做的是求score列的中位数。相信大家还记得，以上我们在使用"4、5、7"这组数据讲解时，第一步是进行分组。因为分组以后，各个数字才能和自身及其他数字进行大小比较。

一组	
A列	B列
4	4
4	5
4	7

二组	
A列	B列
5	4
5	5
5	7

三组	
A列	B列
7	4
7	5
7	7

那么如何才能使用SQL语句实现这一步呢？我们要做的其实很简单，那就是让School表的score列建立交叉联结，目的是返回笛卡儿积：

```
SELECT T2.score AS A列, T1.score AS B列
FROM School AS T1, School AS T2;
```

A列	B列
4	4
4	5
4	7
5	4
5	5
5	7
7	4
7	5
7	7

　　瞧，第一步已经完成，这一点也不困难。事实上，这个显示结果就像一张底版，我们接下来要做的事情都会以它为基础。根据上述讲解来看，我们第二步就是要想办法得到一个比较统计结果，可问题是要使用什么样的SQL语句才能实现呢？

　　其实在这种情况下，我们要借助CASE表达式的帮助，因为CASE表达式就像SQL语言中的变形咒语，我们通过它可以获得很多精妙绝伦的信息变换结果：

```
SELECT T2.score AS A列, T1.score AS B列,
CASE WHEN T2.score >= T1.score THEN '是' ELSE '否' END AS A≥B,
CASE WHEN T2.score <= T1.score THEN '是' ELSE '否' END AS A≤B
FROM School AS T1, School AS T2;
```

A列	B列	A≥B	A≤B
4	4	是	是
4	5	否	是
4	7	否	是
5	4	是	否
5	5	是	是
5	7	否	是
7	4	是	否
7	5	是	否
7	7	是	是

　　事实上，统计结果的重点在于对A、B两列含有的数据进行比较，并且能直观地看到比较结果。由此一来，我们通过CASE表达式就必须发出这样的指令：

　　1．创建一个名叫"A≥B"的显示栏（AS A≥B）。它包含的信息是，如果A列的数值大于或等于B列（WHEN A列 ≥ B列），就标记为"是"（THEN '是'），反之则标记为"否"（ELSE '否'）。

　　2．创建一个名叫"A≤B"的显示栏（AS A≤B）。它包含的信息是，如果A列的数值小于或等于B列（WHEN A列 ≤ B列），那么就标记为"是"（THEN '是'），

反之则标记为"否"（ELSE '否'）。

由于A列和B列分别是T2.score和T1.score的列别名，所以就有了以上两条插在语句中的CASE表达式，相信大家理解起来都没有问题。

接着，由于我们需要对比较结果进行统计，因此两栏变换结果中的文字标记"是"与"否"需要被替换成可供计算的数值——"1"和"0"：

```sql
SELECT T2.score AS A列, T1.score AS B列,
CASE WHEN T2.score >= T1.score THEN '1' ELSE '0' END AS A≥B,
CASE WHEN T2.score <= T1.score THEN '1' ELSE '0' END AS A≤B
FROM School AS T1, School AS T2;
```

A列	B列	A≥B	A≤B
4	4	1	1
4	5	0	1
4	7	0	1
5	4	1	0
5	5	1	1
5	7	0	1
7	4	1	0
7	5	1	0
7	7	1	1

然后我们借助SUM函数，以组（A列/数组：T2.score）为单位，对两个显示栏中的数值求和：

```sql
SELECT T2.score AS 数组,
SUM(CASE WHEN T2.score >= T1.score THEN '1' ELSE '0' END) AS A≥B,
SUM(CASE WHEN T2.score <= T1.score THEN '1' ELSE '0' END) AS A≤B
FROM School AS T1, School AS T2
GROUP BY T2.score;
```

数组	A≥B	A≤B
4	1	3
5	2	2
7	3	1

瞧，这越来越接近统计结果了。值得向大家指出的是，这个结果中的两个显示栏"A≥B"和"A≤B"是由SUM函数创建的，它们只是沿用了之前的名称。接下来，我们只需追加使用COUNT函数，就能看到数据个数了：

```sql
SELECT T2.score AS 数组, COUNT(*), COUNT(*)/2,
```

```
SUM(CASE WHEN T2.score >= T1.score THEN '1' ELSE '0' END) AS A≥B,
SUM(CASE WHEN T2.score <= T1.score THEN '1' ELSE '0' END) AS A≤B
FROM School AS T1, School AS T2
GROUP BY T2.score;
```

数组	COUNT(*)	COUNT(*)/2	A≥B	A≤B
4	3	1.5000	1	3
5	3	1.5000	2	2
7	3	1.5000	3	1

大家可以看到，我们几乎已经得到了统计结果。不过这还不算结束，因为我们的最终目的是让MySQL自动返回中位数。事实上，此时我们距离终点只有一步之遥，而数据过滤就是成功的关键。

相信大家还记得，之前我们在获得统计结果以后会手动进行筛选，筛选的规则是"A≥B""A≤B"两列含有的数值必须同时大于"COUNT(*)/2"。

```
'A≥B' > COUNT(*)/2 AND 'A≤B' > COUNT(*)/2
```

这是因为在一组数据中，如果有超过一半的数都比某个数大或者小，那么这个数一定不会是中位数。好了，由于"A≥B""A≤B"两个显示栏是SUM函数结合CASE表达式的创建结果，所以过滤要求对应的实际SQL语句如下：

```
SUM(CASE WHEN T2.score >= T1.score THEN 1 ELSE 0 END) > COUNT(*)/2
AND
SUM(CASE WHEN T2.score <= T1.score THEN 1 ELSE 0 END) > COUNT(*)/2
```

接着，我们将这两个过滤要求直接加在语句末尾，并使用关键词HAVING来引导：

```
SELECT T2.score AS 数组, COUNT(*), COUNT(*)/2,
SUM(CASE WHEN T2.score >= T1.score THEN '1' ELSE '0' END) AS A≥B,
SUM(CASE WHEN T2.score <= T1.score THEN '1' ELSE '0' END) AS A≤B
FROM School AS T1, School AS T2
GROUP BY T2.score
HAVING
SUM(CASE WHEN T2.score >= T1.score THEN 1 ELSE 0 END) > COUNT(*)/2
AND
SUM(CASE WHEN T2.score <= T1.score THEN 1 ELSE 0 END) > COUNT(*)/2;
```

数组	COUNT(*)	COUNT(*)/2	A≥B	A≤B
5	3	1.5000	2	2

最后，我们只需对显示结果进行精简即可：

```
SELECT T2.score AS 中位数
FROM School AS T1, School AS T2
GROUP BY T2.score
HAVING
SUM(CASE WHEN T2.score >= T1.score THEN 1 ELSE 0 END) > COUNT(*)/2
AND
SUM(CASE WHEN T2.score <= T1.score THEN 1 ELSE 0 END) > COUNT(*)/2;
```

中位数
5

瞧，MySQL就这样返回了中位数。不过这还不是一条放之四海而皆准的求中位数语句。事实上，这条语句只适用于数字个数为奇数的情况。现在就让我们对这条语句进行改良，额外考虑数字个数是偶数的情况，并最终得到一条完美的求中位数的语句。

改良步骤：当过滤条件在与"COUNT(*)/2"做比较时，">"要换成">="：

```
'A≥B' >= COUNT(*)/2 AND 'A≤B' >= COUNT(*)/2
```

这是因为当数字个数为偶数时，如果仅使用">"进行过滤，那么所有组都不会同时满足这两个过滤要求。这就会导致所有组都将被过滤掉，不会有结果返回。我们不妨参考之前的一个案例：

数组	COUNT	COUNT/2	A≥B	A≤B
3	4	2	1	4
6	4	2	3	2
7	4	2	4	1
5	4	2	2	3

大家可以看到，这组数据中数字的个数为偶数。如果我们坚持要让"A≥B"和"A≤B"两列的数值都必须同时大于"2"，那么每一行都不符合要求。所以我们必须要放宽要求，只有把">"换成">="才能过滤出排在中间的两个数。

现在让我们往School表中插入一行数据，使得数据中数字的个数从奇数变成偶数：

```
INSERT INTO school(name,score) VALUES('小兰', '8');
```

然后用改良语句进行测试：

```
SELECT T2.score AS 中位数
FROM School AS T1, School AS T2
GROUP BY T2.score
HAVING
SUM(CASE WHEN T2.score >= T1.score THEN 1 ELSE 0 END) >= COUNT(*)/2
AND
SUM(CASE WHEN T2.score <= T1.score THEN 1 ELSE 0 END) >= COUNT(*)/2;
```

中位数
5
7

　　瞧，MySQL抓取出了两个数。事实上，中位数应该是它们的均值，因此我们只需在外层追加使用一个AVG函数即可：

```
SELECT AVG(score) AS 中位数 FROM
(SELECT T2.score
FROM School AS T1, School AS T2
GROUP BY T2.score
HAVING
SUM(CASE WHEN T2.score >= T1.score THEN 1 ELSE 0 END) >= COUNT(*)/2
AND SUM(CASE WHEN T2.score <= T1.score THEN 1 ELSE 0 END) >= COUNT(*)/2)TMP;
```

中位数
6.0000

　　好了，这样就大功告成了。没错，这就是一条放之四海而皆准的求中位数的语句，无论一组数据中数字的个数是奇数还是偶数，它都普遍适用。大家不妨再往表中插入一行数据进行测试。

　　好了，这就是一个使用SQL语句来寻找中位数的例子。事实上，使用SQL语句来求中位数的方法并不唯一，但是为了让大家更深刻地感受到SQL语句只是表达思想的工具，所以我们选择使用上述方法进行讲解，因为它涉及的操作最为基础和普遍，诸如联结的使用、CASE表达式、聚集函数搭配GROUP BY，这些都是日常工作中使用非常频繁的操作。希望这个例子能够给大家带来一些启发。

第10章
思考与练习

　　到目前为止，我们已经学完了本书的知识点。回想刚翻开这本书的时候，那时的你也许还只是一位SQL"菜鸟"，而如今你已经成长为一名掌握了SQL精髓的"魔法师"，这当然是一件可喜可贺的事情。

　　不过话说回来，知晓理论与运用自如之间还存在一定的差距，所以在本书的最后一章，大家将通过一系列的实战来打磨自己的SQL技能。我们接下来安排的练习题都很轻松，它们可以说是对本书重要知识点的梳理汇总。我们没有为了"上难度"而刻意安排一些复杂的题目，毕竟简单易上手本身就是SQL语言的一个重要特点。事实上，只有当大家想要解决自己迫切关心的问题时，头脑才会真正运转起来，并开始发挥它的威力，而大家要做的只是信任自己的头脑。

　　《霍格沃茨：一段校史新编》的最后一章"干扰与障碍"中记录了纳赛尔公爵写下的一段话："如果我之前所阐明的道理（唱诗班的故事）能够被各位所接受的话，那么我们在这个时代所面临的机会和挑战就是有选择性地吸纳非魔法孩子。建议创立一所分校，并为他们提供尽可能详尽且全面的魔法通识理论课程。我很清楚魔杖在他们手中不起作用，但从整体上来讲，这并不影响他们了解和融入我们。毕竟莎士比亚戏剧中的王侯将相也不是由他们本人扮演的，不是吗？"

　　几个星期以后，校董事会采纳了纳赛尔公爵的建议（主要是为了缓解财政压力），决定在德文郡开办一所分校，并于次年（1965年）9月开始招生。

　　没错，这所学校就是李乔丹曾经就读的霍格沃茨德文郡分校。现在在我们手上一共有3张表：毕业生、考核结果和考核科目。它们用来记录2015年的几位毕业生的学习情况。那么现在就让我们一起以这3张表为操作对象进行练习吧！

练习1

　　请想办法了解这3张表，并写下你对它们的认识，给出任何你认为值得关注的信息。

　　问题解析： 当我们拿到一张（或几张）新表时，首先要做的就是观察并了解它们的大致结构和含有的主要数据，否则后续的操作将无从下手。毫无疑问，以我们目前掌握的操作来看，使用通配符（*）检索整张表是最简单有效的办法：

```
SELECT * FROM 毕业生;
SELECT * FROM 考核结果;
SELECT * FROM 考核科目;
```

　　不过这只是办法之一。相信同学们还记得，我们在介绍表中的列时聊到，一张表往往含有多个列，它们代表一组数据的分类和归属。因此，我们可以将列视为比表更小一级的存储单位，查看一张表的列构成，进而快速了解它的主要结构。举例来讲，如果我们要查看"毕业生"表都含有哪些列，以及这些列拥有怎样的属性，就可以执行以下SQL语句：

```
SHOW COLUMNS FROM 毕业生;
```

Field	Type	NULL	Key	Default	Extra
学生编号	int(11)	NO	PRI	NULL	auto_increment
学生姓名	char(50)	NO		NULL	
年龄	int(11)	NO		NULL	
性别	char(50)	NO		NULL	
学院	char(50)	NO		NULL	
就业意向	char(50)	NO		NULL	

瞧，返回结果显示的列信息非常直观，主要内容包括列名（Field）、数据类型（Type）、能否含有空值（NULL）等。以第一行为例来讲："学生编号"列对应的数据类型是int，这表示该列只接受整数；该列不能含有空值，因为它是"毕业生"表的主键，除此以外，该列不存在默认值，且当我们往表中插入数据时，若没有为其指定信息，那么MySQL将会自动对该列填充"下一个"数值。

其实从某个角度来看，数据集从小到大分为列、表、数据库。也就是说，列填充了表，而表又填充了数据库。刚刚我们为大家介绍了如何查看一张表含有的列信息，如果我们想要查看某个数据库含有哪些表，那么首先要通过鼠标选中该数据库并双击，然后执行这样一条SQL语句：

```
SHOW TABLES;
```

Tables_in德文郡分校
毕业生
考核科目
考核结果

除此以外，如果我们想要查看电脑中都含有哪些已创建的数据库，则需要执行这样一条SQL语句：

```
SHOW DATABASES;
```

Database
数据库之恋：李乔丹的择偶历程
莫莱尔货运代理：被倚重的乔治
德文郡分校

好了，当我们对各个表含有的主要信息有了大致的了解以后，接下来要考查的就是关联表之间的层级关系了，这一步同样很关键。用关联表记录数据会导致数据分散，我们需要事先梳理出其中的脉络，才能在后续操作中建立联结和子查询，以及对表中的数据进行更新。尤其是后者，因为数据的更新往往会涉及多张表，我们必须遵循一定的顺序对各个关联表进行操作，也就是要遵守所谓的外键约束。梳理层级关系只需把握住一个要点，即主键的委派方向。

毕业生 　　　学生编号 ⟶ 考核结果 　　科目编号 ⟵ 考核科目

瞧，箭头的指向与主键的委派方向保持一致：从左边看，"毕业生"表委派了自己的主键"学生编号"入驻"考核结果"表，即"毕业生"表在"考核结果"表的上游；从右边看，"考核科目"表也委派了自己的主键"科目编号"前往"考核结果"表，因此"考核科目"表也在"考核结果"表的上游。表的上下游关系是我们更新表中数据的重要依据。

练习2

请对"毕业生"表进行操作，返回来自南瓜芬多学院的毕业生信息。

问题解析：使用WHERE进行数据过滤几乎可以算得上是我们使用最为频繁的操作，因为它是筛选数据的重要手段。此处要求通过关键词——"南瓜芬多"（过滤条件）去寻找毕业生信息。在熟悉了信息与所属列之间的对应关系以后，相信大家可以很轻松地找到答案：

```
SELECT * FROM 毕业生 WHERE 学院 = '南瓜芬多';
```

学生编号	学生姓名	年龄	性别	学院	就业意向
101	李乔丹	22	男	南瓜芬多	新闻记者
102	乔治	22	男	南瓜芬多	公司职员（暂定）

练习3

他们说有年龄超过30岁的毕业生，请问这是真的吗？

问题解析：方法之一就是将年龄大小当作排序的依据，然后使用DESC降序输出。

```
SELECT 年龄 FROM 毕业生 ORDER BY 年龄 DESC;
```

年龄
31
27
26
25
22
22
21
19

很显然，如果返回结果中有大于30的数据，就表示这个问题的答案是肯定的。当然，我们还可以使用比较运算符：

```
SELECT * FROM 毕业生 WHERE 年龄 > '30';
```

学生编号	学生姓名	年龄	性别	学院	就业意向
104	安东尼奥	31	男	梅花克劳	学者

如果MySQL在执行以后有信息返回，那么答案就是肯定的；如果没有信息返回，那么答案就是否定的。同学们可以看到，确实有超过30岁的毕业生，他就是安东尼奥。

练习4

请返回年龄最小的3位毕业生信息。

问题解析： 相信这也难不倒大家，方法就是根据年龄大小做升序排列，然后追加使用LIMIT来限制结果的输出行数。

```
SELECT * FROM 毕业生 ORDER BY 年龄 LIMIT 3;
```

学生编号	学生姓名	年龄	性别	学院	就业意向
106	劳伦斯	19	男	红桃帕奇	职业魁地奇球员
103	奥蕾莉亚	21	女	梅花克劳	斗篷设计师
101	李乔丹	22	男	南瓜芬多	新闻记者

再次提醒：ASC代表升序，即字母从A到Z排列，数字从小到大排列；DESC代表降序，即字母从Z到A排列，数字从大到小排列。当然，由于升序是ORDER BY的默认排序方式，所以ASC可以省略。

读到这里大家可能会感到疑惑，为什么同一届的毕业生年龄会相差如此之大？事实上，德文郡分校对招收学生的年龄没有限制，他们的招收对象是"作为继续学习者的孩子或成人"，且学生可以在入校两年以后自由选择毕业时间，只要找到了就业的方向，就可以申请毕业了。

练习5

"我在就业意向上填写的是斗篷设计师。"一位来自梅花克劳的毕业生如是说。请你找到说这句话的人。

问题解析： 要想找到这个人，我们可以用如下语句：

```
SELECT 学生姓名 FROM 毕业生 WHERE 学院 ='梅花克劳' AND 就业意向 = '斗篷设计师';
```

学生姓名
奥蕾莉亚

瞧，这位毕业生就是天生丽质的奥蕾莉亚："我16岁来到学校，这里的一切我都非常喜欢，只是每天都披着千篇一律的素面斗篷会让人感到乏味。因此我决定从事斗篷设计行业，巫师的审美应该改变一下了，毕竟中世纪已经过去很久了。"

没错，限定词的出现往往预示着我们需要对表中的数据进行过滤。在有些情况下，由于限定词（过滤条件）的数量不唯一，所以我们会使用逻辑操作符来协调它们之间的关系。题干表示，一位来自梅花克劳的毕业生填写的就业意向是斗篷设计师，因此这里会选择使用AND来协调。AND协调的过滤机制是"同时满足"，MySQL会根据不同的过滤条件进行叠加式的过滤操作，只有同时满足过滤条件的行才会被返回显示。

与AND会将前后连接的过滤条件合并为一个整体不同，OR协调的过滤机制则是"分别满足"。准确来讲，OR会让单个过滤条件独立开展过滤操作，最后汇总它们各自的过滤结果。如果我们将例句中的AND替换成OR，那么对应的表述需求就会发生变化：请返回来自梅花克劳的毕业生姓名，以及有意向从事斗篷设计师工作的毕业生姓名。

除了AND与OR，常用的逻辑操作符还有IN和NOT。如果我们想要查看除南瓜芬多和梅花克劳以外的学院的毕业生信息，就会使用这样一条SQL语句：

```
SELECT * FROM 毕业生 WHERE 学院 NOT IN ('南瓜芬多', '梅花克劳');
```

练习6

"我很幸运，今年年初收到了大黄蜂队的邀请，所以我决定今年毕业。"一位名字中含有"伦"字的毕业生说道。请返回他的个人信息。

问题解析： 相信同学们都还记得，模糊查询其实就是利用碎片信息进行搜索。也正是因为过滤条件是碎片信息，所以在有些情况下，我们就需要先对它们进行修饰，然后使用。

```
SELECT * FROM 毕业生 WHERE 学生姓名 LIKE '%伦%';
SELECT * FROM 毕业生 WHERE 学生姓名 REGEXP '伦';
```

学生编号	学生姓名	年龄	性别	学院	就业意向
106	劳伦斯	19	男	红桃帕奇	职业魁地奇球员

不过LIKE与REGEXP的修饰方法存在一些差异，其中"匹配开头"和"匹配结尾"最能体现这一点。如果我们要找到以"李"字作为姓名开头的学生，那么对应的SQL语句就是这样的：

```
SELECT 学生姓名 FROM 毕业生 WHERE 学生姓名 LIKE '李%';
SELECT 学生姓名 FROM 毕业生 WHERE 学生姓名 REGEXP '^李';
```

而如果要找到以"妮"字作为姓名结尾的学生，那么对应的SQL语句又会变成：

```
SELECT 学生姓名 FROM 毕业生 WHERE 学生姓名 LIKE '%妮';
SELECT 学生姓名 FROM 毕业生 WHERE 学生姓名 REGEXP '妮$';
```

当然，在日常操作中，相较于正则表达式REGEXP而言，也许LIKE使用起来会更加得心应手，因为与它搭配的就只有"%"和"_"。前者不仅能匹配1个或多个字符，还能匹配0个字符（即可以不匹配任何信息）；而后者只能匹配1个字符。

练习7

请先计算出毕业生表中一共有多少位毕业生，然后分别计算出男、女毕业生的数量。

问题解析： 为了解决上述问题，我们使用如下语句：

```
SELECT COUNT(*) AS 毕业生数量 FROM 毕业生;
SELECT COUNT(学生编号) AS 毕业生数量 FROM 毕业生;
```

毕业生数量
8

聚集函数在SQL语言中的使用频率很高，这是因为它的计算结果往往能间接回答我们关心的问题。常用的聚集函数包括：用来计数（行数或个数）的COUNT、求和的SUM、求平均值的AVG、求最大值的MAX和求最小值的MIN。

除此以外，用来进行数据分组的GROUP BY经常会与聚集函数搭配使用，这会让计算结果进一步展开。例如，题干要求分别计算出男、女毕业生的数量，那么在这种情况下，我们需要额外将"性别"列指定为分组的依据：

```
SELECT 性别, COUNT(*) AS 毕业生个数 FROM 毕业生 GROUP BY 性别;
```

性别	毕业生数量
女	3
男	5

事实上，由GROUP BY引导的数据分组只是一种手段，这种手段的作用是改变聚集函数的计算对象，即按照分组依据将之前的整体数据拆解成更小的计算单位，然后分组返回计算结果。因此，这些计算结果都是分组计算的产物。

练习8

请想办法返回平均分在85分以上的考核科目信息及其对应的授课教师。

问题解析：由于此题是围绕"平均分"而展开的，所以一定会使用相应的AVG函数：

```
SELECT AVG(得分) AS 平均分 FROM 考核结果;
```

平均分
84.9063

不过单独使用AVG函数计算的是整个"得分"列的平均值，而我们的想法是以科目为单位分别计算，所以要进一步使用GROUP BY将科目编号指定为分组计算的依据：

```
SELECT 科目编号, AVG(得分) AS 平均分 FROM 考核结果 GROUP BY 科目编号;
```

科目编号	平均分
201	86.3333
202	87.6000
203	88.5000
204	82.6667
205	88.2000
206	73.2500

然而我们并不要求返回所有计算结果，只要求返回平均分高于85分的考核科目信息，所以还需要追加使用HAVING进行过滤：

```
SELECT 科目编号, AVG(得分) AS 平均分 FROM 考核结果 GROUP BY 科目编号
HAVING 平均分 > '85';
```

科目编号	平均分
201	86.3333
202	87.6000
203	88.5000
205	88.2000

（数据集1）

由于HAVING和WHERE都能实现数据的过滤，因此两者之间的区别值得在此处再次提及。

首先，WHERE的过滤对象是表中的行，而HAVING的过滤对象一般是结果中的组。当然，HAVING也能以"行"为单位来过滤表中的数据，但这样操作的前提是过

滤条件的所属列必须同时被检索出来，例如：

```
SELECT 学生姓名，年龄 FROM 毕业生 HAVING 年龄 > '30';
```

学生姓名	年龄
安东尼奥	31

但WHERE无须这样：

```
SELECT 学生姓名 FROM 毕业生 WHERE 年龄 > '30';
```

学生姓名
安东尼奥

接着，当WHERE与HAVING同时出现在一条语句中时，WHERE的执行顺位先于HAVING。例如，如果我们要从南瓜芬多和梅花克劳中找到学生平均年龄大于25岁的学院，那么就会书写这样一条SQL语句：

```
SELECT 学院，AVG(年龄) AS 平均年龄 FROM 毕业生
WHERE 学院 IN ('南瓜芬多','梅花克劳')
GROUP BY 学院
HAVING AVG(年龄) > '25'; （此处也可以用：HAVING 平均年龄 > '25';）
```

学院	平均年龄
梅花克劳	26.0000

这条语句的执行顺序为：先通过WHERE对毕业生表中的数据进行过滤，接着GROUP BY会根据"学院"对保留信息进行分组，然后聚集函数以学院（组）为单位进行计算，最后才轮到HAVING以学院（组）为单位进行过滤。虽然从表面上看，HAVING是根据聚集函数的计算结果进行过滤的，但是请不要忘了，这些结果都是分组计算的产物，所以这种方式可以说是利用聚集结果来间接实现过滤分组的。

通过这条语句，我们可以顺便总结出HAVING与WHERE的第3个区别：HAVING可以后跟聚集函数进行过滤，但WHERE无法实现这一操作。除此以外，相信同学们都还记得，在使用DELETE和UPDATE语句对表中数据进行更新时，我们往往要配合主键值进行定位，在这种情况下只能使用WHERE而不能使用HAVING。

好了，现在让我们再次回到题干上来。刚刚我们已经得到了平均分大于85分的科目编号及它们对应的平均分，但是这样的结果显示（数据集1）并不是非常直观。事实上，我们还希望在结果中额外显示这些编号究竟对应的是哪些科目，以及这些科目的授课教师。那么在这种情况下，就需要建立联结了。形象一点儿来讲，数据集1含有的科目编号就像一根根带有磁性的绳索，把它们朝着考核科目表的方向扔

去，这些绳索就会套回我们想要的内容：

```
SELECT * FROM 考核科目,
(SELECT 科目编号, AVG(得分) AS 平均分 FROM 考核结果
GROUP BY 科目编号 HAVING 平均分 > '85') AS 数据集1
WHERE 考核科目.科目编号 = 数据集1.科目编号;
```

科目编号	科目名称	考核教师	科目编号	平均分
201	魔法理论通识	罗斯塔夫人	201	86.3333
202	巫师编年史	维洛格罗斯	202	87.6000
203	哥布林技研	拉泽尔·黑酿	203	88.5000
205	假装飞行	达维安爵士	205	88.2000

其实数据集1与考核科目表在这条SQL语句中是平级单位，只不过数据集1并不是一张现成的表，而是一份经整理后得到的新的数据集合。正是整理数据的过程增大了SQL语句的体量，简化之后的SQL语句其实非常简单：

```
SELECT * FROM 考核科目, 数据集1
WHERE 考核科目.科目编号 = 数据集1.科目编号;
```

相信大家学习到这个阶段，已经能够很清楚地意识到我们的操作对象是表中的数据。事实上，对表中数据进行整理而得到的任意新的数据集都具有表的性质。因此我们既可以说一次检索操作返回了一个查询结果，又可以说一次检索操作返回了一张新的表。

着眼此处，数据集1就是我们得到的整理结果，它一样能够与考核科目表建立联结。因为数据集1也含有科目编号，而科目编号正是建立联结的桥梁。

练习9

请想办法返回平均成绩在88分以上的学生信息。

问题解析： 这道题与上一道题的解决方法如出一辙，我们同样可以先根据题干要求对考核结果表中的数据进行整理。只不过这一次是以学生编号为单位计算平均分的，然后根据平均分的大小进行筛选：

```
SELECT 学生编号, AVG(得分) AS 平均分 FROM 考核结果
GROUP BY 学生编号 HAVING 平均分 > '88';
```

学生编号	平均分
104	89.7500
108	89.2500

（数据集2）

瞧，这样就返回了一个显示结果。不过这个显示结果同样具有表的性质，因此我们不妨将它称为数据集2。同样地，数据集2中的学生编号也像一根根带有磁性的绳索，现在我们把它朝着毕业生表的方向扔去，也就是以学生编号为单位建立联结，这样就能套回对应的信息了：

```
SELECT * FROM 毕业生，
(SELECT 学生编号，AVG(得分) AS 平均分 FROM 考核结果
GROUP BY 学生编号 HAVING 平均分 > '88') AS 数据集2
WHERE 毕业生.学生编号 = 数据集2.学生编号;
```

学生编号	学生姓名	年龄	性别	学院	就业意向	学生编号	平均分
104	安东尼奥	31	男	梅花克劳	学者	104	89.7500
108	奎妮	27	女	深蓝特林	教师	108	89.2500

不过这只是第一种解决方案，另外一种解决方案是先根据学生编号对毕业生表和考核结果表含有的数据进行整合，也就是先得到一份关联大表：

```
SELECT * FROM 毕业生，考核结果 WHERE 毕业生.学生编号 = 考核结果.学生编号;
```

由于关联大表含有的数据量较大，所以还请同学们自行检索查看。接着直接对这张关联大表进行操作：

```
SELECT *, AVG(得分) AS 平均分 FROM 毕业生，考核结果
WHERE 毕业生.学生编号 = 考核结果.学生编号 GROUP BY 毕业生.学生编号
HAVING 平均分 > '88';
```

学生编号	学生姓名	年龄	性别	学院	就业意向	学生编号	科目编号	得分	平均分
104	安东尼奥	31	男	梅花克劳	学者	104	201	90	89.7500
108	奎妮	27	女	深蓝特林	教师	108	201	100	89.2500

最后从这个结果中挑选出必要的显示内容，以精简返回结果：

```
SELECT 毕业生.学生编号，学生姓名，学院，AVG(得分) AS 平均分 FROM 毕业生，
考核结果
WHERE 毕业生.学生编号 = 考核结果.学生编号 GROUP BY 毕业生.学生编号
HAVING 平均分 > '88';
```

学生编号	学生姓名	学院	平均分
104	安东尼奥	梅花克劳	89.7500
108	奎妮	深蓝特林	89.2500

练习10

在有些情况下，对分散数据进行整合很有必要，因此请试着对"毕业生"表进行操作，想办法实现以下显示效果。

学生编号	学生信息
101	李乔丹(南瓜芬多)
102	乔治(南瓜芬多)
103	奥蕾莉亚(梅花克劳)
104	安东尼奥(梅花克劳)
105	詹姆士(红桃帕奇)
106	劳伦斯(红桃帕奇)
107	瑟琳娜(深蓝特林)
108	奎妮(深蓝特林)

另外，南瓜芬多、梅花克劳、红桃帕奇和深蓝特林的代表动物分别是猫、麻雀、土拨鼠和蚯蚓，这些都是生命力极强的小动物，请想办法实现以下显示效果。

学生编号	学生信息
101	李乔丹(猫)
102	乔治(猫)
103	奥蕾莉亚(麻雀)
104	安东尼奥(麻雀)
105	詹姆士(土拨鼠)
106	劳伦斯(土拨鼠)
107	瑟琳娜(蚯蚓)
108	奎妮(蚯蚓)

问题解析： 如果我们要对表中的已有数据进行拼接，那么在MySQL的语言环境中就要使用相应的CONCAT函数，而且CONCAT函数的不同使用方式可以实现不同的拼接效果：

```
SELECT 学生编号，CONCAT(学生姓名，'(',学院,')') AS 学生信息 FROM 毕业生;
```

学生编号	学生信息
101	李乔丹(南瓜芬多)
102	乔治(南瓜芬多)
103	奥蕾莉亚(梅花克劳)
104	安东尼奥(梅花克劳)
105	詹姆士(红桃帕奇)
106	劳伦斯(红桃帕奇)
107	瑟琳娜(深蓝特林)
108	奎妮(深蓝特林)

```
SELECT 学生编号, CONCAT(学生姓名, '——', 学院) AS 学生信息 FROM 毕业生;
```

学生编号	学生信息
101	李乔丹——南瓜芬多
102	乔治——南瓜芬多
103	奥蕾莉亚——梅花克劳
104	安东尼奥——梅花克劳
105	詹姆士——红桃帕奇
106	劳伦斯——红桃帕奇
107	瑟琳娜——深蓝特林
108	奎妮——深蓝特林

```
SELECT 学生编号, CONCAT_WS('/',学生姓名, 学院, 性别) AS 学生信息 FROM 毕业生;
```

学生编号	学生信息
101	李乔丹/南瓜芬多/男
102	乔治/南瓜芬多/男
103	奥蕾莉亚/梅花克劳/女
104	安东尼奥/梅花克劳/男
105	詹姆士/红桃帕奇/男
106	劳伦斯/红桃帕奇/男
107	瑟琳娜/深蓝特林/女
108	奎妮/深蓝特林/女

　　然而这道题还要求我们根据4个学院的代表动物进行组合，且这4种动物并不是表中的固有内容。那么在这种情况下，我们就需要事先使用CASE表达式进行变换了：

```
SELECT 学生编号, 学生姓名, 学院,
CASE
WHEN 学院 = '南瓜芬多' THEN '猫'
WHEN 学院 = '梅花克劳' THEN '麻雀'
WHEN 学院 = '红桃帕奇' THEN '土拨鼠'
WHEN 学院 = '深蓝特林' THEN '蚯蚓'
END AS 代表动物
FROM 毕业生;
```

学生编号	学生姓名	学院	代表动物
101	李乔丹	南瓜芬多	猫
102	乔治	南瓜芬多	猫
103	奥蕾莉亚	梅花克劳	麻雀
104	安东尼奥	梅花克劳	麻雀
105	詹姆士	红桃帕奇	土拨鼠
106	劳伦斯	红桃帕奇	土拨鼠
107	瑟琳娜	深蓝特林	蚯蚓
108	奎妮	深蓝特林	蚯蚓

CASE表达式就是SQL语言中的变形咒语，它会根据已有数据做出相应的变换，这是通过句式"WHEN...THEN..."实现的。例如，存在于"学院"列中的"南瓜芬多"是数据变换的依据（或者说是条件），且它的变换结果是"猫"，那么对应的表达式就是"WHEN 学院 = '南瓜芬多' THEN '猫'"，其他3个学院以此类推。我们希望变换结果能够集中出现在一个显示栏里，所以我们在此处会选择使用单条CASE表达式进行变换。

不过虽然结果返回了4个学院的代表动物，但它们并不是表中的固有内容，所以要想将它们进行拼接，就要把这条CASE表达式当作参数，引入CONCAT函数：

```
SELECT 学生编号, CONCAT(学生姓名,
'(', CASE
WHEN 学院 = '南瓜芬多' THEN '猫'
WHEN 学院 = '梅花克劳' THEN '麻雀'
WHEN 学院 = '红桃帕奇' THEN '土拨鼠'
WHEN 学院 = '深蓝特林' THEN '蚯蚓'
END, ')') AS 学生信息
FROM 毕业生;
```

学生编号	学生信息
101	李乔丹(猫)
102	乔治(猫)
103	奥蕾莉亚(麻雀)
104	安东尼奥(麻雀)
105	詹姆士(土拨鼠)
106	劳伦斯(土拨鼠)
107	瑟琳娜(蚯蚓)
108	奎妮(蚯蚓)

虽然整条语句看起来有些复杂，但它的结构其实很简单，我们可以对它进行简化：

```
SELECT 学生编号, CONCAT(学生姓名, '(',CASE表达式,')') AS 学生信息 FROM 毕业生;
```

没错，我们是在利用CASE表达式的变换结果进行拼接。事实上，CASE表达式的应用场景非常广泛，它的灵动之处可以提升显示效果。例如，我们刚刚已经找到了各个科目对应的平均分：

```
SELECT 科目名称, MAX(得分) AS 最高分, MIN(得分) AS 最低分, AVG(得分) AS 平均分
FROM 考核结果, 考核科目
WHERE 考核结果.科目编号 = 考核科目.科目编号 GROUP BY 科目名称 ORDER BY 平均分;
```

科目名称	最高分	最低分	平均分
数字占卜	86	63	73.2500
魔咒表演	97	75	82.6667
魔法理论通识	100	80	86.3333
巫师编年史	92	84	87.6000
假装飞行	100	77	88.2000
哥布林技研	97	66	88.5000

倘若这6个科目的目标平均分都是85分，而我们想要直观地看到哪些达到了预期，哪些未及预期，这时就可以使用CASE表达式了。首先，我们需要借助一条CASE表达式来让目标平均分出现在显示结果中：

```
SELECT 科目名称, MAX(得分) AS 最高分, MIN(得分) AS 最低分, AVG(得分) AS 平均分,
CASE
WHEN 科目名称 = '数字占卜' THEN '85'
WHEN 科目名称 = '魔咒表演' THEN '85'
WHEN 科目名称 = '魔法理论通识' THEN '85'
WHEN 科目名称 = '巫师编年史' THEN '85'
WHEN 科目名称 = '假装飞行' THEN '85'
WHEN 科目名称 = '哥布林技研' THEN '85'
END AS 目标平均分
FROM 考核结果, 考核科目
WHERE 考核结果.科目编号 = 考核科目.科目编号 GROUP BY 科目名称 ORDER BY 平均分;
```

科目名称	最高分	最低分	平均分	目标平均分
数字占卜	86	63	73.2500	85
魔咒表演	97	75	82.6667	85
魔法理论通识	100	80	86.3333	85
巫师编年史	92	84	87.6000	85
假装飞行	100	77	88.2000	85
哥布林技研	97	66	88.5000	85

接着，我们会再借助一条CASE表达式，让它根据计算结果做出判定：

```
SELECT 科目名称, MAX(得分) AS 最高分, MIN(得分) AS 最低分, AVG(得分) AS 平均分,
CASE
WHEN 科目名称 = '数字占卜' THEN '85'
WHEN 科目名称 = '魔咒表演' THEN '85'
WHEN 科目名称 = '魔法理论通识' THEN '85'
WHEN 科目名称 = '巫师编年史' THEN '85'
WHEN 科目名称 = '假装飞行' THEN '85'
WHEN 科目名称 = '哥布林技研' THEN '85'
END AS 目标平均分,
```

```
CASE
WHEN 85-AVG(得分) < 0 THEN '达到预期'
WHEN 85-AVG(得分) > 0 THEN '未及预期'
END AS 教学期望
FROM 考核结果，考核科目
WHERE 考核结果.科目编号 = 考核科目.科目编号 GROUP BY 科目名称 ORDER BY 平均分;
```

科目名称	最高分	最低分	平均分	目标平均分	教学期望
数字占卜	86	63	73.2500	85	未及预期
魔咒表演	97	75	82.6667	85	未及预期
魔法理论通识	100	80	86.3333	85	达到预期
巫师编年史	92	84	87.6000	85	达到预期
假装飞行	100	77	88.2000	85	达到预期
哥布林技研	97	66	88.5000	85	达到预期

练习11

查询同时参加科目201与科目202考核的学生信息。

问题解析：由于在考核结果表中一共含有6个考核科目，而我们在此处只想了解关于科目201与科目202的考核情况，因此其他科目都是不必要的数据，我们要进行相应的过滤，排除它们的干扰：

```
SELECT * FROM 考核结果 WHERE 科目编号 = '201' OR 科目编号 = '202';
```

学生编号	科目编号	得分
101	201	82
101	202	84
102	201	80
103	201	86
104	201	90
104	202	89
105	202	87
106	201	80
107	202	92
108	201	100
108	202	86

我们在这里选择的逻辑操作符是OR，由于它会将"201"与"202"分别当作过滤条件，也就是一方面会找到与201有关的数据，另一方面也会找到与202有关的数据，所以在汇总显示的结果中，只存在3种情况：同时参加201与202科目考核的学生信息；只参加了201科目考核的学生信息；只参加了202科目考核的学生信息。其中情况1就是我们要查询的目标，只不过问题在于如何将它们给挑选出来。

事实上，挑选学生信息的关键在于寻找目标数据与其他数据之间的差异，并将这种差异用SQL语言表达出来。那么放眼此处，最显而易见的差异就是考核科目的数量不同。情况1含有两个科目，而情况2和情况3只包含一个科目，所以接下来我们可以试着使用聚集函数并搭配数据分组：

```
SELECT 学生编号, COUNT(*) AS 数量
FROM 考核结果 WHERE 科目编号 = '201' OR 科目编号 = '202'
GROUP BY 学生编号;
```

学生编号	数量
101	2
102	1
103	1
104	2
105	1
106	1
107	1
108	2

瞧，方法就是将学生编号指定为分组的依据，也就是将学生个体当作分组计算的单位，进而得出他们在201与202两门考核科目中选择参加的考核科目。毫无疑问，数量为1的学生既可能参加的是201考核，也可能参加的是202考核。但是数量为2的学生就只能是同时参加了这两个科目考核的人，所以他们就是我们的查询目标。基于此，再使用HAVING进行过滤就是水到渠成的事情了：

```
SELECT 学生编号, COUNT(*) AS 数量
FROM 考核结果 WHERE 科目编号 = '201' OR 科目编号 = '202'
GROUP BY 学生编号 HAVING 数量 = '2';
```

学生编号	数量
101	2
104	2
108	2

由于学生是一个个鲜活的人，而此处只是找到了他们的编号，所以最后一步就是将得到的学生编号当作过滤条件，反馈给毕业生表建立子查询：

```
SELECT * FROM 毕业生 WHERE 学生编号 IN
(SELECT 学生编号
FROM 考核结果 WHERE 科目编号 = '201' OR 科目编号 = '202'
GROUP BY 学生编号 HAVING COUNT(*) = '2');
```

学生编号	学生姓名	年龄	性别	学院	就业意向
101	李乔丹	22	男	南瓜芬多	新闻记者
104	安东尼奥	31	男	梅花克劳	学者
108	奎妮	27	女	深蓝特林	教师

以上操作只是此题的一种解法，下面让我们来看另一种解法，它对应的是另一种操作思路：

```
SELECT * FROM 考核结果 WHERE 科目编号 = '201' OR 科目编号 = '202';
```

学生编号	科目编号	得分
101	201	82
101	202	84
102	201	80
103	201	86
104	201	90
104	202	89
105	202	87
106	201	80
107	202	92
108	201	100
108	202	86

相信大家都很清楚，使用操作符OR得到的结果其实是以下两条语句得到结果的纵向合并：

```
SELECT * FROM 考核结果 WHERE 科目编号 = '201';
```

学生编号	科目编号	得分
101	201	82
102	201	80
103	201	86
104	201	90
106	201	80
108	201	100

（数据集1）

```
SELECT * FROM 考核结果 WHERE 科目编号 = '202';
```

学生编号	科目编号	得分
101	202	84
104	202	89
105	202	87
107	202	92
108	202	86

（数据集2）

现在请同学们思考一下，如果数据集1与数据集2中的学生编号都可以在对方含有的学生编号中找到对等值，那么不就表示这名学生同时参加了201与202两个科目的考核吗？例如数据集1中的101，它可以在数据集2中找到对等值101，说明它代表的学生同时参加了201与202两个科目的考核。而数据集1中的102在数据集2中却没有对等值，说明它代表的学生只参加了201科目的考核。所以现在我们不妨就利用两个数据集中的对等学生编号来建立联结：

```
SELECT * FROM
(SELECT * FROM 考核结果 WHERE 科目编号 = '201') AS 数据集1
INNER JOIN
(SELECT * FROM 考核结果 WHERE 科目编号 = '202') AS 数据集2
WHERE 数据集1.学生编号 = 数据集2.学生编号;
```

学生编号	科目编号	得分	学生编号	科目编号	得分
101	201	82	101	202	84
104	201	90	104	202	89
108	201	100	108	202	86

（数据集3）

瞧，这样一来我们就找到了同时参加201与202科目考核的相关学生信息。左边的前三列信息来自数据集1，右边的后三列信息来自数据集2。那么同样地，为了让这些编号与一个个朝气蓬勃的毕业生对应起来，我们也可以将它们当作过滤条件，反馈给毕业生表做最后的查询：

```
SELECT * FROM 毕业生 WHERE 学生编号 IN
(SELECT 数据集1.学生编号 FROM
(SELECT * FROM 考核结果 WHERE 科目编号 = '201') AS 数据集1
INNER JOIN
(SELECT * FROM 考核结果 WHERE 科目编号 = '202') AS 数据集2
WHERE 数据集1.学生编号 = 数据集2.学生编号);
```

学生编号	学生姓名	年龄	性别	学院	就业意向
101	李乔丹	22	男	南瓜芬多	新闻记者
104	安东尼奥	31	男	梅花克劳	学者
108	奎妮	27	女	深蓝特林	教师

不过建立子查询也只是一种方法，我们还可以让数据集3与毕业生表建立联结，也就是将数据集1、数据集2和毕业生表这3者进行整合：

```
SELECT * FROM 毕业生,
```

```
(SELECT * FROM 考核结果 WHERE 科目编号 = '201') AS 数据集1,
(SELECT * FROM 考核结果 WHERE 科目编号 = '202') AS 数据集2
WHERE 数据集1.学生编号 = 数据集2.学生编号
AND 数据集2.学生编号 = 毕业生.学生编号;
```

学生编号	学生姓名	年龄	性别	学院	就业意向	学生编号	科目编号	得分	学生编号	科目编号	得分
101	李乔丹	22	男	南瓜芬多	新闻记者	101	201	82	101	202	84
104	安东尼奥	31	男	梅花克劳	学者	104	201	90	104	202	89
108	奎妮	27	女	深蓝特林	教师	108	201	100	108	202	86

没错，整合的依据依然是它们所共有的学生编号，也就是将对等的学生编号当作桥梁来建立联结。最后，我们只需从汇总的数据集中挑选值得显示的内容即可：

```
SELECT 毕业生.学生编号,学生姓名, 数据集1.科目编号, 数据集1.得分,
数据集2.科目编号, 数据集2.得分 FROM 毕业生,
(SELECT * FROM 考核结果 WHERE 科目编号 = '201') AS 数据集1,
(SELECT * FROM 考核结果 WHERE 科目编号 = '202') AS 数据集2
WHERE 数据集1.学生编号 = 数据集2.学生编号
AND 数据集2.学生编号 = 毕业生.学生编号;
```

学生编号	学生姓名	科目编号	得分	科目编号	得分
101	李乔丹	201	82	202	84
104	安东尼奥	201	90	202	89
108	奎妮	201	100	202	86

根据这道题的层层演进，大家就会感受到，其实SQL语句并不是一开始就很长，而是在匹配我们需求的过程中逐渐变长的。同学们无法在一开始就写出完整的SQL语句也没有关系，事实上这也不是什么大事，循序渐进地把握思路才是最重要的。

练习12

查询参加了201科目考核但没有参加202科目考核的学生信息。

问题解析：这道题与上一道题的解决思路非常类似。没错，由于上一道题要求我们找到同时参加了201科目与202科目考核的学生信息，因此我们根据数据集1与数据集2含有的对等学生编号来建立内部联结，并由此得到了数据集3。

相信同学们一定没有忘记，内部联结的一个特点就是完全依赖桥梁列含有的对等值，而此处的桥梁列为"学生编号"。现在让我们试试将桥梁列换成"得分"，查看会返回什么样的结果：

```
SELECT * FROM
```

```
(SELECT * FROM 考核结果 WHERE 科目编号 = '201') AS 数据集1
INNER JOIN
(SELECT * FROM 考核结果 WHERE 科目编号 = '202') AS 数据集2
WHERE 数据集1.得分 = 数据集2.得分;
```

学生编号	科目编号	得分	学生编号	科目编号	得分
103	201	86	108	202	86

瞧，结果返回了201科目考核与202科目考核成绩相同的两名学生。事实上，大家在做练习题的过程中一定要有积极寻求变化的动力。因为所谓的习题及它们对应的SQL语句从来不是一成不变的，也不是理所当然的。如果我们把一条SQL语句看作一份饮料配方，那么更改其中的成分，我们也许会兑出另一种饮料，也就是实现不同的显示效果。在做题的过程中，我们往往会有这样一种固有认识：需求在先，解决方法在后，也就是所谓的"需求乃发明之母"。而事实情况并非如此，其实发明从来都是需求的前端，在生活中及本书中都是这样的，由于好奇心而尝试得到的任何一个结果都会有它匹配的需求。

好了，现在让我们回到题干中。参加了201科目考核但没有参加202科目考核，就意味着这些学生的学生编号只存在于数据集1中，而不能存在于数据集2中。要想直观地看到这一点，我们就要建立以数据集1为主表的外部联结：

```
SELECT * FROM
(SELECT * FROM 考核结果 WHERE 科目编号 = '202') AS 数据集2
RIGHT JOIN
(SELECT * FROM 考核结果 WHERE 科目编号 = '201') AS 数据集1
ON 数据集1.学生编号 = 数据集2.学生编号;
```

学生编号	科目编号	得分	学生编号	科目编号	得分
101	202	84	101	201	82
NULL	NULL	NULL	102	201	80
NULL	NULL	NULL	103	201	86
104	202	89	104	201	90
NULL	NULL	NULL	106	201	80
108	202	86	108	201	100

```
SELECT * FROM
(SELECT * FROM 考核结果 WHERE 科目编号 = '201') AS 数据集1
LEFT JOIN
(SELECT * FROM 考核结果 WHERE 科目编号 = '202') AS 数据集2
ON 数据集1.学生编号 = 数据集2.学生编号;
```

学生编号	科目编号	得分	学生编号	科目编号	得分
101	201	82	101	202	84
102	201	80	NULL	NULL	NULL
103	201	86	NULL	NULL	NULL
104	201	90	104	202	89
106	201	80	NULL	NULL	NULL
108	201	100	108	202	86

（数据集4）

虽然外部联结在关键词的选择上存在左外部联结和右外部联结，但其实"LEFT"和"RIGHT"只是两个方位词而已，重要的是选定主表。大家可以看到，除了排列顺序，这两条语句返回的数据集是一样的。在左外部联结（LEFT）返回的数据集4中，我们会发现只有101、104和108这3名学生在右半边存在对等值。没有对等值而返回空值（NULL）的学生就是我们寻找的目标——他们只参加了201科目考核，没有参加202科目考核：

```
SELECT * FROM
(SELECT * FROM 考核结果 WHERE 科目编号 = '201') AS 数据集1
LEFT JOIN
(SELECT * FROM 考核结果 WHERE 科目编号 = '202') AS 数据集2
ON 数据集1.学生编号 = 数据集2.学生编号
WHERE 数据集2.科目编号 IS NULL;
```

学生编号	科目编号	得分	学生编号	科目编号	得分
102	201	80	NULL	NULL	NULL
103	201	86	NULL	NULL	NULL
106	201	80	NULL	NULL	NULL

最后只需把过滤结果中的学生编号反馈给毕业生表即可：

```
SELECT * FROM 毕业生 WHERE 学生编号 IN
(SELECT 数据集1.学生编号 FROM
(SELECT * FROM 考核结果 WHERE 科目编号 = '201') AS 数据集1
LEFT JOIN
(SELECT * FROM 考核结果 WHERE 科目编号 = '202') AS 数据集2
ON 数据集1.学生编号 = 数据集2.学生编号
WHERE 数据集2.科目编号 IS NULL);
```

学生编号	学生姓名	年龄	性别	学院	就业意向
102	乔治	22	男	南瓜芬多	公司职员（暂定）
103	奥蕾莉亚	21	女	梅花克劳	斗篷设计师
106	劳伦斯	19	男	红桃帕奇	职业魁地奇球员

练习13

查询参加了202科目考核但没有参加201科目考核的学生信息。

问题解析： 我们只需对上条SQL语句中的部分内容做出修改，就能完成题干要求的反向查询：

```
SELECT * FROM 毕业生 WHERE 学生编号 IN
(SELECT 数据集2.学生编号 FROM
(SELECT * FROM 考核结果 WHERE 科目编号 = '201') AS 数据集1
RIGHT JOIN
(SELECT * FROM 考核结果 WHERE 科目编号 = '202') AS 数据集2
ON 数据集1.学生编号 = 数据集2.学生编号
WHERE 数据集1.科目编号 IS NULL);
```

学生编号	学生姓名	年龄	性别	学院	就业意向
105	詹姆士	26	男	红桃帕奇	脱口秀主持人
107	瑟琳娜	25	女	深蓝特林	舞台剧演员

可以看到，有3处需要修改，其中最重要的就是将数据集2指定为主表，同学们可以自行拆分语句并分步执行，查看结果。

练习14

假装飞行和魔咒表演是德文郡分校广受欢迎的两个科目，它们都是为非魔法学生精心设计的实践类课程。概括来讲，假装飞行就是让学生骑在一根被固定的飞天扫帚上，扫帚前方有一个大风扇，授课教师达维安爵士会根据学生们的飞行姿势及蹬腿频率来控制风扇的风速及风向。至于魔咒表演，其实就是给学生提供特制的机械魔杖，魔杖会检验学生们念咒语是否逼真（得像那么回事才行），以及挥舞的动作是否到位，如果到位就喷射烟花，如果不够到位就会发出鸭子叫声。那么问题来了，请找到假装飞行考核成绩高于魔咒表演考核成绩的学生信息。

问题解析： 这道题是上述几道题的一个变换，它们的操作思路如出一辙，根据已知条件做初步的筛选，然后根据逻辑关系对数据集进行整合，最后从整合的数据集中选出查询条件反馈给含有目标信息的表。下面就让我们遵循这个思路来一步步地进行尝试。

首先，题干含有的限定词——"假装飞行"和"魔咒表演"，这些都是考核科目表中的数据，但它们对应的考核成绩却存在于考核结果表中。因此，我们会先利用子查询进行过滤：

```
SELECT * FROM 考核结果 WHERE 科目编号 =
(SELECT 科目编号 FROM 考核科目 WHERE 科目名称 = '魔咒表演');
```

学生编号	科目编号	得分
101	204	75
102	204	80
103	204	90
106	204	75
107	204	97
108	204	79

（数据集1）

```
SELECT * FROM 考核结果 WHERE 科目编号 =
(SELECT 科目编号 FROM 考核科目 WHERE 科目名称 = '假装飞行');
```

学生编号	科目编号	得分
101	205	96
102	205	88
105	205	80
106	205	100
107	205	77

（数据集2）

大家可以看到，其实这一步与我们之前通过科目编号201与202进行过滤的操作是一样的，只不过题干没有直接告知科目编号，所以我们需要利用科目名称进行过滤，并建立子查询。好了，在得到数据集1与数据集2以后，接下来要思考的问题就是如何对它们进行整合了。

事实上，此处的整合思路同样只有3种：整合出同时参加了假装飞行与魔咒表演两科考核的学生信息；整合出只参加了魔咒表演考核的学生信息；整合出只参加了假装飞行考核的学生信息。根据题干要求来看，我们在此处会选择第一种整合思路，因为让两科考核成绩相对比的前提是同时参加这两科考核：

```
SELECT * FROM
(SELECT * FROM 考核结果 WHERE 科目编号 =
(SELECT 科目编号 FROM 考核科目 WHERE 科目名称 = '魔咒表演')) AS 数据集1
INNER JOIN
(SELECT * FROM 考核结果 WHERE 科目编号 =
(SELECT 科目编号 FROM 考核科目 WHERE 科目名称 = '假装飞行')) AS 数据集2
ON 数据集1.学生编号 = 数据集2.学生编号;
```

学生编号	科目编号	得分	学生编号	科目编号	得分
101	204	75	101	205	96
102	204	80	102	205	88
106	204	75	106	205	100
107	204	97	107	205	77

瞧，同时参加两个科目考核的相关信息就这样汇总在一起了。现在我们要做的就是对两个"得分"列进行比较，筛选出目标信息：

```
SELECT * FROM
(SELECT * FROM 考核结果 WHERE 科目编号 =
(SELECT 科目编号 FROM 考核科目 WHERE 科目名称 = '魔咒表演')) AS 数据集1
INNER JOIN
(SELECT * FROM 考核结果 WHERE 科目编号 =
(SELECT 科目编号 FROM 考核科目 WHERE 科目名称 = '假装飞行')) AS 数据集2
ON 数据集1.学生编号 = 数据集2.学生编号
WHERE 数据集1.得分 < 数据集2.得分;
```

学生编号	科目编号	得分	学生编号	科目编号	得分
101	204	75	101	205	96
102	204	80	102	205	88
106	204	75	106	205	100

最后就是将这些符合条件的学生编号反馈给毕业生表，并查询出最终的学生信息：

```
SELECT * FROM 毕业生 WHERE 学生编号 IN
(SELECT 数据集1.学生编号 FROM
(SELECT * FROM 考核结果 WHERE 科目编号 =
(SELECT 科目编号 FROM 考核科目 WHERE 科目名称 = '魔咒表演')) AS 数据集1
INNER JOIN
(SELECT * FROM 考核结果 WHERE 科目编号 =
(SELECT 科目编号 FROM 考核科目 WHERE 科目名称 = '假装飞行')) AS 数据集2
ON 数据集1.学生编号 = 数据集2.学生编号
WHERE 数据集1.得分 < 数据集2.得分);
```

学生编号	学生姓名	年龄	性别	学院	就业意向
101	李乔丹	22	男	南瓜芬多	新闻记者
102	乔治	22	男	南瓜芬多	公司职员（暂定）
106	劳伦斯	19	男	红桃帕奇	职业魁地奇球员

当然，可能有的同学会认为，如果一名学生只参加了假装飞行考核而没有参加魔咒表演考核，那么他也是符合条件的。这样思考有一定的道理，但是大家要知

道，没有参加魔咒表演考核的学生，其对应的成绩就是空值（NULL）。空值并不等同于0，因此除非题干有明确要求，否则让空值参与比较可能会显得不太严谨。不过这并不妨碍我们拿来练手：

```
SELECT * FROM
(SELECT * FROM 考核结果 WHERE 科目编号 =
(SELECT 科目编号 FROM 考核科目 WHERE 科目名称 = '魔咒表演')) AS 数据集1
RIGHT JOIN
(SELECT * FROM 考核结果 WHERE 科目编号 =
(SELECT 科目编号 FROM 考核科目 WHERE 科目名称 = '假装飞行')) AS 数据集2
ON 数据集1.学生编号 = 数据集2.学生编号;
```

学生编号	科目编号	得分	学生编号	科目编号	得分
101	204	75	101	205	96
102	204	80	102	205	88
NULL	NULL	NULL	105	205	80
106	204	75	106	205	100
107	204	97	107	205	77

瞧，将数据集2指定为主表，并建立相应的外部联结就能得到一个更全面的数据集。大家可以看到，其中105号学生就是只参加了假装飞行考核而没有参加魔杖表演考核的那一位。接着我们对这个数据集进行过滤：

```
SELECT * FROM
(SELECT * FROM 考核结果 WHERE 科目编号 =
(SELECT 科目编号 FROM 考核科目 WHERE 科目名称 = '魔咒表演')) AS 数据集1
RIGHT JOIN
(SELECT * FROM 考核结果 WHERE 科目编号 =
(SELECT 科目编号 FROM 考核科目 WHERE 科目名称 = '假装飞行')) AS 数据集2
ON 数据集1.学生编号 = 数据集2.学生编号
WHERE 数据集1.得分 < 数据集2.得分 OR 数据集1.得分 IS NULL;
```

学生编号	科目编号	得分	学生编号	科目编号	得分
101	204	75	101	205	96
102	204	80	102	205	88
NULL	NULL	NULL	105	205	80
106	204	75	106	205	100

类似地，最后将数据集2含有的学生编号（数据集2.学生编号）反馈给毕业生表进行查询就万事大吉了，同学们不妨自行操作一下。

练习15

　　德文郡分校在校学生的主修科目一共有6门（根据考核科目表），但学生们只需参加其中的4门考核即可。问题来了，在毕业生表中，有一名学生碰巧参加了与乔治完全相同的4门科目的考核，请试着找到他。

　　问题解析： 如果我们把最初的查询条件看作一颗子弹，那么这颗子弹往往需要击穿很多层束缚才能击中最终答案。不过走一步看一步从来都是解决问题的关键所在，因为我们的思路是循序渐进的。既然题干要求我们找到与乔治参加了相同考核科目的学生，那么毫无疑问，首先就是查看在未来被麦克里尼倚重的乔治都参加了哪些科目的考核：

```
SELECT 学生编号 FROM 毕业生 WHERE 学生姓名 = '乔治';
```

学生编号
102

```
SELECT 科目编号 FROM 考核结果 WHERE 学生编号 = '102';
```

科目编号
201
203
204
205

　　合并子查询：

```
SELECT 科目编号 FROM 考核结果 WHERE 学生编号 =
(SELECT 学生编号 FROM 毕业生 WHERE 学生姓名 = '乔治');
```

　　当我们找到了乔治的考核科目（编号）以后，下一步就是把它们当作查询条件，进行搜索（合并子查询）：

```
SELECT * FROM 考核结果 WHERE 科目编号 IN ('201','203', '204','205');
SELECT * FROM 考核结果 WHERE 科目编号 IN
(SELECT 科目编号 FROM 考核结果 WHERE 学生编号 =
(SELECT 学生编号 FROM 毕业生 WHERE 学生姓名 = '乔治'));
```

学生编号	科目编号	得分
101	201	82
101	204	75
101	205	96
102	201	80
102	203	97
102	204	80
102	205	88
103	201	86
103	203	66
103	204	90
104	201	90
104	203	94
105	203	94
105	205	80
106	201	80
106	203	88
106	204	75
106	205	100
107	204	97
107	205	77
108	201	100
108	203	92
108	204	79

由于IN与OR协调的过滤机制都是分别满足，所以这一步会将考核结果表中含有201、203、204和205的数据全部找到。相信有些同学在这一步可能会摇摆于使用AND还是OR。大家只要拿捏住一个基本点——AND会进行叠加过滤——就会直接将AND给PASS掉。举例来讲，如果我们要从考核结果表中找到同时选修了201与202两个科目的相关学生信息，那么使用AND是行不通的：

```
SELECT * FROM 考核结果 WHERE 科目编号 = '201' AND 科目编号 = '202';
```

学生编号	科目编号	得分
NULL	NULL	NULL

这是因为AND会进行叠加过滤，首先MySQL会根据科目编号201找到符合要求的行，而如果再要求MySQL从这个结果中找到科目编号为202的行，那这可真是从鸡蛋里挑骨头了，因为科目编号为202的行早已被过滤掉了。

话说回来，使用IN得到的过滤结果于我们而言很有价值，因为它体现了所有学生对目标科目的选择情况（合并子查询）：

```
SELECT 学生编号, COUNT(科目编号) AS 科目数量 FROM 考核结果
WHERE 科目编号 IN ('201','203', '204','205') GROUP BY 学生编号;
```

```
SELECT 学生编号, COUNT(科目编号) AS 科目数量 FROM 考核结果 WHERE 科目编号
IN (SELECT 科目编号 FROM 考核结果 WHERE 学生编号 =
(SELECT 学生编号 FROM 毕业生 WHERE 学生姓名 = '乔治')) GROUP BY 学生编号;
```

学生编号	科目数量
101	3
102	4
103	3
104	2
105	2
106	4
107	2
108	3

瞧，有些学生选择了目标科目中的两门或3门，但只有4门全选的才是我们要找寻的目标（合并子查询）：

```
SELECT 学生编号, COUNT(科目编号) AS 科目数量 FROM 考核结果
WHERE 科目编号 IN ('201','203', '204','205') GROUP BY 学生编号
HAVING 科目数量 = '4';


SELECT 学生编号, COUNT(科目编号) AS 科目数量 FROM 考核结果
WHERE 科目编号 IN (SELECT 科目编号 FROM 考核结果 WHERE 学生编号 =
(SELECT 学生编号 FROM 毕业生 WHERE 学生姓名 = '乔治'))
GROUP BY 学生编号 HAVING 科目数量 = '4';
```

学生编号	科目数量
102	4
106	4

最后，我们只需将学生编号反馈给毕业生表进行查询即可（合并子查询）：

```
SELECT * FROM 毕业生 WHERE 学生编号 IN ('102', '106');
SELECT * FROM 毕业生 WHERE 学生编号 IN (SELECT 学生编号 FROM 考核结果
WHERE 科目编号 IN (SELECT 科目编号 FROM 考核结果 WHERE 学生编号 =
(SELECT 学生编号 FROM 毕业生 WHERE 学生姓名 = '乔治'))
GROUP BY 学生编号 HAVING COUNT(科目编号) = '4');
```

学生编号	学生姓名	年龄	性别	学院	就业意向
102	乔治	22	男	南瓜芬多	公司职员（暂定）
106	劳伦斯	19	男	红桃帕奇	职业魁地奇球员

大家可以看到，原来是劳伦斯参加的考核科目与乔治一模一样。不过以上答案是间接得到的，下面我们将用一种更加直观的方式来呈现。

首先，我们会将毕业生、考核结果及考核科目这3张表进行合并，得到一张关联大表，它的显示内容最为详细：

```
SELECT * FROM 毕业生，考核结果，考核科目
WHERE 毕业生.学生编号 = 考核结果.学生编号 AND 考核结果.科目编号 =
考核科目.科目编号；
```

学生编号	学生姓名	年龄	性别	学院	就业意向	学生编号	科目编号	得分	科目编号	科目名称	考核教师
101	李乔丹	22	男	南瓜芬多	新闻记者	101	201	82	201	魔法理论通识	罗斯塔夫人
101	李乔丹	22	男	南瓜芬多	新闻记者	101	202	84	202	巫师编年史	维洛格罗斯
101	李乔丹	22	男	南瓜芬多	新闻记者	101	204	75	204	魔咒表演	考林·霍勒姆
101	李乔丹	22	男	南瓜芬多	新闻记者	101	205	96	205	假装飞行	达维安爵士
102	乔治	22	男	南瓜芬多	公司职员（暂定）	102	201	80	201	魔法理论通识	罗斯塔夫人
102	乔治	22	男	南瓜芬多	公司职员（暂定）	102	203	97	203	哥布林技研	拉泽尔·黑酿
102	乔治	22	男	南瓜芬多	公司职员（暂定）	102	204	80	204	魔咒表演	考林·霍勒姆
102	乔治	22	男	南瓜芬多	公司职员（暂定）	102	205	88	205	假装飞行	达维安爵士

（为节约显示空间，只截取前8行结果，下同）

方法就是利用3张表中对等的主、外键值来建立联结。不过话说回来，关联大表在横向的显示内容过剩，而我们目前只关注学生和他们对应的考试科目，因此接下来就要精简显示内容：

```
SELECT 学生姓名，科目名称 FROM 毕业生，考核结果，考核科目
WHERE 毕业生.学生编号 = 考核结果.学生编号 AND 考核结果.科目编号 =
考核科目.科目编号；
```

学生姓名	科目名称
李乔丹	魔法理论通识
李乔丹	巫师编年史
李乔丹	魔咒表演
李乔丹	假装飞行
乔治	魔法理论通识
乔治	哥布林技研
乔治	魔咒表演
乔治	假装飞行

由于任何一次检索结果都具有表的性质，所以这个显示结果就是我们后续的操作对象了。现在让我们试着使用CASE表达式，根据科目名称列中的内容进行变换。一步步来，先根据"魔法理论通识"进行变换：

```
SELECT 学生姓名，科目名称，
CASE WHEN 科目名称 = '魔法理论通识' THEN '1' END AS '魔法理论通识'
FROM 毕业生，考核结果，考核科目
WHERE 毕业生.学生编号 = 考核结果.学生编号 AND 考核结果.科目编号 =
考核科目.科目编号；
```

学生姓名	科目名称	魔法理论通识
李乔丹	魔法理论通识	1
李乔丹	巫师编年史	NULL
李乔丹	魔咒表演	NULL
李乔丹	假装飞行	NULL
乔治	魔法理论通识	1
乔治	哥布林技研	NULL
乔治	魔咒表演	NULL
乔治	假装飞行	NULL

瞧，CASE表达式创建出了一个显示栏：魔法理论通识。没错，这个显示栏中的内容更像一种标记。接下来，我们只需照葫芦画瓢，将6门考核科目全部进行变换：

```
SELECT 学生姓名，科目名称，
CASE WHEN 科目名称 = '魔法理论通识' THEN '1' ELSE NULL END AS
'魔法理论通识'，
CASE WHEN 科目名称 = '巫师编年史' THEN '1' ELSE NULL END AS
'巫师编年史'，
CASE WHEN 科目名称 = '哥布林技研' THEN '1' ELSE NULL END AS
'哥布林技研'，
CASE WHEN 科目名称 = '魔咒表演' THEN '1' ELSE NULL END AS '魔咒表演'，
CASE WHEN 科目名称 = '假装飞行' THEN '1' ELSE NULL END AS '假装飞行'，
CASE WHEN 科目名称 = '数字占卜' THEN '1' ELSE NULL END AS '数字占卜'
FROM 毕业生，考核结果，考核科目
WHERE 毕业生.学生编号 = 考核结果.学生编号 AND 考核结果.科目编号 =
考核科目.科目编号；
```

学生姓名	科目名称	魔法理论通识	巫师编年史	哥布林技研	魔咒表演	假装飞行	数字占卜
李乔丹	魔法理论通识	1	NULL	NULL	NULL	NULL	NULL
李乔丹	巫师编年史	NULL	1	NULL	NULL	NULL	NULL
李乔丹	魔咒表演	NULL	NULL	NULL	1	NULL	NULL
李乔丹	假装飞行	NULL	NULL	NULL	NULL	1	NULL
乔治	魔法理论通识	1	NULL	NULL	NULL	NULL	NULL
乔治	哥布林技研	NULL	NULL	1	NULL	NULL	NULL
乔治	魔咒表演	NULL	NULL	NULL	1	NULL	NULL
乔治	假装飞行	NULL	NULL	NULL	NULL	1	NULL

可以看到，此时的结果呈现有些分散。若我们接下来想要以人名为单位来汇总这些内容，就要使用聚集函数了：

```
SELECT 学生姓名，
COUNT(CASE WHEN 科目名称 = '魔法理论通识' THEN '1' ELSE NULL END) AS
'魔法理论通识'，
```

```
COUNT(CASE WHEN 科目名称 = '巫师编年史' THEN '1' ELSE NULL END) AS
'巫师编年史',
COUNT(CASE WHEN 科目名称 = '哥布林技研' THEN '1' ELSE NULL END) AS
'哥布林技研',
COUNT(CASE WHEN 科目名称 = '魔咒表演' THEN '1' ELSE NULL END) AS
'魔咒表演',
COUNT(CASE WHEN 科目名称 = '假装飞行' THEN '1' ELSE NULL END) AS
'假装飞行',
COUNT(CASE WHEN 科目名称 = '数字占卜' THEN '1' ELSE NULL END) AS
'数字占卜'
FROM 毕业生，考核结果，考核科目
WHERE 毕业生.学生编号 = 考核结果.学生编号 AND 考核结果.科目编号 =
考核科目.科目编号 GROUP BY 学生姓名;
```

学生姓名	魔法理论通识	巫师编年史	哥布林技研	魔咒表演	假装飞行	数字占卜
乔治	1	0	1	1	1	0
劳伦斯	1	0	1	1	1	0
奎妮	1	1	0	1	0	0
奥蕾莉亚	1	0	1	1	0	1
安东尼奥	1	1	1	0	0	1
李乔丹	1	1	0	1	1	0
瑟琳娜	0	1	0	1	1	1
詹姆士	0	1	1	0	1	1

这里有3个值得关注的问题。

1. 此时结果中的显示栏，例如"魔法理论通识"和"巫师编年史"，它们都是由COUNT函数创建的，而非由CASE表达式创建的。

2. 为什么计算结果只含有"1"和"0"这两种数字标记？因为对于一门科目来讲，一名学生参加考核的次数只能是1次或0次，所以以人名和科目为单位进行计数就只会返回"1"或"0"。

3. COUNT函数并非唯一的选择。如果在计算聚集结果之前，我们通过CASE表达式得到的结果如下：

```
SELECT 学生姓名,
CASE WHEN 科目名称 = '魔法理论通识' THEN '1' ELSE '0' END AS
'魔法理论通识',
CASE WHEN 科目名称 = '巫师编年史' THEN '1' ELSE '0' END AS
'巫师编年史',
CASE WHEN 科目名称 = '哥布林技研' THEN '1' ELSE '0' END AS
'哥布林技研',
```

```
CASE WHEN 科目名称 = '魔咒表演' THEN '1' ELSE '0' END AS
'魔咒表演',
CASE WHEN 科目名称 = '假装飞行' THEN '1' ELSE '0' END AS
'假装飞行',
CASE WHEN 科目名称 = '数字占卜' THEN '1' ELSE '0' END AS
'数字占卜'
FROM 毕业生，考核结果，考核科目
WHERE 毕业生.学生编号 = 考核结果.学生编号 AND 考核结果.科目编号 =
考核科目.科目编号；
```

学生姓名	魔法理论通识	巫师编年史	哥布林技研	魔咒表演	假装飞行	数字占卜
李乔丹	1	0	0	0	0	0
李乔丹	0	1	0	0	0	0
李乔丹	0	0	0	1	0	0
李乔丹	0	0	0	0	1	0
乔治	1	0	0	0	0	0
乔治	0	0	1	0	0	0
乔治	0	0	0	1	0	0
乔治	0	0	0	0	1	0

也就是用"0"替换了"NULL"，那么在这种情况下就没法使用COUNT来聚集结果了，这是因为"1"和"0"都会被当作有效值进行计数：

```
SELECT 学生姓名,
COUNT(CASE WHEN 科目名称 = '魔法理论通识' THEN '1' ELSE '0' END) AS
'魔法理论通识',
COUNT(CASE WHEN 科目名称 = '巫师编年史' THEN '1' ELSE '0' END) AS
'巫师编年史',
COUNT(CASE WHEN 科目名称 = '哥布林技研' THEN '1' ELSE '0' END) AS
'哥布林技研',
COUNT(CASE WHEN 科目名称 = '魔咒表演' THEN '1' ELSE '0' END) AS
'魔咒表演',
COUNT(CASE WHEN 科目名称 = '假装飞行' THEN '1' ELSE '0' END) AS
'假装飞行',
COUNT(CASE WHEN 科目名称 = '数字占卜' THEN '1' ELSE '0' END) AS
'数字占卜'
FROM 毕业生，考核结果，考核科目
WHERE 毕业生.学生编号 = 考核结果.学生编号 AND 考核结果.科目编号 =
考核科目.科目编号 GROUP BY 学生姓名；
```

学生姓名	魔法理论通识	巫师编年史	哥布林技研	魔咒表演	假装飞行	数字占卜
乔治	4	4	4	4	4	4
劳伦斯	4	4	4	4	4	4
奎妮	4	4	4	4	4	4
奥蕾莉亚	4	4	4	4	4	4
安东尼奥	4	4	4	4	4	4
李乔丹	4	4	4	4	4	4
瑟琳娜	4	4	4	4	4	4
詹姆士	4	4	4	4	4	4

事实上，这种情况下我们会选择使用SUM来对结果进行聚集：

```
SELECT 学生姓名,
SUM(CASE WHEN 科目名称 = '魔法理论通识' THEN '1' ELSE '0' END) AS
'魔法理论通识',
SUM(CASE WHEN 科目名称 = '巫师编年史' THEN '1' ELSE '0' END) AS
'巫师编年史',
SUM(CASE WHEN 科目名称 = '哥布林技研' THEN '1' ELSE '0' END) AS
'哥布林技研',
SUM(CASE WHEN 科目名称 = '魔咒表演' THEN '1' ELSE '0' END) AS
'魔咒表演',
SUM(CASE WHEN 科目名称 = '假装飞行' THEN '1' ELSE '0' END) AS
'假装飞行',
SUM(CASE WHEN 科目名称 = '数字占卜' THEN '1' ELSE '0' END) AS
'数字占卜'
FROM 毕业生, 考核结果, 考核科目
WHERE 毕业生.学生编号 = 考核结果.学生编号 AND 考核结果.科目编号 =
考核科目.科目编号 GROUP BY 学生姓名;
```

学生姓名	魔法理论通识	巫师编年史	哥布林技研	魔咒表演	假装飞行	数字占卜
乔治	1	0	1	1	1	0
劳伦斯	1	0	1	1	1	0
奎妮	1	1	1	1	0	0
奥蕾莉亚	1	0	1	1	0	1
安东尼奥	1	1	1	0	0	1
李乔丹	1	1	0	1	1	0
瑟琳娜	0	1	0	1	1	1
詹姆士	0	1	1	0	1	1

最后，我们只需将乔治未参加的"巫师编年史"和"数字占卜"从CASE表达式中删掉，就可以直观地看到其他同学与他所选的考核科目之间的对比情况了：

```
SELECT 学生姓名,
SUM(CASE WHEN 科目名称 = '魔法理论通识' THEN '1' ELSE '0' END) AS
'魔法理论通识',
SUM(CASE WHEN 科目名称 = '哥布林技研' THEN '1' ELSE '0' END) AS
'哥布林技研',
SUM(CASE WHEN 科目名称 = '魔咒表演' THEN '1' ELSE '0' END) AS
'魔咒表演',
SUM(CASE WHEN 科目名称 = '假装飞行' THEN '1' ELSE '0' END) AS
'假装飞行'
FROM 毕业生, 考核结果, 考核科目
WHERE 毕业生.学生编号 = 考核结果.学生编号 AND 考核结果.科目编号 =
考核科目.科目编号 GROUP BY 学生姓名;
```

学生姓名	魔法理论通识	哥布林技研	魔咒表演	假装飞行
乔治	1	1	1	1
劳伦斯	1	1	1	1
奎妮	1	1	1	0
奥蕾莉亚	1	1	1	0
安东尼奥	1	1	0	0
李乔丹	1	0	1	1
瑟琳娜	0	0	1	1
詹姆士	0	1	0	1

　　当然，别忘了我们的操作对象是毕业生、考核结果及考核科目这3张表合并后的关联大表，所以若想查看其他信息，只需对语句再进行扩充即可：

```
SELECT 学生姓名, 学院, 就业意向,
SUM(CASE WHEN 科目名称 = '魔法理论通识' THEN '1' ELSE '0' END) AS
'魔法理论通识',
SUM(CASE WHEN 科目名称 = '哥布林技研' THEN '1' ELSE '0' END) AS
'哥布林技研',
SUM(CASE WHEN 科目名称 = '魔咒表演' THEN '1' ELSE '0' END) AS
'魔咒表演',
SUM(CASE WHEN 科目名称 = '假装飞行' THEN '1' ELSE '0' END) AS
'假装飞行'
FROM 毕业生, 考核结果, 考核科目
WHERE 毕业生.学生编号 = 考核结果.学生编号 AND 考核结果.科目编号 =
考核科目.科目编号 GROUP BY 学生姓名;
```

学生姓名	学院	就业意向	魔法理论通识	哥布林技研	魔咒表演	假装飞行
乔治	南瓜芬多	公司职员（暂定）	1	1	1	1
劳伦斯	红桃帕奇	职业魁地奇球员	1	1	1	1
奎妮	深蓝特林	教师	1	1	1	0
奥蕾莉亚	梅花克劳	斗篷设计师	1	1	1	0
安东尼奥	梅花克劳	学者	1	1	0	0
李乔丹	南瓜芬多	新闻记者	1	0	1	1
瑟琳娜	深蓝特林	舞台剧演员	0	0	1	1
詹姆士	红桃帕奇	脱口秀主持人	0	1	0	1

　　好了，以上就是我们为大家准备的练习题。相信大家都很清楚，题是做不完的，因此我们重点是把握练习题背后的核心思路。对于MySQL的使用，核心思路就是要清楚我们的操作对象是表中的数据。事实上，表中的数据就像我们手中的面团，可以根据期望将它们捏成任意形状，或组合或拆分。一张表就是一份信息数据的集合，只不过它是事先拟定好了的，而一次检索操作返回的查询结果也是一份经过重新整理的数据集，所以从某种角度来看，它也是一张表。当然，以上只是本书的一家之言，我非常期待同学们在实际的操作中能收获自己的体验！